DAS
SCHLOSSERBUCH

VON

THEODOR KRAUTH UND FRANZ SALES MEYER

ERSTER BAND: TEXT.

DIE
KUNST- UND BAUSCHLOSSEREI

IN IHREM GEWÖHNLICHEN UMFANGE
MIT
BESONDERER BERÜCKSICHTIGUNG DER KUNSTGEWERBLICHEN FORM

HERAUSGEGEBEN
VON

THEODOR KRAUTH
ARCHITEKT, GROSSH. PROFESSOR UND REGIERUNGSRAT IN KARLSRUHE

UND

FRANZ SALES MEYER
ARCHITEKT UND PROFESSOR AN DER GROSSH. KUNSTGEWERBESCHULE IN KARLSRUHE

ZWEITE, DURCHGESEHENE UND VERMEHRTE AUFLAGE

MIT 100 VOLLTAFELN UND 366 WEITEREN FIGUREN IM TEXT

ERSTER BAND: TEXT

LEIPZIG
VERLAG VON E. A. SEEMANN
1897.

Das Originalwerk in der 2. Auflage von 1897 hat das Buchformat von 22 × 28,5 cm

Textband und Tafelband erschienen seinerzeit in zwei Teilen.
Für den Nachdruck wurden die beiden Bände zu einem Werk vereinigt.

ISBN 3-88746-005-7
Best.-Nr. 2211

© Wieder herausgegeben im Jahre 1981
von der Edition »libri rari« im Verlag Th. Schäfer, Hannover

Gesamtherstellung
Th. Schäfer Druckerei GmbH, Hannover

VORWORT ZUR ZWEITEN AUFLAGE.

Durchgesehen und zeitgemäss geändert geht die Neuauflage unseres Schlosserbuches hinaus. Die ursprüngliche Einteilung ist beibehalten; Text und Tafeln sind in getrennten Bänden gegeben. Von den 350 Textfiguren der ersten Auflage sind 36 ausgefallen; neu hinzugekommen sind 52; demnach beträgt der jetzige Bestand 366. Von den 100 Tafeln der ersten Ausgabe sind 10 ausgeschieden und durch ebensoviel neue ersetzt.

Während die Textfiguren unter anderm eine Menge von Vorbildern alter Schmiedeisenarbeiten bringen, enthält der Tafelband nur Zeichnungen und Entwürfe der Verfasser. Die Tafeln sind in derjenigen Reihenfolge geordnet, in welcher der Text auf sie Bezug nimmt. Um das Auffinden zu erleichtern, ist ihnen ein Tafelverzeichnis vorausgeschickt.

Die Verfasser waren bemüht, möglichst vielseitig zu bleiben; sie haben sich auf keinen bestimmten Stil beschränkt und ihre Entwürfe sowohl als die Verwertungen alter Vorbilder der heute üblichen Formgebung und Ausstattungsweise anzupassen versucht. Gewisse moderne Gepflogenheiten sind allerdings — und zwar wohlüberlegterweise — in den Hintergrund gedrängt, so z. B. die allgemein gebräuchliche Anwendung von Gussteilen. Es geschah dies in der Absicht, redlich mitzuhelfen, die Kunstschlosserei wieder in ihr ureigentliches Gebiet zurückzuführen und dem Vorgehen auf offenbar zweifelhaften Wegen keinen Vorschub zu leisten.

Allen denjenigen, die uns bei der Herausgabe des Schlosserbuches unterstützt haben, sei es durch Rat und Mitteilung oder Ueberlassung von Musterbüchern und Zeichnungen, sagen wir an dieser Stelle unsern verbindlichsten Dank. Ebenso gilt derselbe auch denen, die sich vor uns mit dem nämlichen Gegenstand befasst haben und deren Arbeiten uns zu gute gekommen sind.

Karlsruhe 1897.

Die Herausgeber.

INHALT.

I. **Das Material.** Seine Gewinnung, seine Formen und Eigenschaften . . 1
   1. Das Eisen im allgemeinen 1
   2. Das Schmiedeisen im besonderen . 5
   3. Die Formen des im Handel befindlichen Schmiedeisens 8
     a) Stangenförmiges Eisen; b) Blech; c) Draht; d) Rohr.
   4. Der Eisenguss und das schmiedbare Gusseisen 28
   5. Das Mannstaedtsche Ziereisen . 31
   6. Kupfer, Messing, Deltametall etc. . 33

II. **Die Werkzeuge, Maschinen und Einrichtungen des Schlossers** . . 47
   1. Die Werkstätte. — 2. Die Esse und der Herd samt Zubehör. — 3. Werkzeuge zum Messen, Vorzeichnen etc. — 4. Ambose, Richtplatten und Gesenke. — 5. Schraubstöcke, Handschrauben, Feilkloben etc. — 6. Zangen, Schraubenschlüssel etc. — 7. Hämmer. — 8. Setzhämmer, Schrotmeissel, Durchschläge, Spitz- und Flachstöckel, Bolzeneisen etc. — 9. Meissel, Aufhauer, Dorne und Aushauer. — 10. Scheren und Sägen. — 11. Lochmaschinen und Stanzen. — 12. Bohrwerkzeuge. — 13. Reibahlen. — 14. Schraubenschneidwerkzeuge. — 15. Feilen. — 16. Die Drehbank, die Biegmaschine etc.

III. **Die Bearbeitung und Behandlung des Schmiedeisens** 79
   1. Das Schmieden, Schweissen, Strecken und Stauchen. — 2. Das Richten, Biegen, Winden und Ausrollen. — 3. Das Treiben, Auftiefen, Drücken und Pressen. — 4. Das Punzen, das Gravieren, der Eisenschnitt und das Aetzen. — 5. Das Feilen, Schaben, Kratzen, Schleifen und Polieren. — 6. Die Mittel zum Schutze des Eisens.

IV. **Die üblichen Eisenverbindungen** . 92
   1. Das Zusammenschweissen. — 2. Das Löten. — 3. Das Nieten. — 4. Das Verschrauben. — 5. Das Verkitten. — 6. Der Bund. — 7. Die Verkeilung, das Aufspannen. — 8. Die Durchschiebung, die Durchflechtung. — 9. Das Ueberplatten, das Ueberkröpfen und das Anplatten. — 10. Das Aufzapfen, das Einzapfen. — 11. Das Falzen. — 12. Bewegliche Verbindungen.

V. **Die meist gebrauchten Zierformen** 103
   1. Verzierte Stäbe. — 2. Blatt- und Kelchbildungen. — 3. Blumen und Lilien. — 4. Rosetten. — 5. Lanzenspitzen und Knöpfe. — 6. Docken oder Baluster. — 7. Kartuschen. — 8. Verdoppelungen. — 9. Durchbrochene Bleche. — 10. Schriften und Monogramme. — 11. Schlüsselbleche und Unterlagscheiben. — 12. Kränze, Sträusse und Guirlanden. — 13. Figürliche Sachen. — 14. Ketten.

VI. **Das Eigentümliche der verschiedenen Stile** 124
   1. Die romanische Zeit. — 2. Die gotische Zeit. — 3. Die Renaissance. — 4. Die Barockzeit. — 5. Die Rokokozeit. — 6. Der Stil Louis XVI. und das Empire. — 7. Die neuste Zeit.

VII. **Die Schlösser samt Zubehör** . . 155
   1. Das Riegelschloss. — 2. Das Fallenschloss. — 3. Der Nachtriegel. — 4. Das Riegelschloss mit Nachtriegel und das Fallenschloss mit Nachtriegel. — 5. Das Riegelschloss mit hebender oder schiessender Falle. — 6. Das Riegelschloss mit Falle und Nachtriegel: a) das zweitourige Kastenschloss mit Ueberbau, hebender Falle und Nachtriegel; b) das zweitourige Kastenschloss mit schiessender Falle und Nachtriegel; c) das zweitourige Einsteckschloss mit hebender Falle und Nachtriegel; d) das zweitourige Einsteckschloss mit schiessender Falle und Nachtriegel. — 7. Das Einsteckschloss für Schiebthüren mit Radriegel. — 8. Desgleichen für Schiebthüren mit Fangriegeln und Pfeilhaken. — 9. Das Baskülenschloss oder Stangenschloss. — 10. Desgleichen mit 3 Riegeln. — 11. Das Klavier- oder Springschloss. — 12. Das Schloss mit Jagdriegel. — 13. Das Hänge-

VIII   Inhalt.

schloss oder Vorlegeschloss; a) Hängeschloss mit geradem Riegel; b) Hängeschloss mit Radriegel. — 14. Die Chubb-Schlösser. — 15. Das Stechschloss (Yale-Schloss). — 16. Das Brahmah-Schloss. — 17. Zwei neue Thürschlösser.

VIII. **Das übrige Beschläge** 178
1. Der Riegelverschluss: a) der Schubriegel; b) der Kantenriegel. — 2. Der Vorreiber- und Ruderverschluss: a) der einfache Vorreiber; b) der doppelte Vorreiber; c) der Ruderverschluss. — 3. Der Baskülenverschluss. — 4. Der Schwengelverschluss. — 5. Der Espagnolettenverschluss. — 6. Steinschrauben und Bankeisen. — 7. Eckwinkel und Scheinbänder. — 8. Der Kloben in Stein, der Spitzkloben, der Stützkloben, der Kloben auf Platte. — 9. Das Lang- und Kurzband. — 10. Das Schippenband. — 11. Das Winkelband. — 12. Das Kreuzband. — 13. Das Fischband. — 14. Das Aufsatzband. — 15. Spenglers Exaktband. — 16. Das Paumelleband. — 17. Das Scharnierband. — 18. Das Zapfenband. — 19. Zierbänder. — 20. Aufstellvorrichtungen für Fensterflügel, Federfallen und Scheren. — 21. Festhaltungen für Thüren, Fenster und Läden. — 22. Zuwerfungen für Thüren und Thore. — 23. Thürklopfer. — 24. Thürdrücker in altem Stile.

IX. **Thore und Thüren** 201
1. Gitterthore und Gitterthüren. — 2. Geschlossene Thüren und Thore.

X. **Fenster, Läden und Vordächer** 220
1. Fenster. — 2. Läden. — 3. Vordächer.

XI. **Fenstervorsetzer und Blumenbänke** 227
1. Fenstervorsetzer. — 2. Blumenbänke.

XII. **Geländergitter** 229
1. Einfriedigungsgitter für Gärten, Anlagen etc. — 2. Grabgitter. — 3. Chorabschlüsse und ähnliches. — 4. Brüstungsgeländer. — 5. Treppengeländer.

XIII. **Füllungsgitter** 244
1. Thürfüllungsgitter. — 2. Ladenfüllungsgitter. — 3. Fenstergitter: a) gewöhnliche Fenstergitter; b) Schalterfenstergitter; c) vorgebaute Fenstergitter; d) Kellerlichtgitter. — 4. Oberlichtgitter.

XIV. **Wandarme und Aushängeschilder** 261

XV. **Firstkrönungen, Wetterfahnen und Blitzableiter** 268
1. Firstkrönungen. — 2. Wetterfahnen. — 3. Blitzableiter: a) Auffangstange mit Spitze; b) die Ableitung; c) die Boden- oder Erdleitung.

XVI. **Anker, Streben und Zugstangen** 275

XVII. **Turm- und Grabkreuze** . . 277
1. Turm- und Giebelkreuze. — 2. Grabkreuze.

XVIII. **Tische, Ständer, Ofenschirme** 284
1. Tische. — 2. Ständer. — 3. Ofenschirme.

XIX. **Beleuchtungsgeräte** 292
1. Standleuchter. — 2. Handleuchter. — 3. Wandleuchter. — 4. Laternen und Hängelampen. — 5. Hängeleuchter, Kronleuchter.

XX. **Verschiedenes** 303
1. Flaggenhalter. — 2. Glockenträger. — 3. Brunnenverzierungen. — 4. Eiserne Träger in Schaufenstern.

I. DAS MATERIAL.

Seine Gewinnung, seine Formen und Eigenschaften.

1. Das Eisen im allgemeinen.

Das Eisen zählt zu den sog. unedeln Metallen. Im Sinne der Chemie ist es ein Element, d. h. ein bis jetzt nicht weiter zerlegbarer Grundstoff. Das chemisch-reine Eisen hat nur wissenschaftliches Interesse. Das technische Eisen ist stets eine Verbindung mit anderen Stoffen, vor allem mit Kohlenstoff. Gediegenes Eisen findet sich auf Erden sehr vereinzelt und fast nur in der Form der aus dem Weltenraum zugefallenen Meteoriten. Um so häufiger findet sich das Eisen in oxydiertem Zustande, d. h. in Verbindung mit Sauerstoff; ferner ist es zu finden in Verbindung mit Schwefel und ausserdem als untergeordneter und färbender Bestandteil der Gesteine und Erdarten. Auch das Wasser und alle Lebewesen enthalten geringe Mengen von Eisen.

Das technische Eisen wird fast ausschliesslich gewonnen und dargestellt aus oxydischen Erzen. Die hervorragendsten derselben sind:

1. der Magneteisenstein (Eisenoxyduloxyd), das beste und u. a. das geschätzte schwedische Eisen liefernd;
2. der Hämatit (Eisenoxyd). Seine Hauptformen sind der Eisenglanz (Schweden, Lappland, Insel Elba) und der Roteisenstein (Deutschland, Frankreich, England, Spanien, Afrika);
3. der Brauneisenstein (Eisenoxydhydrat). Besondere Formen desselben sind das Bohnerz und die Minette (Luxemburg, Lothringen, Rheinland, Thüringen, Kärnten, Böhmen, Belgien);
4. der Spateisenstein (kohlensaures Eisenoxydul). Er liefert nur bis zu 48 % Eisen, ist aber gut zu verhütten (Siegerland, Steyermark, Thüringen). In Form von Nieren und Kugeln heisst er Sphärosiderit. Der thonige Eisenstein und der Kohleneisenstein (Blackband) sind für England und überhaupt die meist verwendeten Eisenerze;
5. der Raseneisenstein, auch Sumpferz genannt. Dieser Oxydschlamm bildet sich durch Ablagerung des Eisengehaltes mooriger Gewässer (Norddeutsche Tiefebene, Lausitz, Schlesien, Holland, Russland etc.).

Die Eisenerze finden sich nicht rein, d. h. nur als Verbindung des Eisens mit Sauerstoff. Die anhängenden Gesteinteile (Gangarten) müssen durch Verhüttung entfernt werden und ein schmelzwürdiges Eisenerz muss mindestens 25% Eisen liefern. Die zufälligen Beimengungen von Mangan, Nickel, Silicium, Phosphor etc. können teils ausgenützt werden, um ein technisches Eisen für bestimmte Anforderungen und von bestimmten Eigenschaften zu erzielen; andererseits können sie aber auch eine Verschlechterung des Materials bis zur Unbrauchbarkeit zur Folge haben.

Die Erze werden zunächst durch Pochen, Quetschen oder Walzen entsprechend zerkleinert und durch Handscheidung vom tauben Gestein geschieden. Das gewöhnlich folgende Rösten in Schachtöfen bis zur Glühhitze geschieht zum Zwecke der Entschwefelung und um die Erze leichter schmelzbar zu machen. Dieser Aufbereitung folgt die Gattierung, worunter man die Vermengung eisenreicher und eisenarmer Erze im richtigen Verhältnis versteht. Die beizugebenden Zuschläge (Kalk, Dolomit etc.) richten sich meist nach dem Gehalt der Eisenerze an fremden Stoffen. Sie dienen als Flussmittel, nicht für das Metall selbst, sondern für die Schlacken, die von den fremden Beimengungen und der Asche des Brennmaterials herrühren und in Verbindung mit Eisenoxyd und Kalk eine Art unreiner Glasflüsse bilden. Eine geordnete Schlackenbildung ist für den Schmelzprozess wesentlich von Bedeutung.

Das Schmelzen der Erze geschieht im Hochofen. Derselbe hat die Form eines dicken, runden Turmes, dessen Hohlraum unterhalb der mittleren Höhe am weitesten ist. Durch die obere Oeffnung (Gicht) werden die Erze mit ihren Zuschlägen (der Möller) und das Brennmaterial in abwechselnden Schichten eingefüllt und während des Schmelzprozesses, welcher jahrelang ununterbrochen betrieben werden kann, ständig durch Nachfüllen ergänzt. Als Brennmaterial dienen Koks, Steinkohlen oder Holzkohlen. Das letztere Material ist das teuerste, liefert aber das beste Eisen. Von unten her wird dem Ofen durch Luftpumpen, die von mächtigen Dampfmaschinen betrieben werden, atmosphärische Gebläseluft zugeführt, die in besonderen Windhitzern auf etwa 700° erwärmt wird, wozu das dem Hochofen entströmende Gichtgas verwendet werden kann. In der hohen Temperatur, die sich durch die Verbrennung im unteren Teil des Ofens bildet, entzieht die Kohle des Brennmaterials dem Eisenerz den Sauerstoff, während das schmelzende Metall seinerseits Kohlenstoff aufnimmt und zum flüssigen Roheisen wird. Dieses sammelt sich im Eisenkasten des Hochofens und wird ein- bis dreimal im Tage durch das an der tiefsten Stelle sich befindende Stichloch abgelassen oder abgestochen und in Formen aus Eisen oder Sand geleitet, während andererseits die Schlacke ununterbrochen abfliesst. Die erstarrten Roheisenblöcke (Masseln) heissen je nach ihrer mulden- oder barrenförmigen Gestalt Flossen oder Gänze. Das Roheisen enthält 4 bis 6% Kohlenstoff, ausserdem Beimengungen von Schwefel, Phosphor, Silicium, Mangan etc. Man unterscheidet weisses und graues Roheisen. Das weisse Roheisen kommt dickflüssig aus dem Ofen und entsteht bei geringerer Hitze, das dünnflüssige graue Eisen bedingt eine höhere Temperatur. Das erstere enthält den Kohlenstoff nur chemisch gebunden, das letztere scheidet denselben zum Teil in Gestalt von kleinen Graphitschüppchen aus, daher die dunklere Farbe. Das weisse Roheisen ist hart und spröde, glänzend silberweiss und mechanisch nicht zu bearbeiten; das graue Eisen ist weniger hart und spröde und etwas leichter; es schmilzt schwerer, ist aber dann dünnflüssiger und dient deshalb zu Gusswaren, wonach es den Namen Gusseisen führt. Roheisen mit weissen und grauen Partien heisst halbiert (Forelleneisen). Wird graues Roheisen schnell abgekühlt, so wird es dem weissen ähnlich. Darauf beruht der Hart- oder Schalenguss in metallene, rasch abkühlende Formen, wobei das Gussstück eine harte Oberfläche annimmt.

Obgleich man das Schmiedeisen und den Stahl auch direkt erzeugen kann, und die betreffenden Verfahren zum Teil auch in Anwendung sind, so dient doch im grossen ganzen das Roheisen als Grundlage für die Gewinnung aller anderer Eisenarten mit geringerem Kohlengehalt. Das Roheisen hat den grössten, das Schmiedeisen den geringsten Gehalt an Kohle, der Stahl hält die Mitte. Man hat bis in die neueste Zeit die verschiedenen Arten des Eisens nach diesen drei Grundformen getrennt und auseinandergehalten. Die Fortschritte auf dem Gebiete der Eisenerzeugung mit ihren neuen Verfahren haben aber eine Reihe von Zwischen- und Uebergangsformen geschaffen, so dass die alte Einteilung nicht mehr haltbar erscheint, wenngleich sie auch im gewöhnlichen Leben und Sprachgebrauch noch längere Zeit beibehalten werden wird. Bevor die übrigen Eisenarten zur Besprechung kommen, möge deshalb an dieser Stelle ein Schema Platz finden, wie es die neuere Technik aufgestellt und allgemein angenommen hat.

Einteilung der verschiedenen Eisenarten.

I. Nicht schmiedbares Eisen (Roheisen). Leichter schmelzbar, beim Erhitzen plötzlich schmelzend.	
A. Weisses Roheisen.	**B. Graues Roheisen.** (Zu Gusswaren verwendet, Gusseisen genannt.)
Kohlenstoff chemisch gebunden. (Ohne wesentlichen Graphitgehalt)	Kohlenstoff grösstenteils als Graphit ausgeschieden
Spiegeleisen Weissstrahl Gewöhnliches Weisseisen	Lichtgraues Roheisen Dunkelgraues Roheisen

Halbiertes Roheisen (Forelleneisen, ein Gemenge von weissem und grauem Roheisen.)
Stark halbiert (Weisseisen vorwaltend)
Schwach halbiert (graues Eisen vorwaltend)

II. Schmiedbares Eisen. Schwer schmelzbar, beim Erhitzen allmählich erweichend.			
A. Stahl. Gut härtbar		**B. Schmiedeeisen.** Kaum härtbar	
Während der Herstellung flüssig (homogen)	Während der Herstellung teigig	Während der Herstellung flüssig (homogen)	Während der Herstellung teigig
1. Flussstahl (Schlackenfrei).	**2. Schweissstahl** (Schlackenhaltig).	**1. Flusseisen** (Schlackenfrei).	**2. Schweisseisen** (Schlackenhaltig).
Bessemerstahl Siemensstahl Martinstahl Uchatiusstahl Gussstahl, d. i. umgeschmolzener Tiegel-Zementstahl	Rennstahl Herdfrischstahl Puddelstahl Zementstahl Gärbstahl	Bessemereisen Siemenseisen Martineisen Pernoteisen	Renneisen Herdfrischeisen Puddeleisen Geschweisstes Packeteisen

Darnach wäre also das Roheisen beziehungsweise Gusseisen das nicht hämmer- und schweissbare Eisen. Als Schmiedeeisen kann man dasjenige Eisen bezeichnen, welches hämmer- und schweissbar ist und nach dem Ablöschen im Wasser nicht merklich an Härte zunimmt. Als Stahl kann dasjenige Eisen gelten, welches hämmer- und schweissbar ist, welches sich härten lässt und nach dem Ablöschen am Feuerstein Funken giebt.

Die Erzeugung des Schweisseisens aus Roheisen heisst man Frischen. Man unterscheidet Herdfrischen und Puddelfrischen, je nachdem dasselbe im Herd oder im Puddelofen erfolgt. Als Material dienen fast ausschliesslich weisse Roheisensorten. Das Herdfrischen geschieht unter Anwendung eines starken Gebläses mit Holz- oder Holzkohlenfeuerung, wobei ein Teil des Eisens oxydiert und der Kohlenstoff desselben zum Teil verbrennt. Schliesslich entsteht ein teigiger Klumpen, die Luppe, die sofort in Stangen ausgeschmiedet wird durch das Hämmern die nötige Dichtigkeit erhält und von Schlacken befreit wird. Das Herdfrischeisen ist hart, zähe und dicht und überhaupt ein gutes Eisen. Es können aber nur verhältnissmässig kleine Mengen erzeugt werden, und die Herstellung ist des Brennmaterials wegen eine teure. Eine billigere Massenerzeugung gestattet der Puddelprozess, aber das damit erzielte Eisen ist nicht von gleicher Güte.

I. Das Material.

Beim Puddeln wird das Roheisen im Puddelofen unter Zusatz von eisenoxydoxydulhaltiger Schlacke eingeschmolzen, wobei der Sauerstoff der Schlacke den Kohlenstoff des Eisens zum Teil verbrennt. Das gewöhnliche Feuerungsmaterial ist Steinkohle. Nur ihre Flamme, nicht sie selbst kommt mit dem schmelzenden Eisen in Berührung. Um die Entkohlung des Eisens gleichmässig zu gestalten, ist ein ständiges Umrühren der schmelzenden Masse nötig, was eine schwere Arbeit erfordert, weshalb man auch mechanische Rührwerke und rotierende Puddelöfen erfunden hat. Die sich bildenden Eisenklumpen werden zu grösseren Luppen vereinigt, unter dem Dampfhammer verdichtet und von der Schlacke befreit. Hierauf wird das erpuddelte Eisen zu Rohschienen ausgewalzt; aber erst durch wiederholtes Auswalzen und Zusammenschweissen wird ein brauchbares Schmiedeisen erzielt. Das Puddeln hat seine ehemalige Bedeutung verloren, seit es gelungen ist, Flusseisen in grossen Mengen billig herzustellen. So wird z. B. das Bessemereisen auf eine Weise gewonnen, wie sie ähnlich ist der Erzeugung des Bessemerstahls, von der nachher die Rede sein wird.

Die verschiedenen Arten der Stahlgewinnung sind in drei Gruppen zu bringen. Man kann erstens den Stahl wie das Schmiedeisen unmittelbar aus den Erzen gewinnen durch die sog. Rennarbeit (Erzstahl oder Rennstahl). Dieses Verfahren ist wenig mehr in Anwendung. Da der Kohlenstoffgehalt des Stahles die Mitte hält zwischen Roheisen und Schmiedeisen, so kann zweitens Stahl erzeugt werden durch teilweise Entkohlung von Roheisen oder drittens, indem man dem Schmiedeisen wieder einen höheren Kohlengehalt beibringt.

Der Stahl kann aus dem Roheisen durch Frischen im Herd oder im Ofen gewonnen werden (Herdfrischstahl und Puddelstahl). Der Vorgang ist derselbe wie beim Frischen zu Schmiedeisen mit dem Unterschied, dass der Prozess früher unterbrochen wird.

Die Bessemermethode besteht darin, dass geschmolzenes Roheisen in birnförmige Behälter (Konverter) verbracht wird, in denen es einem starken Gebläse von fein verteilten Strahlen ausgesetzt wird, wobei die Entziehung des Kohlenstoffes ohne weitere Heizung gelingt und Eisen von ganz geringem Kohlenstoff noch flüssig bleibt. Der Bessemerprozess war auf die Verwendung phosphorfreier Erze angewiesen, bis Thomas und Gilchrist durch bestimmte Zuschläge und eine Auskleidung der Birne mit Dolomit statt mit feuerfestem Sand die Entfernung des Phosphors erreichten (Bessemerstahl, Thomasstahl). Wird der Prozess weiter fortgesetzt, so entsteht Flusseisen statt Flussstahl (Bessemereisen, Thomaseisen). Die Bezeichnung Flusseisen ist neueren Datums; so ging z. B. Bessemereisen früher als nicht härtbarer Bessemerstahl etc. Ferner lässt sich Stahl erzeugen, wenn Roheisen mit Eisenoxyden oder mit Schmiedeisen zusammengeschmolzen wird. Hierher gehören der Uchatiusstahl, der Martinstahl u. a.

Einen besseren Stahl als die Erzeugung aus Roheisen liefern die verschiedenen Ueberführungen aus Schmiedeisen. Werden Schmiedeisenstäbe in feuerfesten Kästen mit Holzkohle oder anderen Zementierpulvern in der Weissglühhitze geglüht, so wird der Kohlenstoffgehalt des Eisens erhöht und es entsteht der Blasenstahl oder Zementstahl, der durch Gärben oder Umschmelzen raffiniert wird. Das Gärben (von Garbe) besteht im Zusammenschweissen, Ausstrecken, Abschneiden und Wiederzusammenkneten einzelner Stahlstäbe in öfterer Wiederholung behufs Dichtung und Ausgleichung des Kohlengehaltes (Gärbstahl). Einfacher ist diese Ausgleichung zu erreichen durch Umschmelzen des Rohstahls in Tiegeln unter Luftabschluss (Tiegelstahl, Gussstahl). Da auch Herdfrisch- und Puddelstahle, wenn sie umgeschmolzen werden, als Gussstahl zu bezeichnen sind, so bezeichnet man die aus Schmiedeisen erzeugten Stahlsorten als Zement-Flussstahl und Zement-Schweissstahl, je nachdem das Raffinieren durch Umschmelzen oder Gärben erfolgt.

Schliesslich wäre noch einiges über die Eigenschaften des Eisens im allgemeinen zu erwähnen. Dieselben sind naturgemäss schwankend nach den einzelnen Sorten.

Die Dichte oder das spezifische Gewicht beträgt zwischen 6,7 und 8,1. Roheisen ist verhältnissmässig leicht, Stahl und Schmiedeisen sind schwerer. Als Mittelwerte in dieser Reihenfolge können ungefähr 7,25, 7,7 und 7,8 gelten.

Das Roheisen ist am leichtesten schmelzbar, das Schweisseisen am wenigsten; der Stahl hält die Mitte.

In Bezug auf die Festigkeit ist zu unterscheiden, ob die Beanspruchung auf Druck oder Zug erfolgt. Die Festigkeit in Bezug auf Druck verhält sich für Roheisen, Schmiedeisen und Stahl ungefähr wie 7 zu 3 zu 6 bis 10, in Beziehung auf Zug ungefähr wie 1 zu 4 zu 5 bis 6.

Die Härte ist grösser bei Roheisen, geringer beim Schmiedeisen; umgekehrt verhält es sich mit der Elastizität. Der Stahl behauptet in dieser Hinsicht eine grosse Verschiedenheit; er kann einerseits sehr elastisch, andererseits sehr hart und spröde sein. Glühender Stahl langsam abgekühlt wird weich und leicht bearbeitbar; rasch abgekühlt wird er hart und sogar so spröde, dass er sich pulvern lässt. Dieses merkwürdige Material lässt sich demnach durch sich selbst bearbeiten. Durch gelindes Erhitzen (Anlassen) wird spröder Stahl elastisch. Einen Gradmesser bilden hierbei die Anlauffarben, wie sie auf blanken Flächen auftreten. Dieselben erscheinen in folgender Ordnung: blassgelb, strohgelb, braun, purpurfleckig, purpurgleichfarbig, hellblau, dunkelblau, schwarzblau. Wird die Erhitzung fortgesetzt, so erscheinen die Farben nochmals in derselben Reihenfolge etwas rascher und weniger deutlich. Durch zu häufiges starkes Glühen (Ueberhitzen, Verbrennen) wird der Stahl schlecht und nähert sich in seinen Eigenschaften dem Schmiedeisen.

Eine Eigentümlichkeit des Gusseisens ist das Quellen, d. i. die bei häufigem Erhitzen eintretende Formveränderung und Volumenvergrösserung.

Schliesslich ist noch das Schwinden zu erwähnen, welches eintritt, wenn Roheisen vom flüssigen Zustand in den kalten übergeht. Das Schwindmass beträgt für weisses Roheisen oder Hartfloss im Mittel 2 bis 2,5%, für graues Roheisen oder Weichfloss durchschnittlich 1,5% d. h. wenn die lineare Ausdehnung der Form 100 ist, so misst das fertige Gussstück nur 97,5 bis 98,5.

Wer sich für die Gewinnung des Eisens und seine wirtschaftliche Stellung eingehender unterrichten will, dem empfehlen wir das Lesen folgender Schrift: Gemeinfassliche Darstellung des Eisenhüttenwesens, herausgegeben vom Verein Deutscher Eisenhüttenleute in Düsseldorf. 1896. 2 Mark.

---

2. Das Schmiedeisen im besonderen.

Das Schmiedeisen hat eine Geschichte, die nach 4 bis 5 Jahrtausenden zählt, und seine Gewinnung und Verwertung geht zweifellos bis in vorgeschichtliche Zeiten zurück. Dass die alten Aegypter, Assyrer, Perser, Phönikier etc. das Schmiedeisen kannten, geht aus den allerdings nicht gerade häufigen Eisenfunden hervor. Auch den Griechen und Römern war das Schmiedeisen bekannt, wenngleich die Verwendung desselben bei ihnen offenbar eine eingeschränkte war und sich hauptsächlich auf die Herstellung von Waffen erstreckte. Auch in Indien, China und Japan sind Schmiedeisen und Stahl seit den ältesten Zeiten bekannt. Die im Verhältnis zur heutigen Zeit wenig belangreiche Eisenindustrie der Alten erklärt sich durch die unvollkomme Art der Eisengewinnung, die offenbar viel Aehnlichkeit hatte mit den Methoden, die heute noch bei wilden Stämmen angetroffen werden. Erst das Mittelalter verarbeitet das Schmiedeisen in grösseren Mengen und in Anwendung auf die mannigfaltigsten Gebrauchs- und Kunstgegenstände. Seitdem hat diese Verwendung immer mehr zugenommen und in den letzten Jahrzehnten in einer Weise, dass man annehmen kann, dass unser Jahrhundert allein in Bezug auf den Eisenverbrauch allen vorangegangenen zusammen mindestens das Gleichgewicht hält.

Die ursprüngliche Eisengewinnung geschah in offenen Herden oder kleinen Oefen mit natürlicher Windzufuhr oder mit Blasbalggebläse. Man erzielte dabei in kleinen Mengen ein Material, das teils die Eigenschaften des Stahls, teils diejenigen des Schmiedeisens zeigte; flüssiges Eisen kannte man nicht. In verbesserter Form ist diese als Rennarbeit bezeichnete Gewinnung vereinzelt noch heute in Uebung (Renneisen). Erst zu Ende des 15. Jahrhunderts kamen die Schmelzöfen in Anwendung, die sich aus bescheidenen Anfängen schliesslich zu unseren heutigen Hochöfen entwickelten. Mit der Einführung des Schmelzprozesses war die Grundlage für die Frischarbeit aus Roheisen und die später hinzugekommenen übrigen Darstellungsmethoden gegeben, die bereits weiter oben kurz beschrieben wurden.*)

Das in der heutigen Schlosserei und Kunstschmiederei allgemein verwendete Material ist Schweisseisen, erzeugt durch Herdfrischen oder durch Puddeln (Herdfrischeisen und Puddeleisen), obgleich auch das Flusseisen (Bessemereisen, Thomaseisen, Siemens- Martineisen etc.) zu Stab- und Façoneisen, sowie zu Blechen verarbeitet wird, sich sehr gut schmieden und schweissen lässt, in guter Qualität noch zäher und fester ist als Schweisseisen und jedenfalls eine bedeutende Zukunft hat.

Es wird vielfach Klage geführt, dass der Kunstschlosserei früher ein besseres Material zur Verfügung gestanden habe und dass das heutige Handelseisen hinter dem Holzkohleneisen von ehedem zurückstehe. Das ist ja richtig und selbstverständlich; aber man sollte nicht vergessen, dass die Sache sich nur auf den Kostenpunkt zuspitzt. Es wird auch heute noch Schweisseisen bester Art erzeugt, und wer es haben muss und den verhältnismässig höheren Preis bezahlen will, der kann es haben.

Die durch den Frisch- und Puddelprozess erzielten Luppen werden unter dem Hammer oder durch Walzen zu Rohschienen verarbeitet. Aus diesem Halbfabrikat werden durch weitere Bearbeitung mit dem Hammer oder durch Walzen die verschiedenen Arten von Handelseisen (Stabeisen, Façoneisen etc.) erzielt, von denen später die Rede sein wird.

Gutes Schweisseisen zeigt auf dem Bruch ein hackiges oder sehniges Gefüge und bei weisser Farbe einen matten, bei lichtgrauer Farbe einen stärkeren Glanz. Es ist weich und dehnbar und lässt sich kalt überschmieden und zu Draht ziehen. Durch kalte Bearbeitung wird es dichter, härter, elastischer und schliesslich auch brüchig; der alte Zustand kann aber durch Ausglühen sofort wieder hergestellt werden.

Durch Ablöschen in kaltem Wasser wird Schmiedeisen nur unbedeutend härter. Durch oft wiederholtes starkes Glühen wird es mürbe und schlecht, blätterig, schuppig und stark glänzend; derartig überhitztes oder verbranntes Eisen kann durch Glühen unter Luftabschluss wieder in Ordnung gebracht werden. Fortgesetzte starke Erschütterungen können das Gefüge des Schmiedeisens im Innern ändern und die Festigkeit vermindern.

Schmiedeisen wird im Feuer erst rotglühend und bei steigender Hitze blendend weissglühend. In rotglühendem Zustande lässt es sich vorzüglich schmieden. Weissglühend wird das Material derartig weich, dass es sich mit Leichtigkeit biegen, strecken und anderweitig bearbeiten lässt. Es wird schliesslich teigartig, so dass es in Formen gepresst werden kann (Pressschmieden). Weissglühend wird das Schmiedeisen schweissbar, d. h. es können getrennte Stücke fest in eins zusammengehämmert werden. Die Schweissbarkeit ist eine der hervorragendsten Eigenschaften für die technische Verwendbarkeit, besonders in der Kunstschlosserei. Während des Glühens oxydiert die Oberfläche des Eisens, es bildet sich der abfallende Glühspan oder Hammerschlag. Der hiermit verbundene Materialverlust heisst Abbrand.

---

*) Wer sich besonders für die ursprüngliche Entwickelung der Eisenindustrie interessiert, den verweisen wir auf: Dr. Ludwig Beck, Geschichte des Eisens in technischer und kulturgeschichtlicher Beziehung. Braunschweig, Vieweg & Sohn.

Je nach der Erzeugungsart und der Beimengung an fremden Stoffen zeigt das Schmiedeisen verschiedene Eigenschaften. Man unterscheidet einerseits **weiches und sehniges, weiches und sprödes, weiches und brüchiges** Eisen und andererseits **hartes** Eisen mit den nämlichen Nebeneigenschaften. Die fremden Beimengungen beeinträchtigen die Güte unter Umständen wesentlich. Ein geringer Gehalt an Schwefel oder an Kupfer macht das Eisen **rotbrüchig** (in der Rotglut brüchig); Phosphor macht es **kaltbrüchig**, Silicium **faulbrüchig** und eingesprengte Schlackenteile und kohlenstoffreichere Partien machen es **rohbrüchig**.

Mechanische Fehler, von mangelhafter Herstellung herrührend, sind **unganze Stellen** und **Aschenlöcher**, **Schiefer** (beim Walzen aus unganzen Stellen entstanden), **Langrisse** (infolge mangelhafter Schweissung), **Kantenrisse** (infolge fehlerhafter Walzung).

Nach Vorstehendem ist es nahe liegend, dass bei der Wahl des Materials eine gewisse Vorsicht geboten erscheint. Den einfachsten Anhalt bietet das äussere Aussehen, und thatsächlich verlässt sich der Schlosser meist auf seinen langjährig geübten Blick, was in den meisten Fällen auch genügen dürfte. Was am meisten in Betracht kommt, ist der Befund des Bruches. Weiss und glänzend oder grau und matt deuten auf geringe Qualität. Ferner muss gutes Stabeisen scharfe Kanten und eine saubere, glatte Oberfläche aufweisen. Walzeisen soll äusserlich blaubis schwarzgrau sein; rote Farbe deutet auf kalte Walzung und geringere Festigkeit. Geschmiedetes Eisen dagegen ist fast immer rot, weil seine Bearbeitung bis zu niedrigen Temperaturen fortgesetzt wird. Grosse Glätte, Glanz und blauschwarze Farbe deuten hier auf eine Ueberschmiedung bei nassem Ambos, wobei das Material etwas spröder ausfällt.

Es giebt dann noch eine Reihe von eingehenderen Prüfungsarten, die hier auch genannt sein mögen, obgleich sie gewöhnlich nicht versucht werden:

1. die **Wurfprobe**. Man wirft den zu untersuchenden Stab aus bestimmter Höhe auf einen kantigen Eisenblock, wobei der Stab nicht zerbrechen darf;
2. die **Fall- oder Schlagprobe**. Man lässt den Stab frei an beiden Enden aufliegen und lässt in der Mitte ein Gewicht auffallen oder führt einen Schlag aus;
3. die **Biegpobe**. Der Stab wird mit dem einen Ende eingespannt und abwechselnd nach rechts und links rechtwinklig abgebogen. Die Anzahl der erforderlichen Biegungen bis zum Brechen lässt einen Schluss auf die Festigkeit zu. Weiches Eisen lässt sich geräuschlos zwölf und mehrmals biegen, bis es bricht; hartes Eisen knistert und zittert und bricht bald. Dicke Stäbe brechen früher als dünne aus gleichem Material. Ein auf diese Weise erzielter Bruch ist sehnig und hackig; ein ordentlicher Bruch wird nur dann erhalten, wenn die betreffende Stelle erst angefeilt wird;
4. die **Schmiedeprobe oder heisse Probe**. Der Stab wird rotglühend ausgehämmert, umgebogen, gedreht, gelocht etc. Bei gutem Material muss sich eine messerartige Schneide erzielen lassen;
5. die **Feil- und Aetzprobe**. Das Eisen wird glatt gefeilt und mit Säure angeätzt, wobei Adern, Risse und Ungleichheiten des Materials zu Tage treten.

Wie leicht ersichtlich prüfen die einzelnen Untersuchungen das Eisen nach verschiedenen Anforderungen, so z. B. die Proben 1 und 2 hauptsächlich auf Kaltbrüchigkeit, die Probe 3 auf Härte und Widerstandsfähigkeit, die Probe 4 auf Rotbrüchigkeit etc.

Die Festigkeit des Schmiedeisens gegen Zug (absolute Festigkeit) beträgt 4000 bis 6000 kg auf den Quadratzentimeter Querschnitt. Da die relative und die rückwirkende Festigkeit nicht ohne weiteres dem Querschnitt proportional sind, so haben die betreffenden Angaben für das Schlosserbuch keinen praktischen Wert.

3. Die Formen des im Handel befindlichen Schmiedeisens.

Zahlreich wie die Anwendungen des Schmiedeisens sind auch die Formen, in welchen es in den Handel gelangt, und nicht minder mannigfaltig sind die Namen der einzelnen Sorten. Nach der Art der Erzeugung unterscheidet man, wie bereits erwähnt, zwischen **Flusseisen** und **Schweisseisen**, ferner zwischen **Kokseisen** und **Holzkohleneisen**, je nach dem verwendeten Brennstoff. Flusseisen ist reiner und enthält weniger Schlacke als Schweisseisen, ist aber schwieriger zu behandeln und gegen kalte Bearbeitung empfindlicher als letzteres. Das Holzkohleneisen ist durchschnittlich besser als das mit Koks oder Steinkohle gewonnene, weil es weniger verunreinigt zu sein pflegt und grössere Härte, Festigkeit und Elastizität besitzt. Des höheren Preises wegen wird es immer seltener.

Ausserdem ist zu unterscheiden zwischen **geschmiedetem** und **gewalztem** Handelseisen. Unter sonst gleichen Umständen hat ersteres einen kürzeren, mehr körnigen Bruch als das sehnige Walzeisen, welches fast ausschliesslich verarbeitet wird, während geschmiedetes Eisen nur noch für einzelne bestimmte Zwecke gefertigt wird (hauptsächlich in Oesterreich-Ungarn).

In Hinsicht auf die Qualität sind die Benennungsunterschiede sehr auseinandergehend, je nach der Bezugsquelle. Die Eisenwerke pflegen drei und mehr Qualitäten aufzuführen und dieselben mit verschiedenen Nummern und Buchstaben zu bezeichnen. Eine ziemlich gebräuchliche Unterscheidung der Schweisseisenqualitäten in absteigender Reihe ist folgende: 1. **Nieteisen** oder **best best Qualität**, 2. **Hufstabeisen** oder **best Qualität**, 3. **Extraeisen**, 4. **Handelseisen**. Will man statt vier Qualitäten deren sechs annehmen, so wäre die Reihe mit **Feinkorneisen** einzuleiten und mit **Grobkorneisen** zu schliessen. Will man nur zwei Abteilungen machen, so unterscheidet man Qualitätseisen und Handelseisen.

Die Bezugsquellen sind verschieden je nach Art, Zweck und Qualität des Verlangten; ausserdem spielen die örtliche Lage des Abnehmers, die Preise und Frachtkosten naturgemäss eine wichtige Rolle. Wird das Eisen nach den Bezugsquellen benannt, so wählt man die Bezeichnung nach dem betreffenden Distrikt oder Land oder nach dem Namen des Eisenwerkes oder seines Besitzers (lothringisches, westfälisches, steyrisches, oberschlesisches, englisches, schwedisches Eisen, **Burbacher Eisen**, **Stumm'sches Eisen** etc.).

Was die Preise des Walzeisens betrifft, so ist eine durchgehende Einheitlichkeit der Berechnungsart bis jetzt nicht erreicht. Es ist jedoch üblich, den Preis aus **Grundpreis** und **Ueberpreis** zusammenzusetzen. Der erstere bezieht sich auf das Material und die gewöhnliche Herstellung; er steigt und fällt nach der jeweiligen Konjunktur des Eisengeschäftes, wie sie durch die Preise des Rohmaterials, die Arbeitslöhne, das Verhältnis von Nachfrage und Angebot etc. bedingt wird. Die Ueberpreise oder Zuschläge beziehen sich auf spezielle Bearbeitung, auf Façon, bessere Qualität, besondere Anforderung in Hinsicht auf die Abmessungen etc. Die Ueberpreise sind entweder festbleibend oder sie steigen und fallen ebenfalls nach Prozenten des Grundpreises. Ein weiteres Eingehen auf Einzelheiten sowie auf die übrigen Bezugsbedingungen hätte wenig Zweck, da der Schlosser seinen Bedarf nicht unmittelbar vom Eisenwerk aus deckt, sondern auf den Zwischen- und Kleinhandel angewiesen ist.

Von den in den Handel kommenden Eisensorten haben viele für den Schlosser keine Bedeutung, da sie nur im Eisenbahn-, Brücken- und Maschinenbau Verwendung finden (Eisenbahn- und Grubenschienen, Belag- oder Zoreseisen, Roststabeisen, Kesselbleche u. a.) oder da sie speziell für andere Gewerke (für Wagen-, Huf- und Nagelschmiede etc.) bestimmt sind.

Die in Betracht kommenden Formen lassen sich in vier Unterabteilungen bringen: a) **Stangenförmiges Eisen**, b) **Blech**, c) **Draht**, d) **Rohr**. In dieser Reihenfolge möge die Einzelaufführung geschehen.

3. Die Formen des im Handel befindlichen Schmiedeisens.

a) Stangenförmiges Eisen.

Hierher sind zu rechnen die gewöhnlichen Arten des Stabeisens und die Façon-, Form- oder Profileisen.

Im Kleinhandel werden die gewöhnlichen Stabeisensorten schwächerer Art in Gebinden, Bürden oder Buschen von bestimmter Länge nach Gewicht oder Stückzahl verkauft. Stärkere Sorten von Stabeisen und die Façoneisen gehen in einzelnen Stangen nach dem Gewicht. Die Normallängen verschiedener Sorten sind je nach der Bezugsquelle verschieden und bewegen sich durchschnittlich zwischen 2½ und 6 m; Träger und andere Baueisen werden jedoch bis zu 14 m Länge gefertigt. — Die übliche Bezeichnung erfolgt nach dem Querschnitt.

Zum Stabeisen rechnet man das Rundeisen, das Quadrateisen, das Flach- und Bandeisen, sowie einige andere Sorten, die für die Schlosserei kaum in Betracht kommen.

Das Rundeisen. Es hat kreisrunden Querschnitt und wird in Stärken von 5 mm an aufwärts geliefert. Die Durchmesser steigen bis zu 30 oder 50 mm von mm zu mm, von da ab bis zu 80 von 2 zu 2 mm und über 80 von 5 zu 5 mm. Die häufigsten Fehler des Rundeisens sind unrundes Profil (Abweichung vom kreisförmigen Querschnitt), Streifen auf der Oberfläche (von eingewalzten Bärten herrührend), Schiefer und Aschenlöcher (mangelhafte Schweissung und Schlackenteile).

Das Quadrat- oder Vierkanteisen. Es hat quadratischen Querschnitt und wird in Stärken von 5 oder 8 mm an aufwärts geliefert. Die Masszunahme ist ähnlich wie beim Rundeisen. Die häufigsten Fehler sind Abweichungen vom richtigen Profil, verdrehte windschiefe Richtung der Stäbe, stumpfe Kanten, eingesunkene Flächen, eingewalzte Bärte, Schiefer, Aschenlöcher und Schweissfehler an den Enden der Stäbe.

Bezüglich des Gewichtes von Rundeisen und Quadrateisen pro Meter laufend schliessen wir hier eine Tabelle an, welche für beide Eisensorten das Gewicht in Kilogramm für die verschiedenen Stärken entnehmen lässt. Als spezifisches Gewicht ist 7,78 zu Grunde gelegt.

Gewichtstabelle für Quadrat- und Rundeisen.
1 Meter laufend wiegt Kilogramm:

Stärke resp. Durchm. mm	Quadrateisen	Rundeisen	Stärke resp. Durchm. mm	Quadrateisen	Rundeisen	Stärke resp. Durchm. mm	Quadrateisen	Rundeisen	Stärke resp. Durchm. mm	Quadrateisen	Rundeisen
5	0,195	0,153	26	5,259	4,131	47	17,19	13,50	95	70,21	55,15
6	0,280	0,220	27	5,672	4,455	48	17,93	14,08	100	77,80	61,10
7	0,381	0,299	28	6,100	4,791	49	18,68	14,67	105	85,55	67,37
8	0,498	0,391	29	6,543	5,139	50	19,45	15,28	110	94,14	73,94
9	0,630	0,495	30	7,002	5,499	52	21,04	16,52	115	102,9	80,81
10	0,778	0,611	31	7,477	5,872	54	22,69	17,82	120	112,0	88,00
11	0,941	0,739	32	7,967	6,257	56	24,40	19,16	125	121,6	95,48
12	1,120	0,880	33	8,469	6,654	58	26,17	20,56	130	131,5	103,3
13	1,315	1,033	34	8,994	7,064	60	28,01	22,00	135	141,8	111,4
14	1,525	1,198	35	9,531	7,485	62	29,91	23,49	140	152,5	119,8
15	1,751	1,375	36	10,08	7,919	64	31,87	25,03	145	163,6	128,5
16	1,992	1,564	37	10,65	8,365	66	33,88	26,62	150	175,1	137,5
17	2,248	1,766	38	11,23	8,823	68	35,98	28,26	155	186,9	146,8
18	2,521	1,980	39	11,83	9,294	70	38,12	29,94	160	199,2	156,4
19	2,809	2,206	40	12,45	9,776	72	40,32	31,68	165	209,6	166,4
20	3,112	2,444	41	13,08	10,27	74	42,60	33,46	170	224,8	176,6
21	3,422	2,695	42	13,69	10,78	76	44,92	35,29	175	238,3	187,1
22	3,765	2,957	43	14,39	11,30	78	47,32	37,18	180	252,1	198,0
23	4,116	3,232	44	15,06	11,83	80	49,79	39,11	185	266,3	209,1
24	4,481	3,520	45	15,75	12,37	85	56,21	44,15	190	280,9	220,6
25	4,863	3,819	46	16,46	12,93	90	63,02	49,49	195	295,9	232,3

Krauth u. Meyer, Schlosserbuch. 2. Aufl.

Das Flacheisen. Im weiteren Sinne kann man jedes stangenförmige Eisen von rechteckigem Querschnitt als Flacheisen bezeichnen. Als Flacheisen im engeren Sinne bezeichnet man dasjenige, dessen Dicke nicht unter 5 mm, dessen Breite nicht über 160 mm beträgt. Dünnere Eisen bezeichnet man als Bandeisen, breitere Eisen als Universal- oder Breiteisen, die gewöhnlich als Bleche berechnet werden. Das Flacheisen nimmt in der Dicke von 5 mm an bis zu 30 oder 50 von mm zu mm zu; die Breiten steigen von 10 bis 30 oder 50 mm von 2 zu 2 mm, von da bis 100 von 5 zu 5 mm und über 100 von 10 zu 10 mm. Die Fehler sind ähnlich wie beim Quadrateisen.

Das Bandeisen. Die Dicke nimmt von $^3/_4$ mm an bis zu $5^1/_2$ mm von $^1/_4$ zu $^1/_4$ mm zu; die Breiten bewegen sich zwischen 20 und 200 mm und nehmen ähnlich wie beim Flacheisen zu. Die häufigsten Fehler sind wie beim Vierkanteisen; hinzu kommt noch, dass die Schmalseiten ausgerundet statt eben zu sein pflegen.

Man bezeichnet das Bandeisen in einzelnen Gegenden nach dem Verhältnis von Breite zur Dicke und heisst es einfach, wenn die Breite das Zehnfache der Dicke, doppelt dagegen, wenn sie das Zwanzigfache beträgt. Für $1^1/_4$-, $1^1/_2$ und $1^3/_4$ fach ergeben sich darnach $12^1/_2$-, 15- und $17^1/_2$ fache Dicken als Breite. Auch sind noch von früher her besondere Bandeisenlehren gebräuchlich, so z. B. die englische. Die neue deutsche Vereins-Bandeisen-Lehre deckt sich mit der oben angegebenen Zunahme der Dicke von $^1/_4$ zu $^1/_4$ mm und hat demnach 20 Nummern:

Nummer	1	2	3	4	5	6	7	8	9	10	11	12	13	14	15	16	17	18	19	20
Dicke in mm	$5^1/_2$	$5^1/_4$	5	$4^3/_4$	$4^1/_2$	$4^1/_4$	4	$3^3/_4$	$3^1/_2$	$3^1/_4$	3	$2^3/_4$	$2^1/_2$	$2^1/_4$	2	$1^3/_4$	$1^1/_2$	$1^1/_4$	1	$^3/_4$

Die nachstehende Tabelle dient zur Gewichtsbestimmung des Flacheisens pro Meter laufend und in Bezug auf Bandeisen für die Nummern 19, 15, 11, 7 und 3 obiger Lehre.

Gewichtstabellen für Flacheisen.

1 Meter laufend wiegt Kilogramm:

Dicke in Millimeter	Breite in Millimeter														
	10	12	14	15	16	18	20	22	24	25	26	28	30	32	34
1	0,078	0,093	0,109	0,117	0,125	0,140	0,156	0,171	0,187	0,195	0,203	0,218	0,234	0,249	0,265
2	0,156	0,187	0,218	0,234	0,249	0,280	0,312	0,343	0,374	0,390	0,405	0,436	0,467	0,499	0,530
3	0,234	0,280	0,327	0,351	0,374	0,421	0,467	0,514	0,561	0,584	0,608	0,654	0,701	0,748	0,795
4	0,312	0,374	0,436	0,467	0,499	0,561	0,623	0,686	0,748	0,779	0,810	0,872	0,935	0,997	1,059
5	0,390	0,467	0,545	0,584	0,623	0,701	0,779	0,857	0,935	0,974	1,013	1,091	1,169	1,246	1,324
6	0,467	0,561	0,654	0,701	0,748	0,841	0,935	1,028	1,122	1,169	1,215	1,309	1,402	1,496	1,589
7	0,545	0,654	0,763	0,818	0,872	0,982	1,091	1,200	1,309	1,363	1,418	1,527	1,636	1,745	1,854
8	0,623	0,748	0,872	0,935	0,997	1,122	1,246	1,371	1,496	1,558	1,620	1,745	1,870	1,994	2,119
9	0,701	0,841	0,982	1,051	1,122	1,262	1,402	1,542	1,683	1,753	1,823	1,963	2,103	2,244	2,384
10	0,779	0,935	1,091	1,169	1,246	1,402	1,558	1,714	1,870	1,948	2,025	2,181	2,337	2,493	2,649
11	0,857	1,028	1,200	1,285	1,371	1,542	1,714	1,885	2,057	2,142	2,228	2,399	2,571	2,742	2,913
12	0,935	1,122	1,309	1,402	1,496	1,683	1,870	2,057	2,244	2,337	2,430	2,617	2,804	2,991	3,178
13	1,013	1,215	1,418	1,519	1,620	1,823	2,025	2,228	2,430	2,532	2,633	2,836	3,038	3,241	3,443
14	1,091	1,309	1,527	1,636	1,745	1,963	2,181	2,399	2,617	2,727	2,836	3,054	3,272	3,490	3,708
15	1,169	1,402	1,636	1,753	1,870	2,103	2,337	2,571	2,804	2,921	3,038	3,272	3,506	3,739	3,973
16	1,246	1,496	1,745	1,870	1,994	2,244	2,493	2,742	2,991	3,116	3,241	3,490	3,739	3,988	4,238
17	1,324	1,589	1,854	1,986	2,119	2,384	2,649	2,913	3,179	3,311	3,443	3,708	3,973	4,238	4,503
18	1,402	1,683	1,963	2,103	2,244	2,524	2,804	3,085	3,365	3,506	3,646	3,926	4,207	4,487	4,767
19	1,480	1,776	2,072	2,220	2,368	2,664	2,960	3,256	3,552	3,700	3,848	4,144	4,440	4,736	5,032
20	1,558	1,870	2,181	2,337	2,493	2,804	3,116	3,428	3,739	3,895	4,051	4,362	4,674	4,986	5,297
21	1,636	1,963	2,290	2,454	2,617	2,945	3,272	3,599	3,926	4,090	4,253	4,581	4,907	5,235	5,562
22	1,714	2,057	2,399	2,571	2,742	3,085	3,428	3,770	4,113	4,285	4,456	4,799	5,141	5,484	5,827
23	1,792	2,150	2,509	2,688	2,867	3,225	3,585	3,942	4,300	4,479	4,658	5,017	5,375	5,733	6,092
24	1,870	2,244	2,617	2,804	2,991	3,365	3,739	4,113	4,487	4,674	4,861	5,235	5,609	5,983	6,357
25	1,948	2,337	2,727	2,921	3,116	3,506	3,895	4,285	4,674	4,869	5,064	5,453	5,843	6,232	6,622

Gewichtstabellen für Flacheisen.

1 Meter laufend wiegt Kilogramm:

Dicke in Millimeter	Breite in Millimeter													
	10	12	14	15	16	18	20	22	24	25	26	28	30	32	34
26	2,025	2,430	2,836	3,038	3,241	3,646	4,051	4,456	4,861	5,064	5,266	5,671	6,076	6,481	6,886
27	2,103	2,524	2,945	3,155	3,365	3,786	4,207	4,627	5,048	5,258	5,469	5,889	6,310	6,731	7,151
28	2,181	2,617	3,054	3,272	3,490	3,926	4,362	4,799	5,235	5,453	5,671	6,107	6,544	6,980	7,416
29	2,257	2,711	3,163	3,389	3,615	4,066	4,518	4,970	5,422	5,648	5,874	6,325	6,777	7,229	7,681
30	2,337	2,804	3,272	3,506	3,739	4,207	4,674	5,141	5,609	5,843	6,076	6,544	7,011	7,478	7,940
31	2,415	2,898	3,381	3,622	3,864	4,347	4,830	5,313	5,796	6,037	6,279	6,762	7,245	7,728	8,216
32	2,493	2,991	3,490	3,739	3,988	4,487	4,986	5,484	5,983	6,232	6,481	6,980	7,478	7,976	8,476
33	2,571	3,085	3,599	3,856	4,113	4,627	5,141	5,656	6,170	6,427	6,684	7,198	7,712	8,226	8,740
34	2,649	3,178	3,708	3,973	4,238	4,767	5,297	5,827	6,357	6,622	6,886	7,416	7,946	8,476	9,006
35	2,727	3,272	3,817	4,190	4,362	4,908	5,453	5,998	6,544	6,816	7,089	7,634	8,180	8,724	9,270
36	2,804	3,365	3,926	4,207	4,487	5,048	5,609	6,170	6,731	7,011	7,291	7,852	8,413	8,974	9,534
37	2,882	3,459	4,035	4,323	4,612	5,188	5,765	6,341	6,918	7,206	7,494	8,070	8,647	9,224	9,800
38	2,960	3,552	4,144	4,440	4,736	5,328	5,920	6,512	7,104	7,401	7,697	8,289	8,881	9,472	10,06
39	3,038	3,646	4,253	4,557	4,861	5,469	6,076	6,684	7,291	7,595	7,899	8,507	9,114	9,722	10,33
40	3,116	3,739	4,362	4,674	4,986	5,609	6,232	6,855	7,478	7,790	8,102	8,725	9,348	9,972	10,59
41	3,194	3,833	4,471	4,791	5,110	5,749	6,388	7,027	7,665	7,985	8,304	8,943	9,582	10,22	10,86
42	3,272	3,926	4,581	4,908	5,235	5,889	6,544	7,198	7,852	8,180	8,507	9,161	9,815	10,47	11,12
43	3,350	4,020	4,690	5,025	5,360	6,029	6,699	7,369	8,039	8,374	8,709	9,379	10,05	10,72	11,39
44	3,428	4,113	4,799	5,141	5,484	6,170	6,855	7,541	8,226	8,569	8,912	9,597	10,28	10,97	11,65
45	3,506	4,207	4,908	5,258	5,609	6,310	7,011	7,712	8,413	8,764	9,114	9,815	10,52	11,22	11,92
46	3,583	4,300	5,017	5,375	5,733	6,450	7,167	7,883	8,600	8,959	9,317	10,03	10,75	11,47	12,18
47	3,661	4,394	5,126	5,492	5,858	6,590	7,323	8,055	8,787	9,153	9,519	10,25	10,98	11,72	12,45
48	3,739	4,487	5,235	5,609	5,983	6,731	7,478	8,226	8,974	9,348	9,722	10,47	11,22	11,97	12,71
49	3,817	4,581	5,344	5,726	6,107	6,871	7,634	8,398	9,161	9,543	9,924	10,69	11,45	12,21	12,98
50	3,895	4,674	5,453	5,843	6,232	7,011	7,790	9,569	9,348	9,738	10,13	10,91	11,69	12,46	13,24

Dicke in Millimeter	Breite in Millimeter													
	35	36	38	40	42	44	45	46	48	50	55	60	65	70
1	0,273	0,280	0,296	0,312	0,327	0,343	0,351	0,358	0,374	0,390	0,428	0,467	0,506	0,545
2	0,545	0,561	0,592	0,623	0,654	0,686	0,701	0,717	0,748	0,779	0,857	0,935	1,013	1,091
3	0,818	0,841	0,888	0,935	0,981	1,028	1,052	1,075	1,122	1,169	1,285	1,402	1,519	1,636
4	1,091	1,122	1,184	1,249	1,309	1,371	1,402	1,433	1,496	1,558	1,714	1,870	2,025	2,181
5	1,363	1,402	1,480	1,558	1,636	1,714	1,753	1,792	1,870	1,948	2,142	2,337	2,532	2,727
6	1,636	1,683	1,776	1,870	1,963	2,057	2,103	2,150	2,244	2,337	2,571	2,804	3,038	3,272
7	1,909	1,963	2,072	2,181	2,290	2,399	2,454	2,508	2,617	2,727	2,999	3,272	3,544	3,817
8	2,181	2,244	2,368	2,493	2,617	2,742	2,804	2,867	2,991	3,116	3,428	3,739	4,051	4,362
9	2,454	2,524	2,664	2,804	2,945	3,085	3,155	3,225	3,365	3,506	3,856	4,207	4,557	4,908
10	2,727	2,804	2,960	3,116	3,272	3,428	3,506	3,583	3,739	3,895	4,285	4,674	5,064	5,453
11	2,999	3,085	3,256	3,428	3,599	3,770	3,856	3,943	4,113	4,285	4,713	5,141	5,570	5,998
12	3,272	3,365	3,552	3,739	3,926	4,113	4,207	4,300	4,487	4,674	5,141	5,609	6,076	6,544
13	3,544	3,646	3,848	4,051	4,253	4,456	4,557	4,658	4,861	5,064	5,570	6,076	6,583	7,089
14	3,817	3,926	4,144	4,362	4,581	4,799	4,908	5,017	5,235	5,453	5,998	6,544	7,089	7,634
15	4,090	4,207	4,440	4,674	4,908	5,141	5,258	5,375	5,609	5,843	6,427	7,011	7,595	8,180
16	4,362	4,487	4,736	4,986	5,235	5,484	5,609	5,733	5,983	6,232	6,855	7,478	8,102	8,725
17	4,635	4,767	5,032	5,297	5,562	5,827	5,959	6,092	6,357	6,622	7,284	7,946	8,608	9,270
18	4,908	5,048	5,328	5,609	5,889	6,170	6,310	6,450	6,731	7,011	7,712	8,414	9,114	9,815
19	5,180	5,328	5,624	5,920	6,216	6,512	6,660	6,808	7,104	7,401	8,141	8,881	9,621	10,36
20	5,453	5,609	5,920	6,232	6,544	6,855	7,011	7,167	7,478	7,790	8,569	9,348	10,13	10,91
21	5,726	5,889	6,216	6,544	6,871	7,198	7,362	7,525	7,852	8,180	8,997	9,815	10,63	11,45
22	5,998	6,170	6,512	6,855	7,198	7,541	7,712	7,883	8,226	8,569	9,426	10,28	11,14	12,00
23	6,271	6,450	6,808	7,167	7,525	7,883	8,063	8,242	8,600	8,959	9,854	10,75	11,65	12,54
24	6,544	6,731	7,104	7,478	7,852	8,226	8,413	8,600	8,974	9,348	10,28	11,22	12,15	13,09
25	6,816	7,011	7,401	7,790	8,180	8,569	8,764	8,959	9,348	9,738	10,71	11,69	12,66	13,63

Gewichtstabellen für Flacheisen.

1 Meter laufend wiegt Kilogramm:

Dicke in Millimeter	Breite in Millimeter													
	35	36	38	40	42	44	45	46	48	50	55	60	65	70
26	7,089	7,291	7,697	8,102	8,507	8,912	9,114	9,317	9,722	10,13	11,14	12,15	13,17	14,18
27	7,362	7,572	7,993	8,413	8,834	9,255	9,465	9,675	10,10	10,52	11,57	12,62	13,67	14,72
28	7,634	7,852	8,289	8,725	9,161	9,597	9,815	10,03	10,47	10,91	12,00	13,09	14,18	15,27
29	7,907	8,133	8,585	9,036	9,488	9,940	10,17	10,39	10,84	11,30	12,43	13,55	14,68	15,81
30	8,180	8,413	8,881	9,348	9,815	10,28	10,52	10,75	11,22	11,69	12,86	14,02	15,19	16,36
31	8,452	8,694	9,176	9,660	10,14	10,63	10,87	11,11	11,59	12,07	13,28	14,49	15,70	16,90
32	8,724	8,974	9,472	9,971	10,47	10,97	11,22	11,47	11,97	12,46	13,71	14,96	16,20	17,45
33	8,997	9,254	9,768	10,28	10,80	11,31	11,57	11,83	12,34	12,85	14,14	15,42	16,71	17,99
34	9,270	9,534	10,06	10,59	11,12	11,65	11,92	12,18	12,71	13,24	14,57	15,89	17,22	18,54
35	9,543	9,816	10,36	10,91	11,45	12,00	12,27	12,54	13,09	13,63	14,99	16,36	17,72	19,09
36	9,816	10,10	10,66	11,22	11,78	12,34	12,62	12,90	13,46	14,02	15,42	16,83	18,23	19,63
37	10,09	10,38	10,95	11,53	12,11	12,68	12,97	13,26	13,84	14,41	15,85	17,29	18,73	20,18
38	10,36	10,66	11,25	11,84	12,43	13,02	13,32	13,62	14,21	14,80	16,28	17,76	19,24	20,72
39	10,63	10,94	11,54	12,15	12,76	13,37	13,67	13,98	14,58	15,19	16,71	18,23	19,75	21,27
40	10,91	11,22	11,84	12,46	13,09	13,71	14,02	14,33	14,96	15,58	17,14	18,70	20,25	21,81
41	11,18	11,50	12,14	12,78	13,41	14,05	14,37	14,69	15,33	15,97	17,57	19,16	20,76	22,36
42	11,45	11,78	12,43	13,09	13,74	14,40	14,72	15,05	15,70	16,36	17,99	19,63	21,27	22,90
43	11,72	12,06	12,73	13,40	14,07	14,74	15,07	15,41	16,08	16,75	18,42	20,10	21,78	23,45
44	12,00	12,34	13,02	13,71	14,40	15,08	15,42	15,77	16,45	17,14	18,85	20,57	22,28	23,99
45	12,27	12,62	13,32	14,02	14,72	15,42	15,77	16,13	16,83	17,53	19,28	21,03	22,78	24,54
46	12,54	12,90	13,62	14,33	15,05	15,77	16,12	16,48	17,20	17,92	19,71	21,50	23,29	25,08
47	12,81	13,18	13,91	14,65	15,38	16,11	16,47	16,84	17,57	18,31	20,14	21,97	23,80	25,63
48	13,09	13,46	14,21	14,96	15,70	16,45	16,83	17,20	17,95	18,70	20,57	22,44	24,30	26,17
49	13,36	13,74	14,50	15,27	16,03	16,80	17,18	17,56	18,32	19,09	21,00	22,90	24,81	26,72
50	13,63	14,02	14,80	15,58	16,86	17,14	17,53	17,92	18,70	19,48	21,42	23,37	25,32	27,27

Dicke in Millimeter	Breite in Millimeter											
	75	80	85	90	95	100	110	120	130	140	150	160
1	0,584	0,623	0,662	0,701	0,740	0,779	0,857	0,935	1,013	1,091	1,169	1,246
2	1,169	1,246	1,324	1,402	1,480	1,558	1,714	1,870	2,025	2,181	2,337	2,493
3	1,753	1,870	1,986	2,103	2,220	2,337	2,571	2,804	3,038	3,272	3,506	3,739
4	2,337	2,493	2,649	2,804	2,960	3,116	3,428	3,739	4,051	4,362	4,674	4,986
5	2,921	3,116	3,311	3,506	3,700	3,895	4,285	4,674	5,064	5,453	5,843	6,232
6	3,506	3,739	3,973	4,207	4,440	4,674	5,141	5,609	6,076	6,544	7,011	7,478
7	4,090	4,362	4,635	4,908	5,180	5,454	5,998	6,544	7,089	7,634	8,180	8,725
8	4,674	4,986	5,297	5,609	5,920	6,232	6,855	7,478	8,102	8,725	9,348	9,971
9	5,258	5,609	5,959	6,310	6,660	7,011	7,712	8,413	9,114	9,815	10,52	11,22
10	5,843	6,232	6,622	7,011	7,401	7,790	8,569	9,348	10,13	10,91	11,69	12,46
11	6,427	6,855	7,284	7,712	8,141	8,569	9,426	10,28	11,14	12,00	12,85	13,71
12	7,011	7,478	7,946	8,413	8,881	9,348	10,28	11,22	12,15	13,09	14,02	14,96
13	7,595	8,102	8,608	9,114	9,621	10,13	11,14	12,15	13,17	14,18	15,19	16,20
14	8,180	8,725	9,270	9,815	10,36	10,91	12,00	13,09	14,18	15,27	16,36	17,45
15	8,764	9,348	9,932	10,52	11,10	11,69	12,85	14,02	15,19	16,36	17,53	18,70
16	9,348	9,971	10,59	11,22	11,84	12,46	13,71	14,96	16,20	17,45	18,70	19,94
17	9,932	10,59	11,26	11,92	12,58	13,24	14,57	15,89	17,22	18,54	19,86	21,19
18	10,52	11,22	11,92	12,62	13,32	14,02	15,42	16,83	18,23	19,63	21,03	22,44
19	11,10	11,84	12,58	13,32	14,06	14,80	16,28	17,76	19,24	20,72	22,20	23,68
20	11,69	12,46	13,24	14,02	14,80	15,58	17,14	18,70	20,25	21,81	23,37	24,93
21	12,27	13,09	13,91	14,72	15,54	16,36	17,99	19,63	21,27	22,90	24,54	26,17
22	12,85	13,71	14,57	15,42	16,28	17,14	18,85	20,57	22,28	23,99	25,71	27,42
23	13,44	14,33	15,23	16,13	17,02	17,92	19,71	21,50	23,29	25,08	26,88	28,67
24	14,02	14,96	15,89	16,83	17,76	18,70	20,57	22,44	24,30	26,17	28,04	29,91
25	14,61	15,58	16,55	17,53	18,50	19,48	21,42	23,37	25,32	27,27	29,21	31,16

Gewichtstabellen für Flacheisen.

1 Meter laufend wiegt Kilogramm:

Dicke in Millimeter	Breite in Millimeter											
	75	80	85	90	95	100	110	120	130	140	150	160
26	15,19	16,20	17,22	18,23	19,24	20,25	22,28	24,30	26,33	28,36	30,38	32,41
27	15,77	16,83	17,88	18,93	19,98	21,03	23,14	25,24	27,34	29,45	31,55	33,65
28	16,36	17,45	18,54	19,63	20,72	21,81	23,99	26,17	28,36	30,54	32,72	34,90
29	16,94	18,07	19,20	20,33	21,46	22,59	24,85	27,11	29,37	31,63	33,89	36,15
30	17,53	18,70	19,86	21,03	22,20	23,37	25,71	28,04	30,38	32,72	35,06	37,39
31	18,11	19,32	20,53	21,73	22,94	24.15	26,56	28,98	31,39	33,81	36,22	38,64
32	18,70	19,94	21,19	22,44	23,68	24,93	27,42	29,91	32,41	34,90	37,39	39,88
33	19,28	20,57	21,85	23,14	24,42	25,71	28,28	30,85	33,42	35,99	38,56	41,13
34	19,86	21,19	22,51	23,84	25,16	26,49	29,13	31,78	34,43	37,08	39,73	42,38
35	20,45	21,81	23,17	24,54	25,90	27,27	29,99	32,72	35,44	38,17	40,90	43,62
36	21,03	22,44	23,84	25,24	26,64	28,04	30,85	33,65	36,46	39,26	42,07	44,87
37	21,62	23,06	24,50	25,94	27,38	28,82	31,71	34,59	37,47	40,35	43,23	46,12
38	22,20	23,68	25,16	26,64	28,12	29,60	32,56	35,52	38,48	41,44	44,40	47,36
39	22,79	24,30	25,82	27,34	28,86	30,38	33,42	36,46	39,50	42,53	45,58	48,61
40	23,37	24,93	26,49	28,04	29,60	31,16	34,28	37,39	40,51	43,62	46,74	49,86
41	23,95	25,55	27,15	28,75	30,34	31,94	35,13	38,33	41,52	44,71	47,91	51,10
42	24,54	26,17	27,81	29,45	31,08	32,72	35,99	39,26	42,53	45,81	49,08	52,35
43	25,12	26,80	28,47	30,15	31,82	33,50	36,85	40,20	43,55	46,90	50,25	53,60
44	25,71	27,42	29,13	30,85	32,56	34,28	37,70	41,13	44,56	47,99	51,41	54,84
45	26,29	28,04	29,80	31,55	33,30	35,06	38,56	42,07	45,57	49,08	52,58	56,09
46	26,88	28,67	30,46	32,25	34.04	35,83	39,43	43,00	46,58	50,17	53,75	57,33
47	27,46	29,29	31,12	32,95	34,78	36,61	40,27	43,94	47,60	51,26	54,92	58,58
48	28,04	29,91	31,79	33,65	35,52	37,39	41,13	44,87	48,61	52,35	56,09	59,83
49	28,63	30,54	32,45	34,35	36,26	38,17	41,99	45,81	49,62	53,44	57,26	61,07
50	29,21	31,16	33,11	35,06	37,00	38,95	42,85	46,74	50,64	54,53	58,43	62,32

Zum Façon-, Form- oder Profileisen rechnet man alle übrigen stangenförmigen Eisen mit bestimmten Profilen für besondere Zwecke. Es giebt deren eine grosse Anzahl, aus welcher wir dasjenige herausgreifen, was für den Schlosser in Betracht kommen kann.

Zunächst aber dürfte ein Wort über die Erzeugung am Platze sein. Während das Quadrat- und Flacheisen nicht nur auf dem Wege der Walzung, sondern auch durch Schmiedung (Knoppereisen, Zaineisen) oder durch Abtrennung von Blechen (Schneideisen) erzielt werden kann, so wird das Façoneisen ausschliesslich durch Walzung hergestellt. Die Walzvorrichtung besteht im wesentlichen aus zwei Walzen aus Gusseisen oder Stahl, die durch eine Kraftmaschine in entgegengesetzte Drehung versetzt werden. Die Walzen liegen mit ihren Axen parallel in eisernen Rahmen oder Walzenständern, so dass zwischen beiden ein Zwischenraum in Form des zu walzenden Profils verbleibt. Für Bleche sind die Walzen gewöhnliche Cylinder, für façonierte Profile nimmt die Oberfläche dieser Rotationskörper eine dementsprechende Gestalt an. Wird der glühende Stab in die Oeffnung eingeführt, so wird er von den Walzen erfasst, durchgeschoben und im Querschnitt entsprechend geändert. Da ein Stich, d. h. ein Durchgang zur Fertigstellung für gewöhnlich nicht genügt, so muss er die Walzen mehrmals durchlaufen und zwischenhinein wieder geglüht werden, wenn er erkaltet ist. Da die Formveränderung von der Rohschiene bis zum fertigen Profil nur allmählich erfolgen kann, so erhalten die Walzen eine entsprechende Kaliberierung, d. h, eine Anzahl von Uebergangsprofilen, die das Eisen der Reihe nach durchlaufen muss. Wo das einzelne Walzenpaar hierbei nicht ausreicht, werden zwei oder mehrere Walzengerüste zu einer Walzenstrasse vereinigt. Kehrwalzwerke heissen solche, bei denen das Arbeitsstück abwechsend von der einen und anderen Seite eingeführt wird, während beim gewöhnlichen Walzwerk das Stück zurückgegeben und wieder von derselben Seite eingeführt werden musste. Da die Walzen des Kehrwerkes einmal nach der einen, das andere Mal nach der entgegengesetzten Seite sich drehen müssen, so hat eine jeweilige Umsteuerung der Maschine zu erfolgen. Zweckmässiger noch sind die Triolwalzwerke mit drei Walzen. Die Unter- und Mittelwalze ziehen das Eisen nach der einen Seite, die Mittel- und Oberwalze nach der anderen, wobei die Arbeit beschleunigt wird, abgesehen von anderen Vorteilen.

Kehren wir nach dieser Abschweifung wieder zur eigentlichen Sache zurück, so muss noch erwähnt werden, dass in Bezug auf die Profileisen eine durchgehende Einheitlichkeit bis jetzt ebenso wenig erzielt ist, als für das gewöhliche Stabeisen. Die Formen und Abmessungen der Profile der einzelnen Walzwerke gehen wesentlich auseinander. Nur hinsichtlich der meist verwendeten Walzeisen — es sind dies die sog. Baueisen — haben die Architekten- und Ingenieurvereine bestimmte Normalprofile aufgestellt, die von den Werken angenommen worden sind und neben anderen zur Walzung gelangen. Es soll dadurch im Interesse der Walzwerke und der Abnehmer der Anhäufung willkürlicher und unnötiger Profile vorgebeugt und in die herrschende Systemlosigkeit eine gewisse Ordnung gebracht werden. Die Baueisen spielen in der

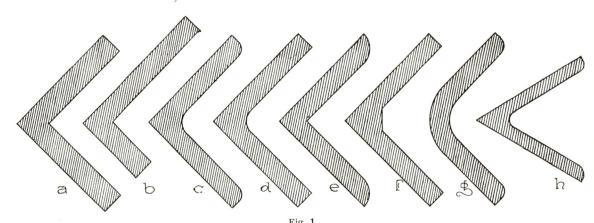

Fig. 1.
Verschiedene Winkeleisenprofile.

Technik eine äusserst wichtige Rolle, für den gewöhnlichen Schlosser haben sie eine geringere Bedeutung. In bescheidenen Stärken finden sie Anwendung für Oberlichter, Geländer, Thore etc. Da in diesem Falle keine Festigkeitsberechnungen nötig sind, mag das Betreffende übergangen werden, umsomehr, da die Profilbücher der Walzwerke gewöhnlich dahinzielende Tabellen enthalten. Auch geben dieselben über das Gewicht pro laufenden Meter Aufschluss.

Zu den Baueisen zählen hauptsächlich folgende:

Das Winkeleisen. Es wird in vielen Formen und allen möglichen Stärken hergestellt. Figur 1 giebt einige Profile und zwar

      a) scharfkantig, gleichschenkelig;
      b) scharfkantig, ungleichschenkelig;
      c) im Winkeleck abgerundet, Schenkel abgerundet (Normalprofil);
      d) im Winkeleck abgerundet, Schenkel scharf;
      e) im Winkeleck scharf, Schenkel abgerundet;
      f) scharfkantig, im Winkeleck scharf verstärkt (Kassenwinkeleisen);
      g) mit rundem Rücken;
      h) Winkeleisen von 60^0 etc.

3. Die Formen des im Handel befindlichen Schmiedeisens.

Auch die unter c) bis h) aufgeführten Formen werden ungleichschenkelig hergestellt und ausser den Winkeln von 90 und 60° kommen zur Anwendung 67½°, 101½°, 112½°, 117°, 120°, 128°, 135°. Ebenso werden Winkeleisen von ungleicher Schenkelstärke angefertigt. Für die vom Verein deutscher Ingenieure aufgestellten Normalprofile sind folgende Tabellen massgebend;

Gleichschenkelige Winkeleisen.
Abrundung in der Ecke mit Radius R = 0,5 (d min. + d max.)
Abrundung an den Kanten der Schenkel mit r = 0,5 R.

Nummer des Profils	Breite mm	Schenkelstärke d. mm	Querschnitt qcm	Gewicht pr. 1 Meter kg	Nummer des Profils	Breite mm	Schenkelstärke d. mm	Querschnitt qcm	Gewicht pr. 1 Meter kg	Nummer des Profils	Breite mm	Schenkelstärke d. mm	Querschnitt qcm	Gewicht pr. 1 Meter kg
1½	15	3	0,81	0,63	5½	55	10	10,00	7,8	10	100	14	26,04	20,3
		4	1,04	0,81	6	60	6	6,84	5,3	11	110	10	21,00	16,4
2	20	3	1,11	0,87			8	8,96	7,0			12	24,96	19,5
		4	1,44	1,12			10	11,00	8,6			14	28,84	22,5
2½	25	3	1,41	1,10	6½	65	7	8,61	6,7	12	120	11	25,19	19,7
		4	1,84	1,44			9	10,89	8,5			13	29,51	23,0
3	30	4	2,24	1,75			11	13,09	10,2			15	33,75	26,3
		6	3,24	2,53	7	70	7	9,31	7,3	13	130	12	29,76	23,2
3½	35	4	2,64	2,06			9	11,79	9,2			14	34,44	26,9
		6	3,84	3,00			11	14,19	11,1			16	39,04	30,5
4	40	4	3,04	2,37	7½	75	8	11,36	8,9	14	140	13	34,71	27,1
		6	4,41	3,46			10	14,00	10,9			15	39,75	31,0
		8	5,76	4,49			12	16,56	12,9			17	44,71	34,9
4½	45	5	4,25	3,32	8	80	8	12,16	9,5	15	150	14	40,04	31,2
		7	5,81	4,53			10	15,00	11,7			16	45,44	35,4
		9	7,29	5,69			12	17,76	13,9			18	50,76	39,6
5	50	5	4,75	3,7	9	90	9	15,59	12,0	16	160	15	45,75	35,7
		7	6,51	5,1			11	18,59	14,5			17	51,51	40,2
		9	8,19	6,4			13	21,71	16,9			19	57,19	44,6
5½	55	6	6,24	4,9	10	100	10	19,00	14,8					
		8	8,16	6,4			12	22,56	17,6					

Ungleichschenkelige Winkeleisen.
Abrundungen wie bei vorstehender Tabelle.

Nummer des Profils	Schenkel-Breiten mm	mm	Schenkelstärke mm	Querschnitt qcm	Gewicht pr. 1 Meter kg	Nummer des Profils	Schenkel-Breiten mm	mm	Schenkelstärke mm	Querschnitt qcm	Gewicht pr. 1 Meter kg
2/3	20	30	3	1,41	1,10	5/10	50	100	8	11,36	8,9
			4	1,84	1,44				10	14,00	10,9
2/4	20	40	3	1,71	1,33	6½/10	65	100	9	14,04	11,0
			4	2,24	1,75				11	16,94	13,2
3/4½	30	45	4	2,84	2,22	6½/13	65	130	10	18,50	14,4
			5	3,50	2,73				12	21,96	17,1
3/6	30	60	5	4,25	3,32	8/12	80	120	10	19,00	14,8
			7	5,81	4,53				12	22,56	17,6
4/6	40	60	5	4,75	3,71	8/16	80	160	12	27,36	21,3
			7	6,51	5,08				14	31,64	24,7
4/8	40	80	6	6,84	5,34	10/15	100	150	12	28,56	22,3
			8	8,96	7,00				14	33,04	25,8
5/7½	50	75	7	8,26	6,4	10/20	100	200	14	40,04	31,2
			9	10,44	8,1				16	45,44	35,4

Das Doppel-T-Eisen, **T-Eisen** oder **⊢⊣-Eisen**. Es wird in Höhen von 20 bis 500 mm und mehr gewalzt und in der Baukunst als Träger massenhaft verwendet. (Fig. 2.)

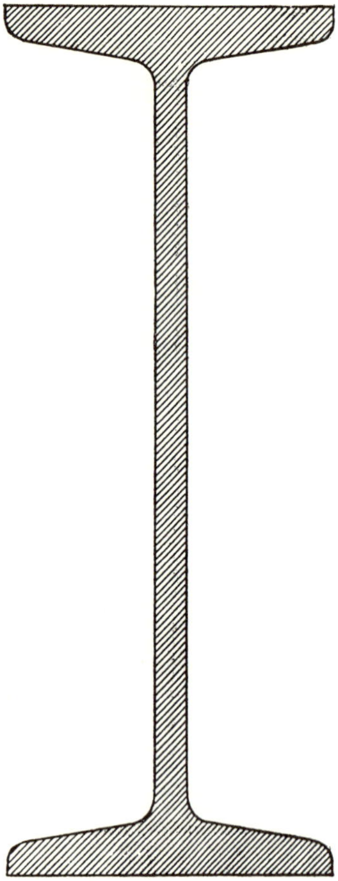

Normalprofile der T-Eisen.

Innere Abrundung am Steg R = d; Abrundung der Flanschenecken r = 0,6 d.

Nummer des Profils	Höhe mm	Flanschen-Breite mm	Steg-dicke d. mm	Mittlere Flanschen-dicke mm	Querschnitt qcm	Gewicht pr. 1 Meter kg
8	80	42	3,9	5,9	7,61	6,0
9	90	46	4,2	6,3	9,05	7,1
10	100	50	4,5	6,8	10,69	8,3
11	110	54	4,8	7,2	12,36	9,6
12	120	58	5,1	7,7	14,27	11,1
13	130	62	5,4	8,1	16,19	12,6
14	140	66	5,7	8,6	18,35	14,3
15	150	70	6,0	9,0	20,52	16,0
16	160	74	6,3	9,5	22,94	17,9
17	170	78	6,6	9,9	25,36	19,8
18	180	82	6,9	10,4	28,04	21,9
19	190	86	7,2	10,8	30,70	24,0
20	200	90	7,5	11,3	33,65	26,2
21	210	94	7,8	11,7	36,55	28,5
22	220	98	8,1	12,2	39,76	31,0
23	230	102	8,4	12,6	42,91	33,5
24	240	106	8,7	13,1	46,37	36,2
26	260	113	9,4	14,1	53,66	41,9
28	280	119	10,1	15,2	61,39	47,9
30	300	125	10,8	16,2	69,40	54,1
32	320	131	11,5	17,3	78,15	61,0
34	340	137	12,2	18,3	87,16	68,0
36	360	143	13,0	19,5	97,50	76,1
38	380	149	13,7	20,5	107,53	83,9
40	400	155	14,4	21,6	118,34	92,3
42 $^1/_2$	425	163	15,3	23,0	132,97	103,7
45	450	170	16,2	24,3	147,65	115,2
47 $^1/_2$	475	178	17,1	25,6	163,61	127,6
50	500	185	18,0	27,0	180,18	140,5

Fig. 2.
Doppel-T-Eisen, T-Eisen oder ⊢⊣-Eisen.

Das T-Eisen, Einfach-T-Eisen. Es wird in Höhen von 10 bis 100 mm und mehr gewalzt; seine Anwendung ist viel geringer als diejenige des T-Eisens (Fig. 3):

    a) hochstegig, scharfkantig;
    b) hochstegig, abgerundet (Normalprofil);
    c) breitfüssig, scharfkantig;
    d) breitfüssig, abgerundet (Normalprofil)
                etc. etc.

Man heisst das T-Eisen gleichschenkelig, wenn die Höhe gleich ist der Flanschbreite.

Hochstegiges T-Eisen. Normalprofile.

Neigung in Fuss und Steg 2 %. Abrundung wie beim breitfüssigen T-Eisen.

Nummer des Profils	Fussbreite mm	Steghöhe mm	Mittlere Dicke mm	Querschnitt qcm	Gewicht pr.1Meter kg	Nummer des Profils	Fussbreite mm	Steghöhe mm	Mittlere Dicke mm	Querschnitt qcm	Gewicht pr.1Meter kg
2/2	20	20	3	1,11	0,9	6/6	60	60	7	7,91	6,2
2½/2½	25	25	3,5	1,63	1,3	7/7	70	70	8	10,56	8,2
3/3	30	30	4	2,24	1,7	8/8	80	80	9	13,59	10,6
3½/3½	35	35	4,5	2,95	2,3	9/9	90	90	10	17,00	13,3
4/4	40	40	5	3,75	2,9	10/10	100	100	11	20,79	16,2
4½/4½	45	45	5,5	4,65	3,6	12/12	120	120	13	29,51	23,0
5/5	50	50	6	5,64	4,4	14/14	140	140	15	39,75	31,0

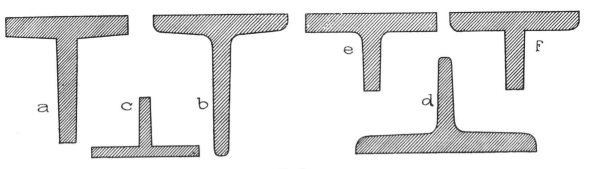

Fig. 3.
Verschiedene T-Eisenprofile.

Breitfüssiges T-Eisen. Normalprofile.

Abrundung in den Ecken mit R = d, an den Fusskanten mit r = 0,5 d und an der Spitze des Steges mit = 0,25 d.
Neigung im Fusse 2 %, für jede Stegseite 4 %.

Nummer des Profils	Fussbreite mm	Steghöhe mm	Mittlere Dicke d mm	Querschnitt qcm	Gewicht pr.1Meter kg	Nummer des Profils	Fussbreite mm	Steghöhe mm	Mittlere Dicke d mm	Querschnitt qcm	Gewicht pr.1Meter kg
6/3	60	30	5,5	4,64	3,6	12/6	120	60	10	17,00	13,3
7/3½	70	35	6	5,94	4,6	14/7	140	70	11,5	22,82	17,8
8/4	80	40	7	7,91	6,2	16/8	160	80	13	29,51	23,0
9/4½	90	45	8	10,16	7,9	18/9	180	90	14,5	37,04	28,9
10/5	100	50	8,5	12,02	9,4	20/10	200	100	16	45,44	35,4

Das ⌐-Eisen oder ⌊⌋-Eisen. Es wird in Höhen von 10 bis 300 mm gewalzt und hauptsächlich im Wagenbau, als Laufrinne für Laden, Schiebthüren etc. benützt (Fig. 4):

    a) scharfkantig;
    b) scharfkantig mit umgekanteten Flanschen   } Jalousie-Eisen;
    c) abgerundet (Normalprofil);
    d) Rinneneisen.

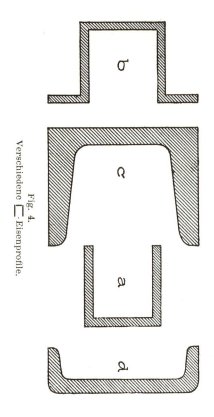

Fig. 4. Verschiedene ⊏-Eisenprofile.

Normalprofile der ⊏-Eisen. (Fig. 4c.)

Nummer des Profils	Höhe mm	Flanschen-breite mm	Steg-dicke mm	Mittlere Flanschen-dicke mm	Quer-schnitt qcm	Gewicht pr.1Meter kg
3	30	33	5	7	5,42	4,2
4	40	35	5	7	6,20	4,8
5	50	38	5	7	7,12	5,6
6½	65	42	5,5	7,5	9,05	7,1
8	80	45	6	8	11,04	8,6
10	100	50	6	8,5	13,48	10,5
12	120	55	7	9	17,04	13,3
14	140	60	7	10	20,40	15,9
16	160	65	7,5	10,5	24,08	18,8
18	180	70	8	11	28,04	21,9
20	200	75	8,5	11,5	32,30	25,2
22	220	80	9	12,5	37,55	29,3
26	260	90	10	14	48,40	37,8
30	300	100	10	16	58,80	45,9

Das ⌐-Eisen oder Dacheisen. Ungefähr von 12 bis 160 mm Höhe; bei kleinen Abmessungen als Luftrahmeneisen bezeichnet (Fig. 5);
 a) scharfkantig;
 b) abgerundet (Normalprofil);
 c) Luftrahmeneisen;
 d) Kassen-⌐-Eisen.

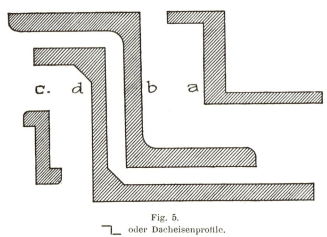

Fig. 5. ⌐ oder Dacheisenprofile.

Dach-⌐-Eisen. Normalprofile.
Innere Abrundung am Steg $R = t$,
äussere an der Flanschenkante $r = 0,5\,t$.

Nummer des Profils	Höhe mm	Flanschen-breite mm	Steg-dicke mm	Flanschen-dicke t mm	Quer-schnitt qcm	Gewicht pr.1Meter kg
3	30	38	4	4,5	4,26	3,3
4	40	40	4,5	5	5,35	4,2
5	50	43	5	5,5	6,68	5,2
6	60	45	5	6	7,80	6,1
8	80	50	6	7	10,96	8,6
10	100	55	6,5	8	14,26	11,1
12	120	60	7	9	17,94	14,0
14	140	65	8	10	22,60	17,6
16	160	70	8,5	11	27,13	21,2

Das Handleisteneisen oder Geländereisen. Es wird für die Handleisten der Treppen- und Balkongeländer und gelegentlich auch anderweitig verwendet. Seit auch für dieses Eisen Normalprofile aufgestellt sind, verschwinden die früher üblichen willkürlichen Formen mehr und mehr. (Fig. 6.)

Normalprofile der Handleisteneisen.

Nummer	Aeussere Breite mm	Höhe mm	Innere Breite mm	Innere Tiefe mm	Querschnitt qcm	Gewicht pr. 1 Mtr. kg
4	40	18	20	10	4,2	3,3
6	60	27	30	15	9,4	7,36
8	80	36	40	20	16,7	13,0
10	100	45	50	25	26,1	20,4
12	120	54	60	30	37,5	29,3

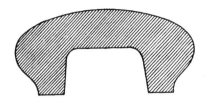

Fig. 6.
Handleisteneisen (Normalprofil).

Das Fenstereisen oder Sprosseneisen. Es wird in Höhen von 15 bis 70 mm und in zahlreichen Profilen gewalzt. Normalprofile fehlen bis jetzt (Fig. 7):
 a) ganzes Fenstereisen gewöhnlicher Form (mit 2 Falzen);
 b) halbes Fenstereisen gewöhnlicher Form (mit 1 Falz);

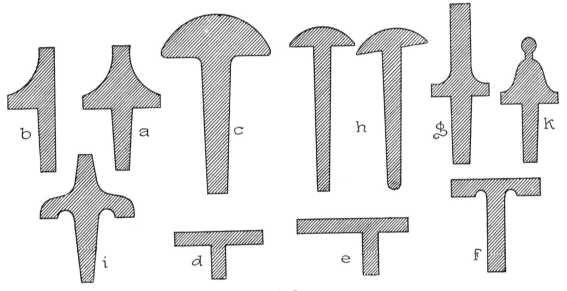

Fig. 7.
Verschiedene Fenstereisenprofile.

 c) Fenstereisen mit halbrundem Kopf;
 d) gleichschenkeliges Fenster-T-Eisen;
 e) ungleichschenkeliges Fenster-T-Eisen;
 f) Fenster-T-Eisen mit Nuten;
 g) Fenster-+-Eisen;
 h) Thürschlagleisten-Eisen mit geradem und schrägem Kopf;
 i) Fenster-+-Eisen mit Nuten;
 k) Fenster-Karnies-Eisen.

Auch die Formen c) bis k) werden mit 1 Falz geliefert. Die halben Fenstereisen werden wohl auch als Luftrahmen-Eisen bezeichnet (vergl. ⌐L-Eisen).

20   I. Das Material.

Von sonstigen für die Schlosserei in Betracht kommenden Eisensorten in Stangenform sind noch zu erwähnen:

Das Hespeneisen oder Gittereisen. Es wird in Höhen von 15 bis 80 mm gewalzt und neuerdings vielfach und mit Vorteil für die Längsverbindungen von Einfassungsgittern verwendet. (Fig. 8.)

Fig. 8.
Profile von Hespeneisen.

Das Leisteneisen. Mit diesem Namen bezeichnet man als Sammelbegriff eine Reihe von Eisensorten verschiedener Form und Grösse zu mannigfaltigen Zwecken. Bei reicherer Profilierung heissen sie auch Ziereisen. Da den letzteren ein besonderes Hauptstück gewidmet wird, so seien hier nur einige wenige genannt (Fig. 9):

        a) Karnieseisen;
        b) Doppelkarnieseisen;
        c) Laterneneisen;
        d) Wulsteisen;
        e) Rippeneisen;
        f), g) und h) ohne bestimmte Namen, aber wohl zu verwerten.

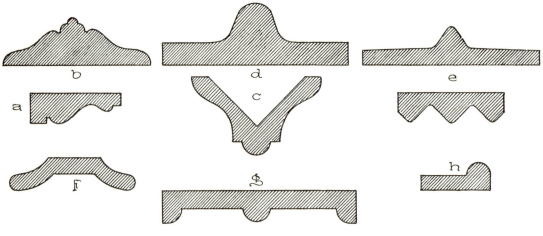

Fig. 9.
Verschiedene Leisteneisen.

Das Halbrundeisen. Es wird in Höhen von 10 bis 50 mm und mehr hergestellt und verschiedenartig verwendet (Fig. 10):

        a) gewöhnliches Halbrundeisen;
        b) flaches   ,,
        c) hohes   ,,
        d) hohles   ,,
        e) Omnibus-Reifen-Eisen.

Das abgeflachte Rundeisen oder Dreiviertel-Rundeisen. In Dicken von 20 bis 40 mm, für Kassenschränke u. a. (Fig. 11.)

Das Ovaleisen. In Höhen von 10 bis 50 mm, im Querschnitt elliptisch oder zweikantig mit verschiedenen Axenverhältnissen (Fig. 12):

    a) rundes Ovaleisen;
    b) scharfes Ovaleisen;
    c) abgekantetes Ovaleisen;

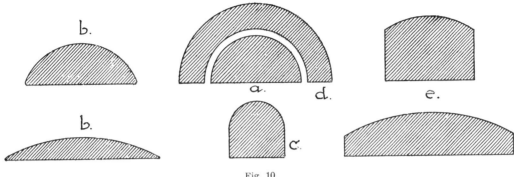

Fig. 10.
Halbrundeisenprofile.

Das Achtkanteisen mit regelmässigem oder halbregelmässigem Querschnitt, in Stärken von 12 bis 30 mm; nur gelegentlich für Gitter verwendet. Noch weniger Bedeutung für den Schlosser haben das Sechskant- und Dreikant-Eisen. (Fig. 13.)

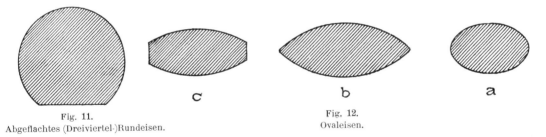

Fig. 11.
Abgeflachtes (Dreiviertel-)Rundeisen.

Fig. 12.
Ovaleisen.

Das Hohlkanteisen mit drei oder vier scharfen oder abgerundeten Kanten; in Stärken von 12 bis 30 mm. (Fig. 14.)

Das Kreuzeisen, +-Eisen. In Stärken von 20 bis 80 mm. Zu Stäben, Säulchen etc., besonders gedreht oder gewunden sehr wirksam und viel zu wenig verwendet. (Fig. 15.)

Aus der Reihe der Walzwerke, welche Eisen in Stangenform anfertigen, seien u. a. genannt:
Burbacher Hütte bei Saarbrücken (I- und andere Baueisen);
Gebrüder Stumm in Neunkirchen (Baueisen);
Lothringer Eisenwerke zu Ars a. d. Mosel (Stabeisen, Bau- und andere Eisen);
Gabriel & Bergenthal in Soest (desgleichen);
L. Mannstaedt & Cie. in Kalk bei Köln a. Rh. (Winkeleisen aller Art, T- und andere Eisen, Ziereisen).

Den als Spezialität hergestellten Ziereisen der letztgenannten Firma wird ein besonderes Kapitel gewidmet werden.

22 I. Das Material.

b) Blech.

Die Eisen- und Stahlbleche werden sowohl in homogenem (Flusseisen, Flussstahl) als in geschweisstem Material hergestellt und zwar fast ausschliesslich durch Walzung, da dieser ein-

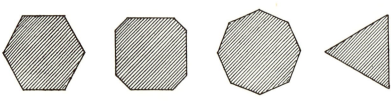

Fig. 13.
Acht-, Sechs- und Dreikant-Eisen.

fache Vorgang die geschmiedeten Bleche immer mehr verdrängt hat. Breite, wenig dicke Stäbe aus weichem, zähem Eisen werden in Stücke (Stürze) geschnitten, deren Länge ungefähr der

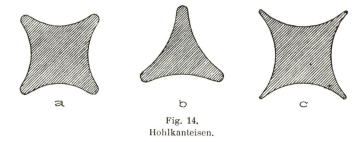

Fig. 14.
Hohlkanteisen.

Breite der herzustellenden Blechtafeln entspricht. Die Walzen sind glatte Cylinder, die der Sturz vielemal zu durchlaufen hat, bis er schliesslich zu Blech wird. Die eine Walze ist fest gelagert,

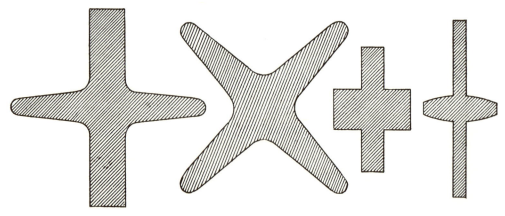

Fig. 15.
Kreuzeisen.

die andere wird durch Stellschrauben (Stellzeug) nach jedem Durchlaufen (Stich) der ersteren um weniges genähert (Sturzwalzwerk). Wenn dies nicht mehr angeht, weil der Unterschied zwischen zwei aufeinander folgenden Stichen für ein einzelnes Blech zu gering ist, so werden die Bleche "gedoppelt", d. h. es werden zwei, vier, acht und mehr Bleche aufeinander gelegt und gemeinschaftlich gewalzt (Schichtwalzwerk). Damit die Bleche hierbei nicht zusammenschweissen, werden sie in Lehmwasser getaucht. Die dicken Bleche werden glühend gewalzt; Bleche unter 1 mm Stärke dagegen kalt. Die kalte Walzung beugt dem Materialverlust durch Abbrand vor, liefert aber harte und spröde Bleche. Durch Ausglühen unter Luftabschluss wird die erforderliche Weichheit wieder hergestellt. Nach dem Walzen werden die Bleche entsprechend beschnitten, gereinigt, durch Pressen geebnet etc.

Die Grössen und Stärken der Bleche sind sehr verschieden je nach dem Zweck, dem sie dienen sollen. Die Benennung geschieht meist nach der späteren Verwendung (Panzerbleche, Kesselbleche, Reservoirbleche, Kassenbleche, Rohrbleche, Dachbleche etc.). In Bezug auf die Stärke unterscheidet man allgemein zwischen **schweren Blechen** und **Sturzblechen**, wobei die Grenze bei 5,5 mm liegt. Die Sturzbleche kann man wieder in **Mittel-** und **Feinbleche** unterscheiden bei einer ungefähren Grenze von 1 mm Dicke. Bleche über 25 mm Dicke heisst man **Platten**. **Kesselbleche** sind Bleche von 5,5 bis 25 mm Stärke. **Schlossbleche** sind 1 bis 5,5 mm stark, **Rohrbleche** 0,5 bis 1 mm; noch dünnere Bleche heissen **Knopfbleche**, **Kreuzbleche**, **Senklerbleche** etc. **Doppelbleche** unterscheiden sich von den gewöhnlichen Blechen nicht in Bezug auf die Stärke, sondern auf den Flächeninhalt (doppelbreit oder doppeltlang).

Die Stärkenbezeichnung dickerer Bleche erfolgt am besten durch Angabe der Millimeterzahl; die Mittel- und Feinbleche dagegen werden gewöhnlich nach den Nummern irgend einer der in Uebung befindlichen Lehren benannt. (Deutsche, Dillinger, österreichische, englische, französische Lehre etc.) Die neue deutsche Blechlehre hat 26 Nummern. Wir bringen dieselbe nachstehend zum Abdruck unter Beifügung des Gewichtes pro $\square$m Blech bei einem spezifischen Gewicht von 7,8.

Deutsche Blechlehre.

Nummer der Lehre	Dicke mm	Gewicht pro $\square$m kg	Nummer der Lehre	Dicke mm	Gewicht pro $\square$m kg	Nummer der Lehre	Dicke mm	Gewicht pro $\square$m kg
1	5,50	42,90	10	2,75	21,45	19	1,000	7,800
2	5,00	39,00	11	2,50	19,50	20	0,875	6,825
3	4,50	35,10	12	2,25	17,55	21	0,750	5,850
4	4,25	33,15	13	2,00	15,60	22	0,625	4,875
5	4,00	31,20	14	1,75	13,650	23	0,5625	4,387
6	3,75	29,25	15	1,50	11,700	24	0,5000	3,900
7	3,50	27,30	16	1,375	10,725	25	0,4375	3,412
8	3,25	25,35	17	1,250	9,750	26	0,3750	2,925
9	3,00	23,40	18	1,125	8,775			

Legt man der einfacheren Berechnung halber das spezifische Gewicht mit 8 zu Grunde, so ergeben sich folgende Zahlen:

Nummer der Lehre	1	2	3	4	5	6	7	8	9	10	11	12	13
Gewicht pro $\square$m in kg	44	40	36	34	32	30	28	26	24	22	20	18	16
Nummer der Lehre	14	15	16	17	18	19	20	21	22	23	24	25	26
Gewicht pro $\square$m in kg	14	12	11	10	9	8	7	6	5	4,5	4,0	3,5	3,0

Die Nummern 1 bis 19 können als Schlossbleche (im Mittel No. 12), die Nummern 19 bis 24 als Rohrbleche (im Mittel No. 21) gelten.

Die allerschwersten Platten und Bleche sind kein Handelsartikel. Sie werden nur von einzelnen grossen Firmen auf direkte Bestellung gefertigt. Die Kessel- und Mittelbleche kommen unverpackt in rechteckigen Tafeln in den Handel. Die Kesselbleche haben eine durchschnittliche Breite von 800 bis 2000 mm bei einer Länge bis zu 5 m. Die Mittelbleche haben eine Breite bis zu 1500 mm bei einer Länge bis zu 5 m. Die gewöhnliche Breite beträgt 1000 oder 1250 mm, die Länge das Doppelte Die Feinbleche zeigen kleinere Formate und werden in Gebinde verpackt.

Fig. 16.
Durchlochte Bleche. Maschinenbauanstalt Humboldt in Kalk bei Köln a/Rh. Halbe natürliche Grösse.

Das grösste Magazinformat ist 800×1600 mm. Die Gebinde wiegen 50 oder auch 25 kg. Die Tafelzahl schwankt dann nach der Stärke des Bleches.

Die Preisberechnung der Bleche ist je nach den Bezugsquellen verschieden. Im allgemeinen ist für die gewöhnliche Handelsware, für viereckige Bleche in mittleren Abmessungen ein Grundpreis festgesetzt, während für aussergewöhnliche Formate und Abmessungen, für Façon, genau einzuhaltendes Mass und bessere Qualität Ueberpreise zugeschlagen werden.

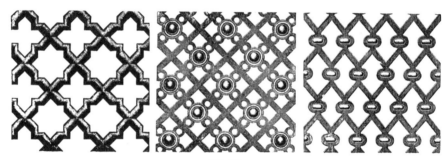

Fig. 17.
Durchlochte und geprägte Bleche. Maschinenbauanstalt Humboldt in Kalk bei Köln a/Rh. Halbe natürliche Grösse.

Die Werke führen gewöhnlich 4 oder 5 Qualitäten, die mit Buchstaben bezeichnet werden, so z. B. Koksqualität (BP), Holzkohlen- (HK), Bestholzkohlenqualität (HKB) etc. Allgemein unterscheidet man zwischen Puddling- und Holzkohlenblechen, wobei die letzteren die besseren sind. Für getriebene Arbeiten werden ganz besonders gute Holzkohlenbleche aus Oesterreich, Schweden etc. beansprucht.

Für bestimmte Zwecke, wie z. B. die Kassenfabrikation, werden Blechsortimente geliefert, welche die zusammengehörigen Tafeln in verschiedener Grösse und Stärke enthalten. Hier finden auch Stahlbleche und einerseits verstahlte Eisenbleche Verwendung.

Eine Spezialität sind die gelochten oder perforierten Eisenbleche. Sie finden neuerdings vielfache Anwendung für technische Betriebe, Darranstalten, Dresch- und Reinigungsmaschinen etc., aber auch bei der Herstellung von Thüren, Läden, Heizeinrichtungen, Fenstervorsetzern etc. Diese als Gardinen-, Gitter- und Möbelbleche bezeichneten Formen werden in Dicken von 0,5 bis 10 mm hergestellt und zeigen hübsche Musterungen, während die technischen Bleche kreisrund oder streifenförmig durchlocht sind. (Fig. 16.) Ausserdem giebt es auch gelochte Bleche, denen durch Prägung Relief gegeben ist. (Fig. 17.) Die älteste deutsche Fabrik für Gitterbleche ist die Maschinenbauanstalt Humboldt in Kalk bei Köln a/Rh. Sie verfügt über ein reichhaltiges Musterbuch, dem unsere Abbildungen entnommen sind.

Gerippte und gesteinte oder sog. Waffelbleche finden hauptsächlich Anwendung als Bodenbelag, zur Abdeckung von Senklöchern und Strassenrinnen etc. Sie sind 1 bis 15 mm stark bei Breiten von 1250 bis 1500 mm; die Muster sind verschiedener Art, z. B. nach Fig. 18.

Gewellte Bleche oder Wellenbleche kommen mit flachen und mit tiefen Wellen in den Handel. Die letzteren dienen hauptsächlich als Trägerwellbleche zur Herstellung von Böden, Wänden, Thoren, Brücken etc. Die flächgewellten Bleche werden meist verzinkt und vornehmlich für Dachdeckungen angewendet. Die Dicke der Wellenbleche beträgt 1 bis 5 mm, die Wellentiefe 50 bis 120 mm, die Wellenbreite ist gleich der Wellentiefe oder übertrifft dieselbe bis zum 4fachen. Es werden jedoch auch kleiner gewellte, für Ofenmäntel etc. bestimmte Bleche geliefert von einer Wellentiefe von 5 mm und einer Wellenbreite von 10 mm ab. Die gewöhnliche Breite (Baubreite) der Wellbleche misst 480, 600 oder 720 mm, die Länge 3 m und mehr. Gebogene Wellenbleche für Dächer heissen „bombiert".

Ausser dem gewöhnlichen Eisenblech, welches zur Unterscheidung auch den Namen Schwarzblech führt, kommen dann noch weitere Bleche zur Herstellung, die eine Veränderung oder einen Ueberzug der Oberfläche erfahren. Es gehören hierher die entzunderten oder cynderfreien Schwarzbleche; die Ternbleche, d. h. matte Bleche, überzogen mit Legierungen von Zinn und Blei; die Weissbleche, d. h. mit Hochglanz verzinnte Bleche; verzinkte oder galvanisierte Bleche, verbleite und verkupferte Bleche etc. Es sind dies durchgängig Feinbleche von 0,2 bis 1 mm Stärke, die in Gebinden oder Kisten von bestimmter Tafelzahl in den Handel kommen. Die gewöhnlichen Formate sind: 265×380 mm (Kleinformat, Einfachformat), 530×380 mm (Doppelformat), 265×760 mm (Hochfolio oder Langformat), 530×760 mm (Vierfachformat) etc. Ausserdem giebt es Stahlbleche, einerseits oder beiderseits geschliffen, nickelplattiert und poliert in Stärken von 0,2 bis 2 mm, sowie gewöhnliche Gussstahlbleche von grösserer Dicke. Diese Bleche haben übrigens für den Schlosser wenig Bedeutung, da er selten in die Lage kommt, sie zu verwenden. Sein Hauptmaterial ist das Schwarzblech mittlerer Stärke, das Schlossblech.

Ein tadelloses Blech muss glatt und eben, ohne Falten und Beulen, ohne Löcher und Risse und dabei überall gleich dick sein. Die häufigsten Fehler sind Schalen, Blasen, Schiefer, Splitter und Doppelblech (unganze Stellen im Innern). Die gewöhnliche Probe ist die Biegprobe, wobei zu bemerken ist, dass die Festigkeit des Bleches in der Richtung der Walzung grösser ist als quer zu derselben.

c) Draht.

Der Eisen- und Stahldraht wird sowohl in homogenem als in geschweisstem Material hergestellt und zwar durch Walzen und durch Ziehen. Die dicken Drähte abwärts bis zu 4 mm Stärke werden gewalzt, die feineren Drähte werden aus gewalzten gezogen. Das Material braucht nicht besonders weich zu sein, dagegen ist Zähigkeit und Sehnigkeit ein Haupterfordernis.

Die Walzen der Drahtwalzwerke enthalten mit Ausnahme der ersten Paare nur ein Kaliber. Da ein Wiedererhitzen des Drahtes nicht wohl ausführbar ist, so muss er die Walzen rasch durchlaufen. Er wird deshalb nicht verschiedenemale „gestochen", wie die Stabeisen, sondern unterliegt gleichzeitig in 7 bis 8 Walzgerüsten der Streckung. Beim Austritt aus dem einen Walzenpaar wird der Draht mit Zangen gefasst und in das nächste eingeführt. Die Walzen machen in der Minute bis zu 500 Umgänge, und es können in einer Walzenstrasse in 24 Stunden bis zu 50000 kg Draht erzeugt werden.

Das Ziehen der Drähte geschieht kalt auf der sog. Drahtmühle oder Scheibenbank. Jeder Gang derselben besteht aus einer Trommel mit davor stehendem Zieheisen. Das Zieheisen ist eine Stahlplatte mit trichterförmig verengtem Loch. Der auf einem Haspel befindliche Walzdraht wird mit dem zugespitzten Ende durch das Loch geführt und an der Trommel befestigt, welche nun durch Maschinenkraft in Umlauf versetzt wird und den Draht auf einen geringeren Querschnitt bringt. Da die Querschnittsverringerung nur nach und nach erfolgen kann, so muss der Draht viele, immer enger werdende Ziehlöcher durchlaufen. Wenn er dabei zu spröde wird, muss er zwischen hinein unter Luftabschluss ausgeglüht werden. Bis zur Quer-

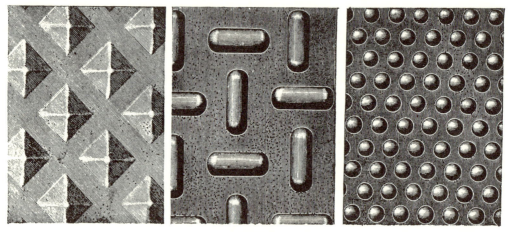

Fig. 18.
Waffelbleche. Maschinenbauanstalt Humboldt in Kalk bei Köln a/Rh. Wirkliche Grösse.

schnittsverringerung auf 1 mm Dicke sind 12 bis 20 Durchgänge und ein drei- bis fünfmaliges Ausglühen erforderlich.

Der gewöhnliche Querschnitt des Drahtes ist kreisrund. Für bestimmte Zwecke werden ausnahmsweise auch andere Querschnitte angewendet (Sperrkegeldraht, Triebstahldraht etc.). Die Drähte mit drei- und vierkantigem, mit sternförmigem Querschnitt sind seltene Erscheinungen, obwohl sie sich künstlerisch wohl verwerten liessen, wie die japanischen Metallerzeugnisse es darthun, welche Drähte von rechteckigem Querschnitt mit Glück und Vorliebe benützen.

Der Durchmesser des Drahtes bewegt sich in den Grenzen von 10 mm bis zu 0,1 mm Stärke. Die Bezeichnung der einzelnen Sorten erfolgt meistens nach der späteren Verwendung (Möbelfederndraht, Stiftendraht, Kesseldraht, Klavierdraht, Blumendraht etc.). Allgemein unterscheidet man groben Draht (10 bis 5,5 mm), mittelfeinen (5,5 bis 4 mm) und feinen Draht (von 4 mm abwärts). Die einzelnen Stärken werden durch die Nummern irgend einer Lehre bezeichnet (Fischersche Lehre, westfälische, bergische, französische, englische Lehre, Stiftdrahtlehre etc.). Deutschland und Oesterreich bedienen sich neuerdings einer metrischen Normallehre, auch Kraftsche Lehre genannt. Diese Lehre hat 100 Nummern und einige weitere Zwischennummern. Teilt man die Nummer durch 10, so ergiebt sich die Dicke in mm ausgedrückt, so dass z. B. der Nummer 25 ein Draht von 2,5 mm Stärke entspricht. Wir geben nachstehend diese Lehre im Auszug unter Beisetzung der Gewichte pro Meter laufend (spez. Gewicht 7,7).

Deutsche Drahtlehre (Millimeterlehre).

Nummer der Lehre	Dicke mm	Gewicht pro m g	Nummer der Lehre	Dicke mm	Gewicht pro m g	Nummer der Lehre	Dicke mm	Gewicht pro m g	Nummer der Lehre	Dicke mm	Gewicht pro m g
5	0,5	1,5	30	3,0	54,0	55	5,5	181,5	80	8,0	384,0
10	1,0	6,0	35	3,5	73,5	60	6,0	216,0	85	8,5	433,5
15	1,5	13,5	40	4,0	96,0	65	6,5	253,5	90	9,0	486,0
20	2,0	24,0	45	4,5	121,5	70	7,0	294,0	95	9,5	541,5
25	2,5	37,5	50	5,0	150,0	75	7,5	337,5	100	10,0	600,0

Die Nummern 100 bis 30 gehen als Kupferschmieddraht. Klobendraht No. 50—60, Fensterstangendraht No. 38—46, Riemerdraht No. 30—35, Stückdraht No. 16—20, Zweibanddraht No. 14 und 15, Dreibanddraht No. 12 und 13, Vierbanddraht No. 10 und 11, Schlingendraht No. 8 und 9, Scheibendraht No. 6 und 7, Blumendraht No. 2—14 etc.

Der feine und mittelstarke Draht kommt in Ringen zum Verkauf, deren Gewicht nach der Stärke des Drahtes verschieden ist. Nur die ganz starken Drähte werden in Buschen zu 25 kg von 3 bis 5 m Länge gepackt.

Für stärkere Drähte ist ein Grundpreis angenommen, für feinere Drähte und besondere Anforderungen werden Ueberpreise zugeschlagen.

In Bezug auf die Qualität unterscheidet man zunächst zwischen Puddeleisendraht, Holzkohlendraht und Gussstahldraht und macht dann noch einige Qualitätsabstufungen nach der Tragfähigkeit.

Ausser dem gewöhnlichen Draht sind noch folgende Spezialitäten zu erwähnen: verzinnter, verzinkter und verkupferter Draht, gehärteter Gussstahldraht, Springfederdraht, geglühter Eisendraht, in Leinöl gesottener Draht, gerader Draht in gleichen Stäben, geplätteter Draht etc.

Ein fehlerfreier Draht soll durchweg gleichen Querschnitt, eine glatte Oberfläche und eine gleichmässige Struktur im Innern haben. Als Probe dienen die Bieg- und Belastungsprobe.

Für den Schlosser kommen für gewöhnlich nur die stärkeren Drahtsorten in Betracht. Sie finden Anwendung zu Drahtgittern, Schlossteilen, zum Einlegen in Blechränder behufs Verstärkung, zur Bildung der Drahtspiralen in schmiedeisernen Blumen, für Leuchter und andere kleine Kunstarbeiten.

d) Rohr.

Die Röhren werden aus Gusseisen, Schmiedeisen oder Stahl hergestellt. Die gegossenen Röhren, stehend oder liegend gegossen, werden in Dicken von 60 mm aufwärts hergestellt und für Gas- und Wasserleitungszwecke verwendet.

Die Röhren aus Schmiedeisen und Stahl werden entweder gezogen oder gewalzt. Röhren von über 35 cm Weite können auch mit dem Hammer aus dicken Blechen geschweisst werden. Röhren von kleinem Durchmesser, die wenig Druck auszuhalten haben, werden auf der Ziehbank hergestellt, indem glühende Flacheisenstäbe der Quere nach gebogen und an den Langseiten stumpf aneinander geschweisst werden. Da Röhren mit stumpfem Stoss keine starken Biegungen aushalten, werden für grössere Anforderungen die Kanten vor dem Ziehen beiderseits abgeschrägt ; das Ende des Flacheisenstabes wird zunächst von der Hand aufgebogen und dann in das Zieheisen eingeführt; das letztere enthält ein kreisförmiges Loch mit einem in der Mitte sitzenden birnförmigen, festen Dorn. Das eingeführte Ende wird in die vorliegende Kettentrommel eingehakt und durch Maschinenkraft weitergezogen.

Wo aber an ein Rohr höhere Anforderungen gestellt werden, wie dies für Dampfkesselröhren und Röhren für Hochdruckleitungen und hydraulische Apparate der Fall ist, da gewährt das Ziehen keine genügende Sicherheit mehr, so dass man vorzieht, die Röhren zu walzen, da ein Schweissen mit dem Hammer des geringen Durchmessers halber auch nicht mehr ausführbar ist. Das Material besteht aus Blechstreifen von 2 bis 10 mm Dicke und einer Breite, die etwas mehr beträgt als der Umfang des herzustellenden Rohres. Diese Streifen werden an den Längskanten, wie oben angegeben, abgeschrägt, glühend gemacht, vorgerundet und durch Ziehen vorläufig übereinander gerollt. Nach dieser Vorarbeit wird zur Weissglut erhitzt und die Walzung vorgenommen. Das Walzenpaar hat kreisförmigen Kaliberausschnitt, auf jeder Walze die Hälfte. Um den Gegendruck von innen zu erzielen, wird wieder ein birnförmiger Dorn an langer Stange inmitten des Kalibers gebracht und so das Rohr geschweisst. Durch mehrmalige Stiche unter Anwendung stets dicker werdender Dorne wird die erwünschte Festigkeit erzielt. Schliesslich werden die Röhren nochmals gezogen, gereinigt, beschnitten, hydraulisch auf Druck probiert etc.

Eine von den Gebrüdern Mannesmann erfundene neue Methode der Röhrenherstellung scheint übrigens, wie es den Anschein hat, berufen zu sein, die bisherigen Rohrerzeugungsarten zu verdrängen. Das neue Verfahren bedient sich kegelförmiger Walzen mit schraubenförmigen Rinnen, wobei die Walzenaxen unter einem Winkel zu einander geneigt sind. Die eingeführten Rundeisenstäbe verwandeln sich direkt in Rohr, indem — mit Reuleaux zu reden — dem Stab die Haut über die Ohren gezogen wird. Da nach Lage der Sache für die Walzung nur Material erster Güte verwendet werden kann, so ist das Mannesmannrohr verhältnismässig teuer, aber auch entsprechend leistungsfähig.

Die Röhren werden ausschliesslich zu technischen Zwecken, für Gas- und Wasserleitungen, für Dampfkessel etc. angefertigt. Die Kunstschlosserei kommt aber öfters in die Lage, für ihre Erzeugnisse derartige Röhren zu verwenden, so z. B. für Hängeleuchter, Wandarme und Geländer. Für Beleuchtungskörper ist das Rohr zur Gasleitung erforderlich, für Wandarme und Geländer kann das Rohr die dickeren Rundeisen ersetzen, denen es die Leichtigkeit voraus hat.

Bezüglich der Abmessungen, die in englischen Zollen von $1/8$ zu $1/8$ zunehmen, wonach sich auch die Preisabstufungen richten, geben wir nachfolgend eine Tabelle:

Schmiedeiserne Gasröhren.

Innerer Durchmesser	Zoll engl.	$1/4$	$3/8$	$1/2$	$5/8$	$3/4$	$7/8$	1	$1\,1/4$	$1\,1/2$	$1\,3/4$	2	$2\,1/4$	$2\,1/2$	$2\,3/4$	3
	mm ca.	6,5	10	13	16	19	22	25,5	32	38	44,5	51	57	63,5	70	76
Aeusserer Durchmesser mm		13	17	20	23,5	26,5	30	33,5	40,5	47	54	61	67,5	74,5	81,5	88
Wanddicke mm		3,25	3,5	3,5	3,75	3,75	4	4	4,25	4,5	4,75	5	5,25	5,5	5,75	6
Gewicht pro m in ca. kg. .		0,7	1,1	1,4	1,7	2,0	2,4	2,8	3,7	4,6	5,6	6,7	7,9	9,1	10,4	11,8

4. Der Eisenguss und das schmiedbare Gusseisen in der Schlosserei.

Der Eisenguss spielt in der heutigen Schlosserei ebenfalls eine Rolle und zwar eine grössere als der Sache gut ist.

Als in der ersten Hälfte dieses Jahrhunderts die Eisengiesserei sich immer mehr vervollkommnete und schliesslich wirkliche Kunstgüsse zu liefern imstande war, da bemächtigte sich diese Industrie auch des kunstgewerblichen Gebietes. Es konnte dies um so leichter geschehen, als zu derselben Zeit das Kunsthandwerk sehr im Argen lag. An Stelle der früher üblichen Gitterwerke und Geländer aus Schmiedeisen traten die gegossenen Erzeugnisse. Dieselben hatten in ihrem Formenreichtum etwas Bestechendes, und vor allem waren sie viel billiger als die Handarbeit. So kam es, dass für längere Zeit gegossene Balkongitter, Thürfüllungen, Treppengeländerstäbe, Fenstervorsetzer, Grabgitter und Grabkreuze eine alltägliche und selbstverständliche Erscheinung waren, an die man sich schliesslich so gewöhnte, dass gar niemand an eine Aenderung dachte. Erst als in den letzten Jahrzehnten das Kunsthandwerk einen überraschenden Aufschwung nahm, an dem sich die Kunstschlosserei ganz hervorragend beteiligt hat, kam man zu einer anderen Ansicht. Es kam die Anschauung zum Durchbruch, dass der Eisenguss trotz aller Vorzüge und trotz seiner hohen Vervollkommnung doch nur für gewisse Erzeugnisse wirklich am Platze sei und im allgemeinen als ein billiger Notbehelf für die geschmiedete Arbeit gelten müsse. Der Umstand, dass die Formerei Unterschneidungen möglichst auszuschliessen sucht und dass die Gusshaut des Eisens ein nachheriges Bearbeiten nur ungern gestattet, führte zu der Ueberzeugung, dass das Schmiedeisen nach fast jeder Hinsicht ein weit bildsameres und künstlerisch wirksameres Material für das Kunstgewerbe sei als das starre, spröde Gusseisen. Auch der geringe Widerstand dieses Materials gegen Zerbrechen und die liebe Not, die man hatte, abgeschlagene Teile wieder ordentlich anzuflicken, waren bald erkannt. So wurde denn der Zierguss trotz des Vorzuges der billigen Erzeugung nach und nach wieder aus den Stellungen zurückgedrängt, die er eingenommen hatte. Die Anwendung des Gusseisens wurde auf diejenigen Gebiete beschränkt, die ihm mit Fug und Recht zustehen und auch auf die Dauer verbleiben werden. Es ist ausserordentlich bezeichnend, dass die Giessereien heute ihre Muster und Modelle vielfach dem Aeusseren der Schmiedeisenarbeit anpassen. Sie wissen, dass ihre Ware unter dieser Flagge besser segelt und gestehen damit unbeabsichtigt die Ueberlegenheit der geschmiedeten Gegenstände zu. Die Urwüchsigkeit der Handarbeit hat gesiegt über die fabrikmässige Ware, weil der geschmiedete Kunstgegenstand — auch wenn er dutzendemal hergestellt wird — in jedem Stück etwas Originales hat gegenüber dem fabrikmässigem Einerlei der Gusware.

Auch zur Zeit der unbeschränkten Herrschaft des Eisengusses konnte man gewisse Dinge, wie Thore und an dem Verkehr liegende Einfriedigungen, nicht einzig im Material des Gusseisens herstellen. Man griff zur Verbindung beider Materiale. Dem aus Stabeisen hergestellten Gerippe, welches für die nötige Festigkeit zu sorgen hatte, gab man den zierenden Aufputz im Material des Gusses bei. Aus jener Zeit stammt auch die heute noch übliche Gepflogenheit, schmiedeiserne Geländerstäbe mit gegossenen Füssen zu umkleiden und mit ebensolchen Lanzenspitzen zu krönen, die Blechverkleidungen der Thore mit gegossenen Rosetten und Kartuschen zu verzieren etc. Hierher zu rechnen ist auch die Anordnung von Gittern mit gegossenen Pfosten und schmiedeisernem Füllwerk. Vergleiche Fig. 19.

Derartige Verbinduugen beider Materiale sind ja nicht gerade zu verwerfen, aber sie sind auch nicht zu empfehlen und zwar aus praktischen und aus künstlerischen Gründen. Wie oft begegnen wir einem Geländer, an dem die gegossenen Teile abgeschlagen und ruiniert sind, während das Schmiedeisen Stand gehalten hat, und wenn das künstlerische Gefühl durch die Gewohnheit in uns nicht abgestumpft ist, so kann uns die Zusammenstellung der verschiedenen Materiale auch in ästhetischer Hinsicht nicht befriedigen. In diesem Sinne ist das Ziereisen von L. Mannstaedt & Cie., von welchem im nächsten Hauptstück zu reden sein wird, nur mit Freuden zu begrüssen. Und in diesem Sinne geben wir den wohlgemeinten Rat, die Verwendung des Gusseisens thunlichst zu beschränken. Was an uns liegt, haben wir zur Sache beizutragen gesucht, indem die Zeichnungen des Schlosserbuches hierauf Rücksicht genommen haben. Wir stehen damit auf demselben Standpunkt, den wir eingenommen haben, als wir im Schreinerbuch den Rat erteilten, die Möbel nicht mit Verzierungen aus gepresster Holzmasse zu bekleben.

Es ist ja offenbar bequemer, gegossenen Aufputz zu benützen, als Lanzenspitzen zu schmieden und Rosetten zu treiben. Aber auch das letztere ist überflüssig, da die meist gebrauchten Zierteile im Material des Schmiedeisens fertig im Handel sind. Die fabrikmässig hergestellten Rosetten sind hübsch und so billig, dass sich die Selbstanfertigung nicht mehr lohnt. Aehnliches gilt für die glühend gepressten Lanzenspitzen, die allerdings vielfach zu blechern aussehen, wenigstens gegenüber den gegossenen, die wieder ihrerseits meist zu plump und massiv sind. Es wird weiter unten von diesen Dingen noch mehr zu sagen sein.

Fig. 19.
Grabgitter aus Guss- und Schmiedeisen.

Die Schwierigkeit einer nachherigen Bearbeitung des Gusseisens hat der Technik die Aufgabe gestellt, einen schmiedbaren Guss herzustellen. Bis zu einem gewissen Grad ist diese Aufgabe denn auch gelöst worden. Es ist bis jetzt nicht gelungen, grosse Gusseisenstücke schmiedbar zu machen, wohl aber ist es teilweise erreicht worden für kleine Sachen, wie Schlüssel, Beschlägteile und kleine Zierstücke.

Das Verfahren ist folgendes. Die betreffenden Gegenstände werden aus halbiertem Gusseisen mit Schmiedeisenzusatz gegossen und mit Sauerstoff abgebenden Stoffen (Hammerschlag, gepulverter Roteisenstein) in eiserne Kästen gepackt und langsam abgekühlt. Durch dieses Glühfrischen, Tempern oder Adoucieren wird teils auf chemischem, teils auf mechanischem Wege dem Gusseisen Kohlenstoff entzogen, die Spannung in den Gussteilen aufgehoben und die Sprödigkeit derselben herabgemindert. Das Erzeugnis ist eine Art Mittelding zwischen Guss- und Schmiedeisen, bis zu einem gewissen Grad zähe, biegsam und leicht zu bearbeiten, bestenfalls auch schweissbar. Das schmiedbare Gusseisen nimmt in Folge seines feinkörnigen Gefüges eine bessere Politur an als das Schmiedeisen.

In Bezug auf Massenartikel ist der getemperte Eisenguss heute im alltäglichen Leben und in der Schlosserwerkstätte eine bekannte Erscheinung.

5. Das Mannstaedtsche Ziereisen.

Auf der deutsch-nationalen Kunstgewerbeausstellung zu München im Jahre 1888 hatte das Walzwerk L. Mannstaedt & Cie. in Kalk bei Köln a. Rh. eine Anzahl von Gegenständen zur Schau gestellt, welche die Aufmerksamkeit der Fachleute und des Preisgerichtes in hohem Masse in Anspruch nahmen. Es handelte sich um ein Gitterthor, eine Heizregisterumkleidung, armierte Träger u. a., hergestellt aus reich verziertem, gewalztem Schmiedeisen. Die Sache war neu, und die Meinungen waren geteilt. Während die Einen stilistische Bedenken in Bezug auf die neue

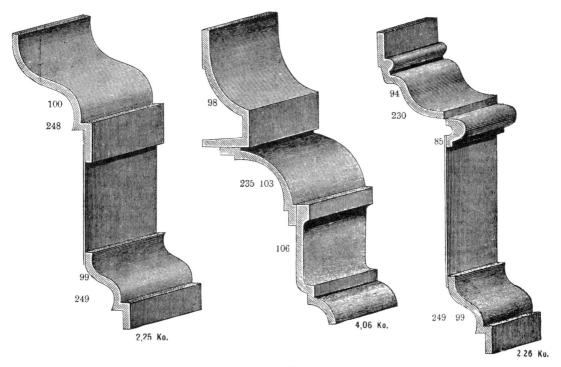

Fig. 20.
Sockelbildungen aus Mannstaedt-Eisen.

Technik hegten, begrüssten Andere dieselbe mit Freuden, ihr eine Zukunft versprechend. Die Letzteren haben Recht behalten.

Nach den im vorangegangenen Hauptstück niedergelegten Ansichten über den Eisenguss im Vergleich zu dem Schmiedeisen ist mit dem Erscheinen des Mannstaedtschen Ziereisens ein ausgleichendes, gewissermassen die Mitte haltendes Material geboten. Dieses Eisen gestattet eine reiche Ornamentation und Verzierung und bleibt gleichzeitig bei dem echten und einzig brauchbaren Material des Schlossers. Die verzierten Stäbe werden glühend gewalzt. Auch hier wie beim Guss ist eine Unterschneidung der Modellierung ausgeschlossen, aber die Art der Herstellung gestattet doch eine weit bessere Sauberkeit und Schärfe. Dabei lassen sich diese Stäbe biegen, winden, aufschlitzen etc. nach Wunsch und Bedarf. Die Ornamente haben im gewissen Grade den Charakter des früher vielfach geübten Eisenschnittes; die Stäbe sind in grösserer Länge herzustellen als die Gussleisten, und nebenbei sind sie noch billiger als jene, wenigstens soweit es sich um die einfacheren Formen handelt. Ein Nachteil, welchen die Walzung mit sich bringt, besteht darin, dass der Rapport, d. h. die Wiederholung des Musters nicht immer genau gleich lang ausfällt, was bei paarweiser Anbringung in Bezug auf die Symmetrie störend sein kann, im übrigen aber wenig von Belang ist.

Die genannte Firma hat in wenigen Jahren ein sehr reichhaltiges Profilbuch mit circa 2000 Nummern geschaffen und durch Anwendungsproben die Verwertung ihres Fabrikates zu zeigen verstanden. Diese Proben sind mustergiltig und von reizender Wirkung. Die Ornamentationen sind gut gewählt, wie die Profile selbst, die bei richtiger Zusammenfügung die Bildung von reichen Sockeln (Fig. 20), Gesimsen (Fig. 21), Umrahmungen (Fig. 22) etc. gestatten. Insbesondere lässt sich das Material auch für Pfeiler verwerten (Fig. 23), sowie zur Verkleidung von eisernen Trägern und offen zu Tage liegenden Rohrleitungen (Fig. 24). Auch für Oefen,

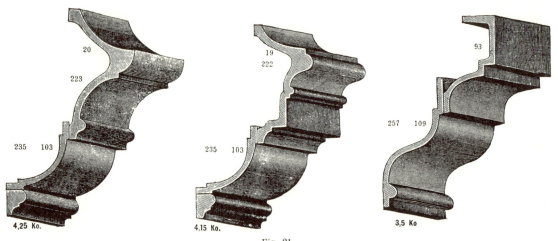

Fig. 21.
Gesimsbildungen aus Mannstaedt-Eisen.

Kassenschränke, eiserne Schenktische und ähnliches liegt die Benützung nahe, ebenso für allerlei Thore und Gitterwerke.

Neuerdings liefert die Firma auch sog. Handarbeitsmuster (Fig. 25), die sich besonders für kunstgewerbliche Arbeiten empfehlen. Eine andere neue Errungenschaft sind gewundene Stäbe und verzierte Hohlsäulen nach Art der Figur 26.

Das vorliegende Schlosserbuch nimmt in den beigegebenen Entwürfen häufig Veranlassung zur Anbringung des Mannstaedtschen Ziereisens. Schon aus diesem Grunde schien es angezeigt, die Erwähnung desselben durch Abbildungen zu erläutern. Wenn es auch nicht angeht, das ganze Profilbuch hier zum Abdruck zu bringen, so sind doch in den Figuren 20 bis 30 genügend viele Beispiele geboten, um eine Uebersicht zu ermöglichen. Die weiteren Figuren 31 und 32 veranschaulichen die Verwertung am Gitterwerk und die Figur 33 bezieht sich auf Treppen- und Podestanlagen. Es ist allen Schlossern warm anzuraten, einen Versuch mit diesem Ziereisen zu machen, wenn es nicht schon geschehen sein sollte. Wir haben kein unmittelbares Interesse, der Kalker Firma in die Hände zu arbeiten, aber es ist unsere Pflicht und Schuldigkeit, auf der Höhe der Zeit zu stehen und den Kunstschlosser auf die Vorteile aufmerksam zu machen, welche die neuere Technik ihm bietet.

6. Kupfer, Messing, Deltametall etc.

Wie für den Schreiner das Holz, so ist für den Schlosser das Eisen das Hauptmaterial. Andere Stoffe kommen nur vereinzelt und ausnahmsweise zur Verarbeitung, und unter diesen sind zunächst wieder das Kupfer und dessen Legierungen in Betracht zu ziehen.

Das Kupfer ist nach dem Eisen das technisch wichtigste Metall und findet äusserst viel-

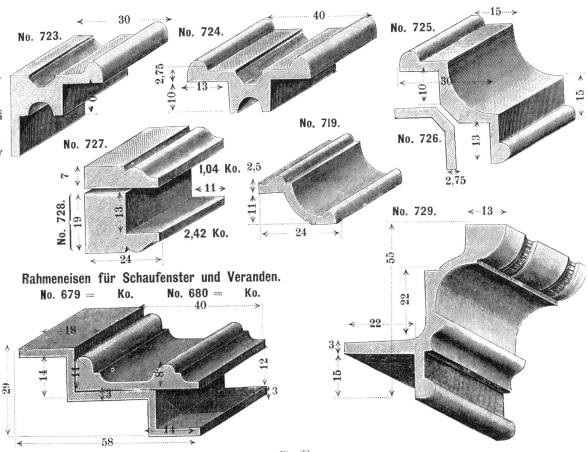

Fig. 22.
Umrahmungen aus Mannstaedt-Eisen.

seitige Verwendung, so z. B. zu Kesseln und Gefässen, als Schiffsbeschlag, in der Elektrotechnik, zu Münzen und Druckplatten. Seine Gewinnung und Verwertung ist jedenfalls älter als diejenige des Eisens; den Namen hat es von der Insel Cypern (Kypros), von wo die alten Völker es herholten. Frisch poliert hat das Metall eine schöne rote Farbe, die sich jedoch durch Oxydation an der Luft bald unschön verändert und schliesslich einer Grünspanschicht (Patina) Platz macht. Das Kupfer taugt wenig zum Giessen, weil es die Form ungenügend ausfüllt. Es ist ziemlich hart und sehr dehnbar. Es lässt sich kalt hämmern und treiben, sowie zu feinen Drähten und Blechen verarbeiten. Hierbei wird es härter und federnd, nimmt aber geglüht und in Wasser gelöscht wieder die ursprünglichen Eigenschaften an.

34   I. Das Material.

Eine wichtige Eigenschaft ist die Legierfähigkeit des Kupfers mit anderen Metallen, wobei gewissermassen neue Metalle von schätzenswerten Eigenschaften entstehen. Es verbindet sich

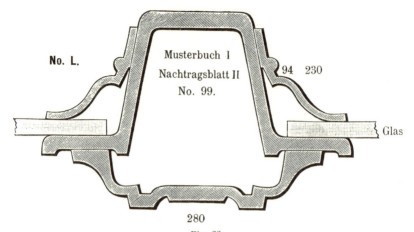

Fig. 23.
Veranda-Pfeiler aus Mannstaedt-Eisen.

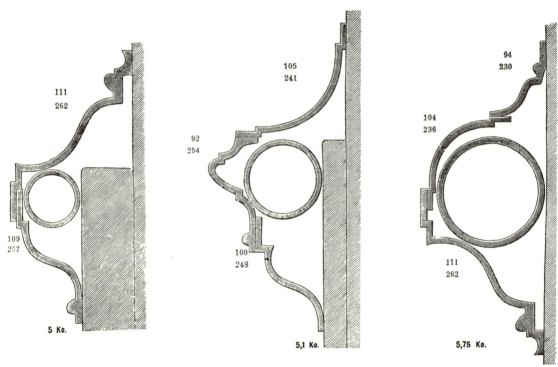

Fig. 24.
Rohrverkleidungen aus Mannstaedt-Eisen.

leicht mit fast allen Metallen, das Eisen jedoch ausgenommen. Erst in neuester Zeit ist es gelungen, auch Eisen in seine Legierungen einzuführen. Eine nachteilige Eigenschaft ist die

Giftigkeit des Kupfers, die es auch in den Legierungen, Oxyden und Salzen behält. Das Kupfer sowie verschiedene seiner Legierungen dienen beim Löten des Eisens als Lot.

Die wichtigsten Legierungen des Kupfers sind folgende:

    Kupfer und Zinn: Glockenmetall, Kanonenmetall, echte Bronze;

    Kupfer und Zink: Messing, Tombak und ähnliche Kompositionen;

    Kupfer und Aluminium: Aluminiumbronze;

    Kupfer, Zinn und Zink: Statuenbronze, Mannheimer Gold;

    Kupfer, Zinn und Antimon: Brittaniametall;

    Kupfer, Zink und Nickel: Neusilber, Alfenid;

    Kupfer, Zinn und Phosphor: Phosphorbronze;

    Kupfer, Zink und Eisen (Ferromangan): Deltametall.

Das Messing und ähnliche Gelbguss-Kompositionen enthalten 60 bis 76% Kupfer. Das Messing hat bei guter Herstellung vom Kupfer zum Teil die technisch wichtige Dehnbarkeit beibehalten, während der Zinkzusatz die schöne gelbe Farbe, die geringere Neigung

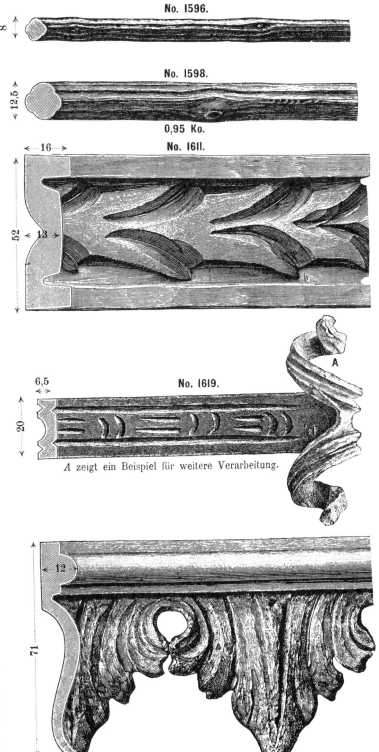

Fig. 25. Mannstaedt-Eisen. Sog. Holz- und Handarbeitsmuster.

zur Oxydation und die Verwendbarkeit zu Giessereizwecken bedingt. Das Messing wird auf Bleche, Draht und Rohr verarbeitet; der Messingguss dient in technischer und künstlerischer Hinsicht zur Herstellung der verschiedensten Gegenstände. Da das Messing härter und gefälliger,

Fig. 26.
Mannstaedt-Eisen. Gewundener Stab und Hohlsäulen.

dabei auch billiger ist als Kupfer und eine hohe Politurfähigkeit besitzt, so findet es weit mehr Anwendung als dieses.

Die gewöhnliche Bronze, Tombak und ähnliche Rotguss-Kompositionen enthalten 76 bis 97% Kupfer. Sie werden fast ausnahmsweise nur für Giessereien verwendet.

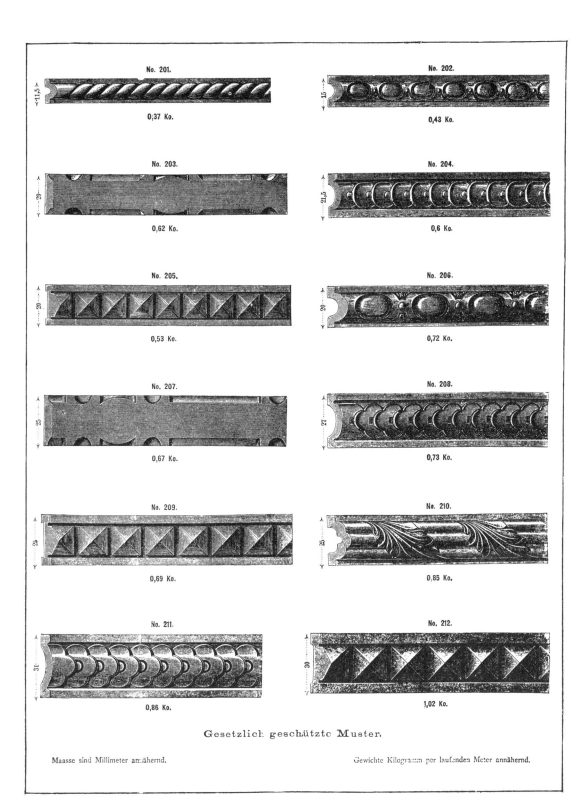

Fig. 27. Mannstaedt'sche Ziereisen.

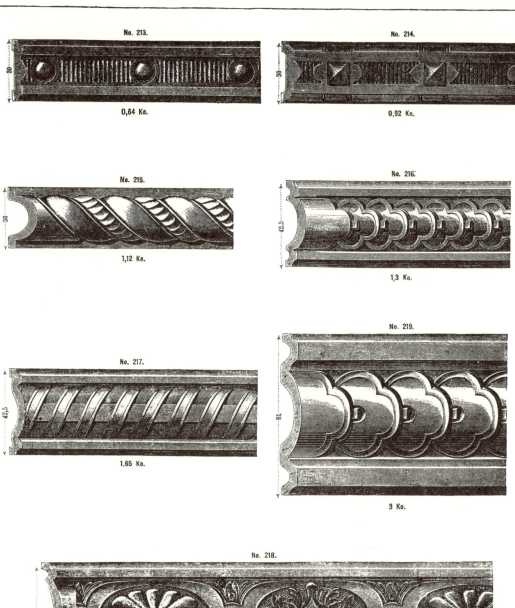

Gesetzlich geschützte Muster.

Maasse sind Millimeter annähernd. Gewichte Kilogramm per laufenden Meter annähernd.

Fig. 28. Mannstaedt'sche Ziereisen.

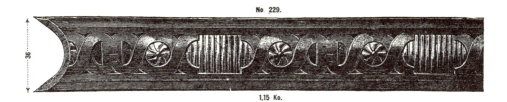

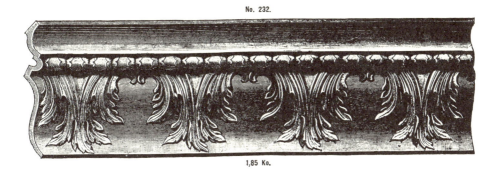

Gesetzlich geschützte Muster.

Maasse sind Millimeter annähernd.   Gewichte Kilogramm per laufenden Meter annähernd.

Fig. 29. Mannstaedt'sche Ziereisen.

Fig. 30. Mannstaedt'sche Ziereisen.

Die Phosphorbronze und das Deltametall zeichnen sich durch ihre Härte und Zähigkeit aus; sie lassen sich kalt hämmern und treiben; rotglühend lassen sie sich schmieden und walzen; der Oxydation sind sie weniger unterworfen als Messing und gewöhnliche Bronze. Sie können sowohl zu Giessereien verwendet, als zu Blech, Rohr und Draht verarbeitet werden.

Das Neusilber oder Argentan ist von Farbe weiss und silberähnlich. Es wird zu Giessereien und Blechen verwendet. Es lässt sich kalt hämmern, treiben und prägen; heisse Schmiedung verträgt es nicht.

Das Nickel ist ein glänzend silberweisses Metall. Es ist schwer zu schmelzen, bei Rotglut hämmer- und streckbar, es lässt sich walzen und schweissen. Es ist in hohem Grade politurfähig und oxydiert nicht. Es wird verwendet zu Giessereien, zu Draht und Blech in geringen Stärken, zum Plattieren von Eisenblechen und zum Vernickeln anderer Metalle, besonders von Stahl und Eisen.

Was die Verwendung der aufgezählten Metalle und ihrer Legierungen in der Schlosserei betrifft, so erstreckt sich dieselbe der Hauptsache nach auf folgendes:

Gussteile aus Messing oder aus Rotguss finden Verwendung bei Herstellung der Schlösser und Beschläge. Ferner werden für Gitter, Ständer, Kronleuchter etc. nicht selten Rosetten, Knöpfe, Bünde, Lanzenspitzen u. a. nach besonderen Modellen gegossen.

Messing- und Kupferbleche sowie plattierte Nickelbleche werden benützt zu gedrückten Teilen, zu ausgesägten Arbeiten (Zierbeschläge, Ofenthüren, Verdoppelungen an Kassetten), für Herde, Ofenschirme u. a.

Messing- und Kupferdraht von einigen Millimetern Stärke wird gelegentlich zu Spiralen und Umwindungen für Leuchter und anderes Ziergerät, für kleine Gitter im Innern etc. benützt.

Messingröhren und vernickelte Röhren sind als Herdstangen beliebt. Auch als Geländergriffe sowie für Ständer und eiserne Bettstatten können sie verwendet werden.

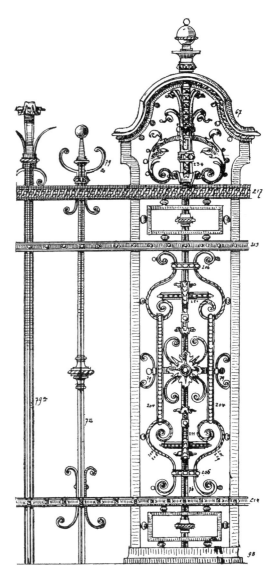

Fig. 31.
Gitterbildung aus Mannstaedt-Eisen.
Entwurf von H. Seeling.

Allgemein gesagt sind diese Metalle und Legierungen am Platze, wo man das Rosten des Eisens vermeiden will, wo man nicht ein Metall auf dem nämlichen sich bewegen lassen will (Lager etc.), oder wo man den eisernen Gegenständen eine farbliche Abwechselung und einen besseren Aufputz zu verleihen gedenkt. Das Letztere gilt nur für Dinge, die nicht ins Freie kommen und von Zeit zu Zeit geputzt und aufpoliert werden. In italienischen Kirchen trifft man hin und

Fig. 32.
Gitterbildung aus Mannstaedt-Eisen. Entwurf von H. Seeling.

wieder schmiedeiserne Gitteranlagen mit aufgesetzten Teilen aus Messing oder Bronze, die eine sehr reiche Wirkung machen.

Das Deltametall und andere schmiedbare Bronzen können dazu dienen, kleine Zierstücke, wie Leuchter, Rähmchen und Kreuze aus diesem Material allein zu schmieden und zu treiben.

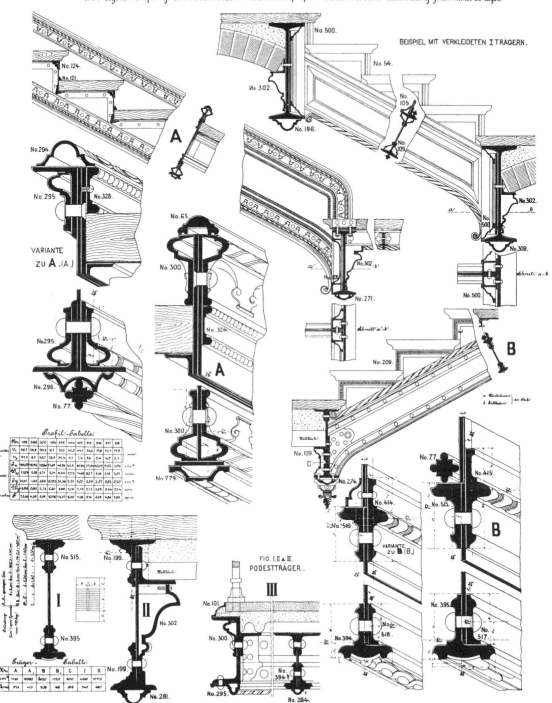

Fig. 33.

Sie haben dann dem Schmiedeisen gegenüber eine gefälligere Farbe und oxydieren weit weniger als dieses; andererseits ist der Preis ein erhöhter. Auf der Karlsruher Kunstschmiedeausstellnng im Jahr 1887 waren hübsche derartige Dinge zur Schau gestellt. Ausserdem waren einige Gitter vorhanden, an denen das Eisenwerk in Ranken und Blätter aus Deltametall auslief, was ebenfalls gut wirkte. Da dieses Metall wie alle Kupferlegierungen sich nicht schweissen lässt, so muss die Verbindung mit dem Eisen durch Verlötung oder durch Angiessen erfolgen. Das Deltametall ist erst wenige Jahre im Handel und vom Erfinder desselben, Alex. Dick & Cie. in Düsseldorf-Grafenberg zu beziehen, das Kilo zu 1,30 Mk.

Schliesslich mögen hier einige Tabellen Platz finden, die sich auf das besprochene Material beziehen.

Gewichtstabelle für Messing-, Kupfer-, Zink- und Bleibleche.

Stärke in mm	0,25	0,50	0,75	1,00	1,25	1,50	1,75	2,00	2,25	2,50
	Der □m wiegt Kilogramm									
Messing . . .	2,15	4,30	6,45	**8,60**	10.2	12,9	15,0	17,2	19,3	21,5
Kupfer	2,22	4,45	6,65	**8,90**	11.1	13,3	15,5	17,8	20,0	22,2
Zink	1,72	3,45	5,15	**6,90**	8,60	10,3	12,0	13,8	15,5	17,2
Blei	2,85	5,70	8,55	**11,4**	14,2	17,1	19,9	22,8	25,6	28,5

Stärke in mm	2,75	3,00	3,25	3,50	3,75	4,00	4,25	4,50	5,00	5,50
	Der □m wiegt Kilogramm:									
Messing . . .	23,6	25,8	27,9	30,1	32,2	34,4	36,5	38,7	43,0	47,3
Kupfer	24,4	26,7	28,9	31,1	33,3	35,6	37,8	40,0	44,5	48,9
Zink	18,9	20,7	22,4	24,1	25,8	27,6	29,3	31,0	34,5	37,9
Blei	31,3	34,2	37,0	39,9	42,7	45,6	48,4	51,3	57,0	62,7

Nickelbleche
nach Fleitmann und Witte in Iserlohn.

Nickelplattiertes Eisenblech.
1 qm wiegt annähernd bei Dicke

1	0,8	0,6	0,55	0,5	0,45	0,4	0,35	0,3	0,25	0,2	0,15	0,1	mm
8,25	6,60	4,95	4,53	4,22	3,71	3,30	2,88	2,47	2,06	1,65	1,23	0,82	kg

Reines Nickelblech.

1	0,8	0,6	0,55	0,5	0,45	0,4	0,35	0,3	0,25	0,2	0,15	0,1	mm
8,50	6,80	5,10	4,67	4,25	3,82	3,40	2,97	2,55	2,12	1,70	1,27	0,85	kg

Die gewöhnlichen Blechdimensionen sind 1500×500 mm = 0,75 □m.

Gewichtstabelle für Messing- und Kupferdraht.

Gewicht pro 1000 m.

Nummer	Dicke mm	Messing kg	Kupfer kg	Nummer	Dicke mm	Messing kg	Kupfer kg	Nummer	Dicke mm	Messing kg	Kupfer kg
1/4	0,14	0,133	0,137	6	0,6	2,426	2,509	31	3,1	64,39	66,98
1/5	0,15	0,152	0,154	6/5	0,65	2,848	2,945	34	3,4	77,45	80,57
1/6	0,16	0,173	0,178	7	0,7	3,303	3,415	38	3,8	96,75	100,65
1/7	0,17	0,195	0,201	8	0,8	4,314	4,461	42	4,2	118,19	122,95
1/8	0,18	0,218	0,226	9	0,9	5,459	5,646	46	4,6	141,77	147,49
2	0,2	0,270	0,279	10	1	6,740	6,970	50	5	167,50	174,25
2/2	0,22	0,326	0,337	11	1,1	8,155	8,434	55	5,5	202,68	210,84
2/4	0,24	0,388	0,402	12	1,2	9,706	10,04	60	6	241,20	250,92
2/6	0,26	0,456	0,471	13	1,3	11,39	11,78	65	6,5	283,08	294,48
2/8	0,28	0,528	0,546	14	1,4	13,21	13,66	70	7	328,30	341,53
3/1	0,31	0,648	0,670	16	1,6	17,25	17,84	76	7,6	386,99	402,59
3/4	0,34	0,779	0,806	18	1,8	21,84	22,58	82	8,2	450,51	468,66
3/7	0,37	0,923	0,954	20	2	26,96	27,88	88	8,8	518,85	539,76
4	0,4	1,078	1,115	22	2,2	32,62	33,74	94	9,4	592,00	615,87
4/5	0,45	1,365	1,411	25	2,5	42,13	43,56	100	10	670,00	697,00
5	0,5	1,685	1,742	28	2,8	52,84	54,65				

Gewichtstabelle für Messingröhren

in kg pro Meter laufend.

Aeusserer Durchmesser	Wandstärke in Millimeter.													
	0,5	0,6	0,7	0,8	0,9	1,0	1,5	2,0	2,5	3,0	3,5	4,0	4,5	5,0	5,5
2 mm	0,020	—	—	—	—	—	—	—	—	—	—	—	—	—	—
2,5 „	0,027	0,030	—	—	—	—	—	—	—	—	—	—	—	—	—
3 „	0,033	0,038	0,043	—	—	—	—	—	—	—	—	—	—	—	—
4 „	0,047	0,054	0,061	0,070	0,074	—	—	—	—	—	—	—	—	—	—
5 „	0,060	0,070	0,080	0,089	0,098	0,107	—	—	—	—	—	—	—	—	—
6 „	0,073	0,086	0,099	0,111	0,122	0,133	0,180	0,213	—	—	—	—	—	—	—
7 „	0,087	0,102	0,117	0,132	0,146	0,160	0,220	0,267	0,300	—	—	—	—	—	—
8 „	0,100	0,118	0,136	0,154	0,170	0,187	0,260	0,320	0,367	0,400	—	—	—	—	—
9 „	0,113	0,134	0,155	0,175	0,194	0,213	0,300	0,374	0,434	0,480	0,514	—	—	—	—
10 „	0,127	0,150	0,174	0,196	0,218	0,240	0,340	0,426	0,501	0,560	0,607	0,640	—	—	—
11 „	0,140	0,166	0,192	0,217	0,242	0,267	0,380	0,480	0,568	0,640	0,701	0,747	—	—	—
12 „	0,153	0,182	0,211	0,239	0,266	0,293	0,420	0,534	0,634	0,720	0,794	0,854	—	—	—
13 „	0,167	0,198	0,230	0,260	0,290	0,320	0,460	0,586	0,701	0,800	0,888	0,961	1,021	—	—
14 „	0,180	0,214	0,248	0,282	0,315	0,347	0,500	0,640	0,768	0,880	0,981	1,068	1,141	—	—
15 „	0,193	0,230	0,267	0,303	0,339	0,374	0,540	0,694	0,835	0,961	1,075	1,175	1,261	1,335	—
16 „	0,207	0,246	0,286	0,324	0,363	0,400	0,580	0,748	0,902	1,041	1,169	1,281	1,382	1,468	—
17 „	0,220	0,262	0,304	0,346	0,387	0,427	0,620	0,800	0,968	1,121	1,262	1,388	1,502	1,602	1,689
18 „	0,233	0,278	0,323	0,367	0,411	0,454	0,660	0,854	1,035	1,201	1,356	1,495	1,622	1,735	1,836
19 „	0,247	0,294	0,342	0,388	0,435	0,480	0,700	0,908	1,101	1,281	1,450	1,602	1,748	1,868	1,982

Gewichtstabelle für Messingröhren
in kg pro Meter laufend.

Aeusserer Durchmesser	Wandstärke in Millimeter													
	0,5	0,6	0,7	0,8	0,9	1,0	1,5	2,0	2,5	3,0	3,5	4,0	4,5	5,0	5,5
20 mm	0,260	0,310	0,360	0,410	0,459	0,507	0,741	0,960	1,168	1,362	1,544	1,709	1,862	2,002	2,129
21 „	0,273	0,326	0,379	0,431	0,483	0,534	0,781	1,014	1,235	1,440	1,636	1,816	1,982	2,135	2,276
22 „	0,287	0,342	0,398	0,453	0,507	0,560	0,821	1,068	1,302	1,522	1,729	1,923	2,103	2,269	2,423
23 „	0,300	0,358	0,417	0,474	0,531	0,587	0,861	1,120	1,370	1,602	1,823	2,029	2,223	2,403	2,570
24 „	0,313	0,374	0,435	0,495	0,555	0,614	0,901	1,174	1,435	1,680	1,916	2,136	2,343	2,536	2,717
25 „	0,327	0,391	0,454	0,517	0,579	0,641	0,941	1,228	1,502	1,762	2,009	2,243	2,463	2,670	2,864
30 „	0,394	0,471	0,547	0,623	0,699	0,774	1,141	1,495	1,835	2,163	2,476	2,777	3,064	3,338	3,598
35 „	0,460	0,551	0,641	0,730	0,819	0,907	1,342	1,762	2,169	2,563	2,944	3,311	3,665	4,005	4,332
40 „	0,527	0,631	0,734	0,837	0,939	1,041	1,542	2,029	2,503	2,964	3,411	3,845	4,266	4,673	5,066
45 „	0,593	0,711	0,828	0,944	1,060	1,174	1,742	2,296	2,837	3,364	3,879	4,379	4,866	5,340	5,801
50 „	0,660	0,791	0,921	1,051	1,180	1,308	1,942	2,563	3,171	3,765	4,346	4,913	5,467	6,008	6,535
55 „	0,727	0,871	1,015	1,158	1,300	1,441	2,142	2,830	3,505	4,165	4,813	5,447	6,067	6,676	7,270
60 „	0,794	0,951	1,108	1,264	1,420	1,576	2,342	3,097	3,839	4,566	5,280	5,981	6,668	7,343	8,004
65 „	0,861	1,031	1,202	1,371	1,540	1,709	2,543	3,364	4,172	4,966	5,747	6,515	7,269	8,011	8,738
70 „	0,928	1,112	1,293	1,478	1,660	1,842	2,743	3,631	4,506	5,367	6,214	7,049	7,870	8,678	9,473
75 „	0,994	1,192	1,388	1,585	1,780	1,976	2,943	3,898	4,840	5,767	6,681	7,583	8,471	9,346	10,207
80 „	1.061	1,272	1,482	1,692	1,901	2,109	3,144	4,165	5,174	6,168	7,149	8,117	9,072	10,013	10,941
85 „	1,128	1,352	1,575	1,799	2,021	2,243	3,344	4,432	5,508	6,569	7,617	8,651	9,673	10,681	11,675
90 „	1,194	1,432	1,670	1,905	2,141	2,376	3,544	4,700	5,842	6,969	8,084	9,185	10,274	11,349	12,410
95 „	—	—	—	—	—	2,510	3,745	4,966	6,175	7,370	8,551	9,719	10,875	12,016	13,144
100 „	—	—	—	—	—	—	—	—	—	9,019	10,254	11,475	12,684	13,879

Ausserdem werden auch Messingröhren von einem äusseren Durchmesser von 30 bis 100 mm (von 5 zu 5 mm steigend) mit Wandstärken von 6, 6½, 7, 7½ und 8 mm geliefert.

II. DIE WERKZEUGE, MASCHINEN UND EINRICHTUNGEN DES SCHLOSSERS.

Das Illustrationsmaterial dieses Abschnittes ist grösstenteils dem Werkzeugverzeichnis für Metallarbeiter von Ernst Straub in Konstanz entnommen. Indem wir der genannten Firma für ihre Unterstützung unsern besten Dank aussprechen, empfehlen wir gleichzeitig das reichhaltige und wohlassortierte Lager derselben.

1. Die Werkstätte.

Die Grösse und Art der Werkstattanlage richten sich nach dem Umfang und der Art des Betriebes. Die Schlosserwerkstätte wird am zweckmässigsten als einstöckiger Bau für sich errichtet, als Seiten-, Hinter- oder Nebengebäude des zugehörigen Wohnhauses. Das Geschäftszimmer kann dann in Verbindung mit letzterem oder mit der Werkstätte stehen. Die Lagerräume für Kohlen, Eisenwaren und fertige Arbeiten werden am besten unmittelbar mit der Werkstätte in Zusammenhang gebracht. Bei grösserem Betrieb können das Zeichenzimmer, der Reissboden und Räume für feinere Arbeiten abgetrennt werden. Sie brauchen nicht gerade ebener Erde zu liegen, was für die eigentliche Werkstätte immer angezeigt erscheint. Die Werkstätte wird nicht unterkellert. Der Boden ist im einfachsten Fall ein Lehm-Estrich. Weit besser ist es natürlicherweise, die Umgebung der Feuerstelle und der Ambose solid zu pflastern und im übrigen Teil einen starken Bohlenbelag anzubringen. Ein Zementboden empfiehlt sich weniger und von Asphalt kann nicht wohl die Rede sein. Auch ein Belegen mit Platten ist weniger gut. Die Umfassungswände sind am besten massiv und das Dach als Eisenkonstruktion gebildet, für grosse Räume mit Oberlicht oder Sägedächern. Die Lichtöffnungen sind gross anzulegen und mit eisernen Fenstern zu versehen. Die Thüren müssen ebenfalls eine bedeutende Grösse haben, um in der Anfertigung grösserer Arbeitsstücke nicht gehemmt zu sein. Die Stellen für die Feuerstätte, die schweren Ambose, Maschinen und Richtplatten sind gut zu fundamentieren. Die Ambose können auch auf Fässern Platz finden, die in den Boden eingelassen, mit Sand ausgestampft und mit einem Deckel aus Eichenholz geschlossen werden.

Die Werktische werden zweckmässig den Wänden entlang geführt, soweit diese Fenster haben. Sie werden solid an der Wand befestigt und aus Hartholz (Buchen oder Eichen) hergestellt. Die Werktischplatten sollen 6 bis 10 cm stark sein und auf entsprechend starken Gestellen ruhen. Die Vorderkante der Werktische beschlägt man gerne mit Winkeleisen, um sie vor Beschädigung zu schützen. Für die feineren Werkzeuge ist dies jedoch kein Vorteil, da sie auf dem Holz weniger Schaden nehmen. Den Werktischplatten werden auf der Unterseite geräumige Schubladen zur Unterbringung des Werkzeuges zugegeben. Man hängt diese Schubladen zweckmässig in aufgeschraubte ⌐-Eisen. Die Höhe der Werktische beträgt 80 bis 90 cm, die Tiefe 70 bis 80 cm;

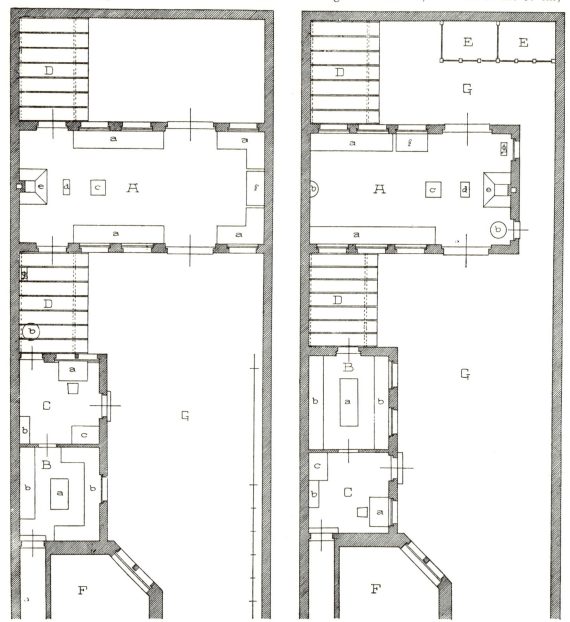

Fig. 34. Grundrisse einer Schlosserwerkstätte.
A. Werkstätte. a) Werktische, b) Bohrmaschine, c) Richtplatte, d) Ambos, e) Herd, f) Drehbank, g) Blechschere.
B. Lagerraum. a) Tisch, b) Gestelle. C. Geschäftszimmer. a) Schreibtisch, b) Schrank, c) Tisch. D. Glasgedeckte Vorhalle. b) Bohrmaschine, g) Blechschere. E. Verschläge für Alteisen und Kohlen. F. Wohnung. G. Hof.

die Länge richtet sich nach den vorliegenden Verhältnissen. Man kann die Tische für mehrere Arbeiter durchlaufen lassen oder jedem einen getrennten Tisch geben. Auf den Arbeiter sind 1,5 bis 2 m Länge zu rechnen. Die Schraubstöcke bilden die Teilung, und wenn sie in ihrem Unterteil an die Füsse der Werktische befestigt werden, so sind die Gestelle in diesem Sinne einzurichten.

Die Feuerstelle, die Bohrmaschinen und ähnliches finden vor den fensterlosen Wänden Platz. Die Scheren, Richtplatten etc. nehmen den Mittelraum ein. Befinden sich inmitten der Werkstätte Pfeiler oder Säulen, so können sie zur Anbringung kleinerer Bohrmaschinen etc. ausgenützt werden. Ueberall soll genügender Raum verbleiben, um bei der Arbeit nicht gehemmt zu sein, insbesondere ist die Nähe der Eingänge freizuhalten. An den Wänden sind ausserdem verschliessbare Wandkasten anzuordnen zur Unterbringung des allgemeinen Werkzeuges; auch durchlaufende Schäfte thun gute Dienste zum Auflegen von allerlei Dingen, die sonst im Wege sind und von einem Ort zum andern wandern. Ueberhaupt ist Ordnung, wie überall, auch hier ein Segen. Zur Ausstattung der Werkstätte gehören dann noch einige stark konstruierte Böcke mit ebensolchen Tischplatten (zum Auflegen), die man jederzeit zum Gebrauch herbeiholen kann, während sie andernfalls, zur Seite gestellt, nicht viel Platz einnehmen. Wo es sich machen lässt, ist es angezeigt, im Freien vor der Werkstätte einen grösseren Platz zur Arbeit freizuhalten und denselben mit einem Vordach zu überdecken. Wenn dieses Dach der Werkstätte das Licht entziehen würde, so wird es mit Glas gedeckt.

Die Lagerräume für Stangeneisen, Bleche etc. erhalten längs der fensterlosen Wände Gestelle aus Rahmenschenkeln mit entsprechenden Gefachen, Was eine derartige Einrichtung in der Anlage kostet, wird reichlich durch Zeitersparnis beim Suchen eingebracht. Das Material in buntem Durcheinander in die Ecken zu stellen und in Haufen auf den Boden zu legen ist ein beliebter Unfug, dem wir das Wort nicht reden.

Aehnlich verhält es sich in Bezug auf Abfälle und Alteisen, die vielfach ungeschützt in freien Winkeln herumliegen. Werden diese Kleinigkeiten sofort in geordnete Gefache eingelegt, so wird sich vieles noch gelegentlich verwerten lassen. Wir haben diese Einrichtung in musterhafter Weise durchgeführt gesehen bei einem bekannten Metallwarenfabrikanten, der es vom Arbeiter zum Millionär gebracht hat, wozu seine ausgesprochene Ordnungsliebe jedenfalls nicht wenig beigetragen hat.

Eine Schlosserwerkstätte reinlich zu halten ist ja eine schwierige Aufgabe, die nur bis zu einem gewissen Grade gelingt, aber auch hierin lässt sich vieles thun, was nicht weiter ausgeführt werden soll.

Es ist bei der Verschiedenheit der Verhältnisse nicht möglich, eingehendere Einzelheiten zu geben. In Figur 34 ist versucht, eine Werkstattanlage mittlerer Grösse im Grundriss zu geben, wie sie einem Betrieb mit etwa 8 Arbeitern entsprechen dürfte. Der Grundriss ist für den nämlichen Platz in 2 Varianten gezeichnet.

2. Die Esse oder der Herd samt Zubehör.

Der Herd des Schlossers wird im allgemeinen aus Backsteinmauerwerk aufgeführt, an den Kanten mit Winkeleisen verkleidet und hat durchschnittlich eine Breite von 150 cm (bei Doppelfeuer 200 cm), eine Tiefe von 120 cm und eine Höhe von 80 cm. An der Wandseite befindet sich die Feuerungsgrube, an der Vorderseite der Löschtrog. Ausserdem enthält er Höhlungen und Behälter für Schlackenabgang und Brennmaterialvorrat (Holzkohle, Steinkohle oder Koks). Ueber dem Herde ist ein Rauchfang angebracht zur Ableitung des Rauches und der Feuergase. Zur Erzielung und Erhaltung eines lebhaften Feuers dienen Gebläsevorrichtungen, welche den Wind von der Seite oder von unten her dem Feuer zuführen, wobei die Regulierung durch Absperrschieber erfolgt. Mit Vorteil werden verstellbare Esseisen in die Feuerungsgrube eingesetzt. Sie ermöglichen eine schöne, gleichmässige Hitze bei Kohlenersparnis. Der Wind kommt bei denselben von unten durch eine ringförmige Spalte, die mittels Hebel enger und weiter gestellt werden kann. Ein zweiter Hebel dient zum Ablassen der Kohlenasche. Einfacher in der Konstruktion und billiger sind die nicht abstellbaren Esseisen. In den Löschtrog werden eiserne Wasserkästen eingesetzt, die in der Mitte geteilt sind.

Zur Erzeugung des Gebläses dienen Blasebälge, Ventilatoren oder „Roots"-Gebläse. Für den Hand- und Fussbetrieb gelten die Blasebälge heute noch für das Beste, während die anderen Winderzeuger sich hauptsächlich bei Maschinenbetrieb als vorteilhaft erweisen. Die Blasebälge sind aus Holz und Leder gefertigt und werden nach ihrer Form in Spitz- und Quadrat- oder Parallelbälge unterschieden. Die Spitzbälge für Schlosserfeuer haben eine Länge von 1,60 bis 1,80 m, die Quadratbälge etwa 80 cm Seitenlänge. Das Zuleitungsrohr darf keine scharfen Ecken, sondern nur runde Biegungen haben.

Die Ventilatoren und Roots-Gebläse werden für den Fuss- oder Handbetrieb mit Schwungrädern versehen behufs Erzielung eines gleichmässigen Windes.

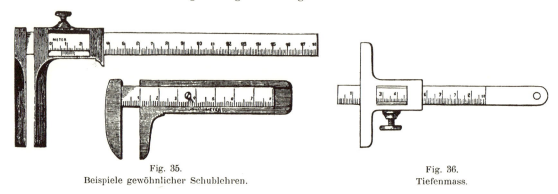

Fig. 35.
Beispiele gewöhnlicher Schublehren.

Fig. 36.
Tiefenmass.

Für Arbeiten im Freien, auf dem Bau etc. bedient man sich sog. Feldschmieden, die in vielen Formen und Grössen für Fuss- und Handbetrieb oder beides zugleich gebaut werden. Diese beweglichen Herde sind gewöhnlich in allen Teilen kleiner als die festen. Die Winderzeugung geschieht wieder durch Bälge, Ventilatoren oder Roots-Gebläse. Ausserdem giebt es Feldschmieden in Verbindung mit Bohrmaschinen, Schraubstöcken etc.

Zum Besprengen, Geschlossenhalten und Reinigen des Feuers dienen dann noch verschiedene Herdgeräte, der Löschwedel, der Löschspiess, die Herdschaufel und der Herdhaken.

3. Werkzeuge zum Messen, Vorzeichnen etc.

Was der Schlosser von derartigen Werkzeugen nötig hat, die man — wenigstens bei genauer Ausführung — auch als Präzisionswerkzeuge zu bezeichnen pflegt, das richtet sich nach der Art seines Geschäftes und den Arbeiten, die er ausführt. Einiges ist unbedingt nötig, anderes ist zweckmässig, wenn auch nicht unbedingt nötig, und vieles kann ganz entbehrt werden, weil es nur für bestimmte Zwecke gebraucht wird, die den gewöhnlichen Schlosser nur ausnahmsweise oder gar nicht berühren. Was nach dieser Vorbemerkung etwa anzuführen wäre ist folgendes:

Massstäbe. Sie unterscheiden sich nicht von den allgemein gebräuchlichen. Man benützt die zusammenlegbaren Taschenmassstäbe aus Holz oder Metall, für grössere Längen auch die bekannten Bandmasse. Für die Werkstätte empfehlen sich weiter Massstöcke in einem Stück von Ahornholz mit Messingkappen und Lineale aus Eisen oder Stahl mit Metermassteilung. Diese Lineale dienen dann gleichzeitig zum Messen, zum Vorreissen gerader Linien etc.

Fig. 37.
Differential-Lochlehre.

Fig. 38.
Englische Lehre für Draht, Blech und Bandeisen und deutsche Blechlehre (verkleinert).

Sie sind in verschiedenen Längen und Stärken, geaicht und ungeaicht zu haben. Die Feuermassstäbe zum Nachmessen glühender Teile sind eiserne Stäbe mit grob und deutlich eingehauener Teilung.

Schublehren. Sie dienen zum Abmessen von Dicken sowie gleichzeitig zum Ablesen und

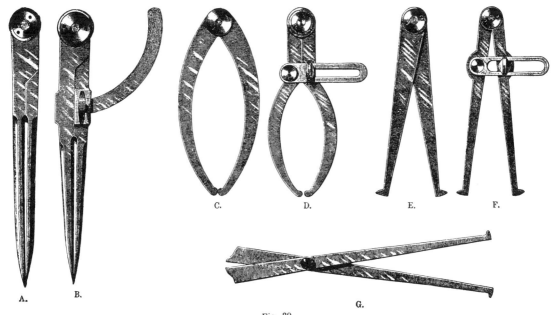

Fig. 39.
Verschiedene Zirkel.

Abgreifen kleiner Längen, je nach Einrichtung auch zur Bestimmung von lichten Weiten. Die gewöhnliche Taschenschublehre ist aus Messing und Eisen und 6 bis 12 cm lang. Feinere Schublehren sind aus Stahl gearbeitet, bis 30 cm lang und mit Stellschraube versehen. Präzisionsschublehren haben ausserdem eine Nonius- und Mikrometerschraubenvorrichtung. Figur 35 zeigt zwei gewöhnliche Schublehren.

Tiefenmasse. Sie dienen zur Bestimmung der Tiefe von Bohrungen etc. und sind im allgemeinen entbehrlich. Fig. 36 zeigt ein einfaches Tiefenmass mit Stellschraube.

Lochlehren. Sie sind aus Stahlblech und dienen zum Messen der Weite von cylindrischen Löchern (Fig. 37). Die Teilung steht rechtwinkelig zur eingeteilten Kante, welche beim Messen der Länge nach in der cylindrischen Oeffnung anliegen soll. Auch dieses Instrument ist im allgemeinen entbehrlich.

Draht-, Blech- und Bandeisenlehren. Es sind dies linealartige oder scheibenförmige Stahlbleche, welche längs des Randes Einschnitte oder im Innern kreisrunde Löcher zeigen, welche nummeriert und nach irgend einer üblichen Skala gereiht sind. Durch probeweises Einschieben der Drähte oder Bleche in die Oeffnungen lässt sich deren Stärke genau oder annähernd ermitteln.

Fig. 40.
Körner.

Vergleiche die betreffenden Ausführungen über Lehren in Abschnitt I, 3. Die hier beigegebene Figur 38 zeigt verkleinert eine englische Lehre, die so eingerichtet ist, dass sie gleichzeitig zum Abmessen von Drähten, Blechen, Band- und Flacheisen benützt werden kann und ausserdem eine ebenfalls verkleinerte deutsche Blechlehre, die aus zwei kreisrunden Scheiben besteht.

Lehren kurzweg nennt man Bleche oder Schablonen mit bestimmten Ausschnitten am Rand oder im Innern zur Vergleichung von öfters wiederkehrenden Abmessungen und Formen. Hierher gehören u. a. auch die Schlüssellehren, welche die Bartbreiten, Rohrdicken etc. vergleichen lassen. Einen Ersatz für derartige Lehren bilden zur Not Eindrücke in Wachs oder Blei. **Lehrbolzen** und **Lehrringe** sind cylindrische Stäbe und hohle Cylinder aus Stahl und dienen zum Abmessen bestimmter Lochweiten und Cylinderstärken in der Metalldreherei und Maschinenfabrikation. Man bezeichnet sie auch als Normalkaliber; der Ausdruck Kaliber ist übrigens auch für andere Lehren im Gebrauch.

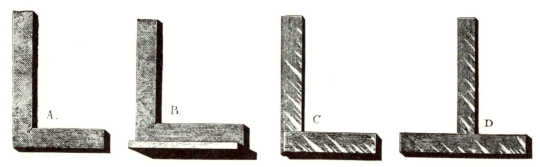

Fig. 41.
Verschiedene Winkel.

Zirkel, zum Nachmessen und Uebertragen von Massen dienend. Die gebräuchlichsten Formen sind der Spitzzirkel mit oder ohne Stellbügel (Fig. 39 A u. B); der Greifzirkel, Dickzirkel oder Taster mit oder ohne Stellbügel zum Abgreifen von Cylinderdicken (Fig. 39 C u. D); der Lochzirkel oder Lochtaster zum Abgreifen von Lochweiten (Fig. 39 E, F u. G). Ausserdem giebt es Doppelzirkel zum Verstrecken von Kreis- und Cylinderumfängen, wobei die eine Oeffnung den Durchmesser, die andere den Umfang angiebt etc. Die Zirkel sind von Stahl oder von Eisen mit gehärteten Spitzen. Ausser den Scharnierzirkeln giebt es auch sog. Federzirkel. Ein federnder Bügel hält den Zirkel offen; geschlossen wird er durch eine Stellschraube.

Zum Vorreissen oder Aufzeichnen werden benützt:

Reissplatten, d. s. ebene, rechteckige, eiserne Platten, welche als Unterlage dienen.

Körner, d. s. kleine Stahlbolzen mit kegelförmiger Spitze zum Einschlagen von Punkten, welche als Anhalt dienen (Fig. 40).

3. Werkzeuge zum Messen, Vorzeichnen etc.

Reissnadeln, d. s. schlanke Stahlstifte zum Einreissen von Linien; an ihrer Stelle werden auch Messingstifte verwendet, wobei statt der eingerissenen Linie ein gelber Strich entsteht. Wenn der Stahlstift einen zu wenig sichtbaren Strich hinterlässt, bestreicht man die Stücke mit Kreidewasser.

Lineale aus Stahl oder Eisen.

Winkel aus Stahl oder Eisen (Fig. 41). A zeigt den gewöhnlichen flachen Winkel, B einen Winkel mit Anschlagplatte, C einen Anschlagwinkel mit ungleichstarken Schenkeln, D einen Kreuzwinkel mit Anschlag.

Reissstöcke, Streichmasse oder Parallelreisser, d. s. Instrumente zum Vorreissen von Parallelen. Figur 42 zeigt einen Reissstock.

Zum Zentrieren, d. h. zum Feststellen des Mittelpunktes von Kreisen, hauptsächlich bei abzudrehenden Stücken dienen der

Zentrierkörner (Fig. 43a und b), ein cylindrischer Körner, verschiebbar in einer Hülse, deren Ende kegelförmig erweitert ist und der

Zentrieranschlagwinkel, durch zweimaliges Anlegen zwei sich kreuzende Durchmesser und im Schnittpunkt den Mittelpunkt ergebend (Fig. 43c).

Zum Abmessen und Uebertragen von Winkeln kann das in Figur 44 abgebildete Instrument dienen. Es kann füglich entbehrt werden, da man bezüglich der meist vorkommenden Winkelgrössen sich anderweitig behilft. Für rechte Winkel dienen die obenerwähnten Winkel und Anschlagwinkel; für Winkel von 45° benützt man gleichschenkelige, rechtwinkelige Dreiecke aus Eisen oder Stahlblech mit Messingknopf; für Winkel von 30° und 60° sind ebenfalls entsprechende Dreiecke zu haben. Ausserdem sind zusammenfaltbare Schrägwinkel im Gebrauch, bei denen der eine Schenkel die Tasche für den anderen bildet.

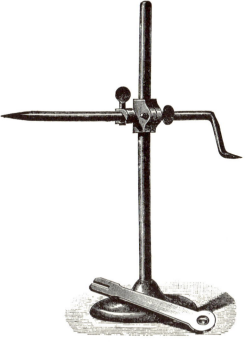

Fig. 42. Reissstock.

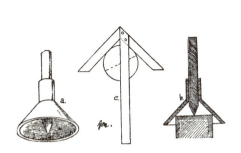

Fig. 43. Werkzeuge zum Zentrieren.

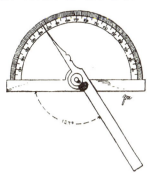

Fig. 44. Winkelmass.

Beim Montieren und Aufstellen von Geländern, Thoren etc. dienen zur Feststellung der Richtung:

Lote, Senklote, Senkel, d. s. abgedrehte, nach unten in eine Spitze auslaufende Metallknöpfe, die an einer Schnur befestigt werden und

Setzwagen oder **Wasserwagen**. Die früher übliche Setzwage, ein gleichschenkeliges Dreieck aus Holz mit Lotfaden und Bleikugel, ist längst durch die Wasserwagen verdrängt, die in verschiedenen Formen, Grössen und Ausstattungen geliefert werden. Man nennt sie auch Libellen und unterscheidet Röhren- und Dosenlibellen. In Bezug auf die zu vergleichenden Richtungen unterscheidet man Horizontal-, Vertikal- und Winkelwagen und solche mit kombinierten Systemen.

Unsere Figur 45 zeigt in A eine einfache, gusseiserne Horizontalwage, in B eine Universal-Rahmenwage zum Gebrauch für horizontale und vertikale Flächen und für Wellen, Rohre etc., in C die Vereinigung einer Vertikal- und Horizontallibelle, in D eine Winkelwage und in E eine Dosenlibelle.

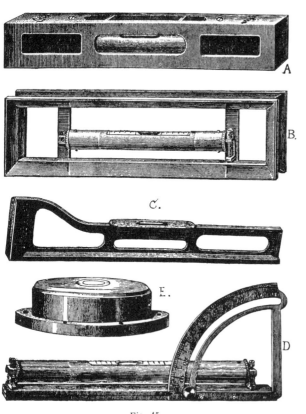

Fig. 45.
Verschiedene Wasserwagen.

4. Ambose, Richtplatten und Gesenke etc.

Die **Ambose** dienen als Unterlage beim Schmieden und Schweissen. Für gewöhnlich sind sie aus Schmiedeisen und auf der oberen Seite verstahlt, d. h. die sog. Bahn ist als 10 bis 30 mm dicke Stahlplatte dem übrigen Teile aufgeschweisst. Es giebt jedoch auch Ambose aus Gusseisen mit verstahlter Bahn und solche, die ganz aus Stahl sind, wie z. B. kleine Stöckel und Sperrhörner.

Die Grösse der Ambose ist sehr verschieden; sie werden nach dem Gewicht verkauft, welches 15 bis 200 kg und mehr beträgt (im Mittel 100 bis 150 kg). Grosse Ambose finden ihren Platz auf schweren, eisenbeschlagenen Holzklötzen, auf Granitblöcken oder auf den bereits erwähnten Sandfässern. Die Höhe der Ambosbahn beträgt 65 bis 80 cm. Kleine Ambose (Bankambose) werden auf die Werktische gestellt und meist nicht befestigt, damit sie ausser Gebrauch weggestellt werden können. Die Ambose stehen entweder auf ihrer ganzen unteren Fläche auf oder sie sind des besseren Standes wegen in der Mitte ausgehöhlt und stehen nur mit den zwei seitlichen Enden oder mit den vier Ecken auf. Einzelne Ambose (Stöckel und Sperrhörner) haben nach unten dornartige Fortsätze, mit denen sie ins Holz eingelassen werden.

Die Form der Ambose ist ebenfalls wechselnd. Es giebt Ambose ohne Horn, mit einem Horn und mit zwei Hörnern, mit Stauchplattenansatz und ohne solchen. Als Horn bezeichnet man die kegelförmigen oder kantigen Fortsätze der Schmalseiten; sie dienen zur Herstellung von Ringen und Rundungen etc. Auf der Ambosbahn sind gewöhnlich einige Löcher angebracht zum

Einstecken von Gesenken und Einsätzen für Façonschmiederei. Die Bahn des Amboses ist flach gewölbt. In Bezug auf die gewöhnlichen Ambose unterscheidet man zwischen deutscher und französcher Form (Fig. 46 u. 47). Kleine, hohe Ambose mit quadratischer Bahn und langen Hörnern heissen Sperrhörner oder Sperrhaken; kleine Ambose von kubischer Form heissen

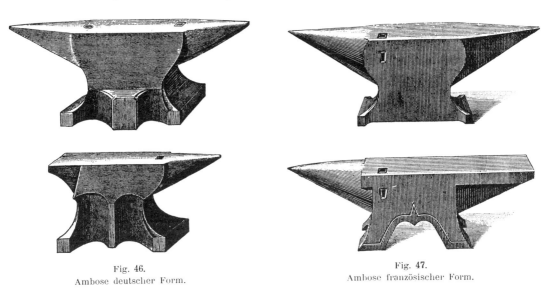

Fig. 46.
Ambose deutscher Form.

Fig. 47.
Ambose französischer Form.

Stöckel oder Stöcke. Brettambose haben die Form dicker, prismatischer Platten (Fig. 48). Der Schlosser kann sie füglich entbehren.

Die **Reissplatten** oder **Richtplatten** sind dicke, gusseiserne Platten von genau rechteckiger Form, auf der oberen Fläche und an den Seiten gehobelt oder geschliffen. Sie dienen beim Aufreissen als Unterlage und ebenso beim Richten der Bleche, Stangeneisen etc. Die Grösse bewegt sich zwischen den Grenzen von 200×300 und 900×1500 mm bei einem ungefähren Gewicht von 15 bis 600 kg. Die Platten sind massiv oder unten rippenartig verstärkt (Fig. 49). Sie finden ihren Platz auf schweren, starken Holzgestellen oder auf eisernen Füssen. Auch werden schwere Richtplatten öfters seitlich mit Griffen versehen, um sie leichter transportieren zu können etc.

Gesenke dienen zur Façonschmiederei und werden gebraucht, wo die gewöhnliche Schmiederei auf dem Ambos zur Formgebung nicht ausreicht oder zu schwierig und umständlich ist, so z. B. zur Herstellung dreikantiger und halbrunder Teile, von Rotationsformen und plastischen Verzierungen verschiedenster Art.

Fig. 48.
Sperrhorn (26), Stöckel (24) und Brettambos (25).

Halbrunde und nur einerseits verzierte Stäbe brauchen nur ein Untergesenke. Ganz runde Formen, gebuckelte Stücke und allseitig verzierte Stäbe brauchen ausserdem ein Obergesenke, welches mit dem Untergesenke zusammen eine geschlossene, röhrenförmige Form bildet. Die Gesenke werden aus Schmiedeisen hergestellt und können auf der Bahn verstahlt werden. Die Herstellung der Gesenke geschieht durch Feilen, Drehen etc. oder, wenn keine grosse Schärfe beansprucht wird, indem ein Stahlkern (Modell) in die glühenden Gesenkteile eingeschlagen wird. Die Untergesenke erhalten meist einen Ansatz, mit welchem dieselben in die Gesenklöcher des Amboses eingesetzt werden. Die Obergesenke haben meist die Form von Setzhämmern und werden, wie diese, lose auf Stiele gesteckt. Wenn das Ober- und Untergesenke genau aufeinander passen müssen, so beugt man der Verschiebung dadurch vor, dass man die Führung durch Rinnen und in diese passende Vorsprünge herstellt oder indem man die beiden Gesenkteile scharnierartig verbindet. Die in Gesenken zu schmiedenden Teile müssen vor dem

Fig. 49. Richtplatte.

Fig. 50. Gesenkplatte.

Fig. 51. Ringstock.

Einsetzen auf die annähernde Form des fertigen Arbeitsstückes gebracht werden, um die Arbeit zu erleichtern und die Gesenke zu schonen.

Die im Gesenke zu schmiedenden Stücke können je nach ihrer Art während der Arbeit weitergeschoben werden (gleichdicke Stäbe), sie können gedreht werden (glatte Rotationsformen), oder sie müssen ihre Lage beibehalten (plastische Ornamente) etc.

Für die einfachen und öfters vorkommenden Gesenkarbeiten sind auch Gesenkplatten im Handel, welche mit allerlei Rinnen und Löchern versehen sind. Figur 50 zeigt eine derartige Platte.

Um geschmiedete Ringe ordentlich und rasch auszurunden und sie auf eine genaue Weite zu bringen, kann man sich der **Ringstöcke,** deren einer in Figur 51 abgebildet ist, bedienen.

5. Schraubstöcke, Handschrauben, Feilkloben etc.

Zum Anfassen und Festhalten der Stücke während der Bearbeitung dienen ausser den Zangen, von denen auch noch zu sprechen sein wird, folgende Werkzeuge:

Der **Schraubstock.** Er kommt in verschiedenen Formen und Grössen vor. Er hat zwei Backen, die zusammen das Maul bilden. Der eine Backen ist am Werktisch oder auf einem besonderen Gestell befestigt, der andere ist mit jenem beweglich verbunden. Das Schliessen und Oeffnen geschieht mittels einer Schraubenspindel, die durch den sog. Schlüssel in Bewegung gesetzt wird. Die gebräuchlichste Form ist diejenige des Flaschenschraubstockes. Er ist aus Schmiedeisen mit verstahlten Backen. Der bewegliche Backen beschreibt bei der Bewegung einen Bogen, und das Maul wird durch eine Feder offen gehalten. In Bezug auf weniger wesentliche Einzelheiten gehen dann die verschiedenen Fabrikate auseinander (deutsche, französische, österreichische, englische, Lütticher Façon etc.). Die Schraubstöcke gehen nach dem Gewicht. Die kleinen und mittleren wiegen 15 bis 50 kg, die gewöhnlichen Bankschraubstöcke 50 bis 65 kg,

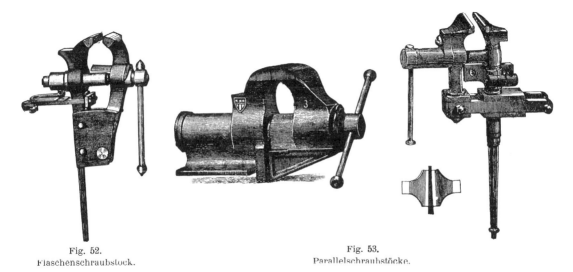

Fig. 52.
Flaschenschraubstock.

Fig. 53.
Parallelschraubstöcke.

die grossen Feuerschraubstöcke 75 bis 300 kg. Figur 52 stellt einen gewöhnlichen Flaschenschraubstock dar.

Wegen der bogenförmigen Bewegung des freien Backens ist das Maul so eingerichtet, dass die beiden Teile bei einer Weite parallel sind, wie sie am meisten gebraucht wird. Geschlossen und weit geöffnet bilden die Backen einen Winkel, was ein festes Einklemmen zum Teil unmöglich macht. Dieser Missstand hat zur Konstruktion der verschiedenen Parallelschraubstöcke geführt. So sehr sich die einzelnen Systeme auch äusserlich unterscheiden mögen, haben sie das Gemeinsame, dass der bewegliche Backen durch eine horizontale Schraubenspindel dem festen Backen so genähert wird, dass die Maulöffnung immer zwei parallele Wandflächen zeigt. Es giebt geschmiedete und gegossene Parallelschraubstöcke. Die letzteren sind bei gleichen Anforderungen etwas schwerer als erstere. In Figur 53 sind beide Arten durch je ein Beispiel veranschaulicht.

Im übrigen sind noch kurz zu erwähnen die fahrbaren und die drehbaren Schraubstöcke, Patentschraubstöcke mit Schnellspannung, mit weitgekröpftem Maul etc. Schraubstöcke haben die richtige Höhe, wenn die Mauloberkante auf Ellenbogenhöhe des Arbeiters ist (im Mittel 1,10).

Die **Handschrauben** oder **Feilkloben**. Es sind dies gewissermassen nicht befestigte Schraubstöcke im kleinen zum Handgebrauch bei der Bearbeitung kleinerer Stücke. Die beiden Backen sind um einen Bolzen drehbar beweglich, das Maul wird durch eine Feder offen gehalten, der Schluss erfolgt durch Anziehen einer Flügelschraube oder mittels Schlüssel (Fig. 54). Dies ist die gewöhnliche Form. Kleinere Handschrauben sind auch so gebildet, dass die beiden Backen durch einen federnden Bügel verbunden sind; selbstredend giebt es diese Werkzeuge auch mit Parallelführung (Fig. 55). Stielfeilkloben oder Stielkloben haben gewöhnlich einen durchbohrten Griff, um lange Drähte etc. bearbeiten zu können.

Fig. 54.
Handschrauben gewöhnlicher Form.

Fig. 55.
Parallel-Handschraube.

Die **Reifkloben** unterscheiden sich von den gewöhnlichen Feilkloben durch ein schräg aufwärts stehendes Maul. Sie ermöglichen also die Bearbeitung des Stückes in schräger Lage, z. B. das Abkanten (Abreifen) der Bleche, daher der Name.

Die **Spannbacken, Spannbleche** oder **Spannkluppen** sind federnd miteinander verbundene Backen aus Eisen, Blei, Holz etc., die in das Maul der Schraubstöcke und Kloben eingeschaltet werden, wenn es sich um besonders sorgfältig anzufassende Formen oder um die Schonung schon fertig bearbeiteter Teile handelt.

Klebschrauben sind kleine Schraubstöcke, die am Tisch durch eine senkrechte Schraubenspindel wegnehmbar befestigt werden. Der Schlosser kann sie entbehren.

---

6. Zangen, Schraubenschlüssel etc.

Die Zangen sind fast ohne Ausnahme Anwendungen von dem Prinzip des zweiarmigen Hebels. Sie sind im übrigen je nach dem Zweck in Form und Grösse sehr verschieden, gewöhnlich aus Schmiedeisen, öfters in den Mäulern verstahlt oder bei ganz kleinen Abmessungen ganz von Stahl.

Die **Schmiedezangen** dienen zum Einlegen und Herausnehmen der Arbeitsstücke in das Feuer und aus demselben, sowie zum Festhalten während der Bearbeitung. Man unterscheidet schwere und leichte Schmiedezangen. Dieselben sind durchschnittlich 40 bis 80 cm lang bei einem Gewicht von 0,5 bis 2,5 kg. Je nach der Gestalt der Mäuler unterscheidet man gewöhnliche und solche mit seitlich abgebogenen Backen, Rund- und Flacheisenzangen, Winkeleisen- und Mutternzangen etc. In Figur 56 sind die allgemein vorkommenden Formen abgebildet. Für grosse Zangen benützt man gern **Spannringe** oder **Zangenklammern**. Es sind dies geschlossene oder offene, federnde Ringe, die, auf die Zangenschenkel gestreift und mit dem Hammer angetrieben, das Festhalten der Arbeitsstücke erleichtern.

Von kleineren Zangen, die hauptsächlich bei der kalten Bearbeitung gebraucht werden sind zu erwähnen:

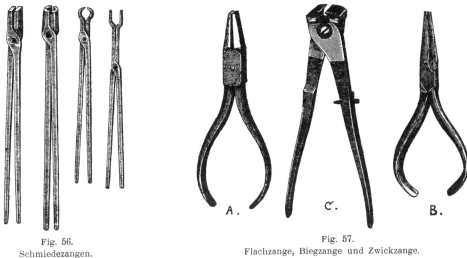

Fig. 56.
Schmiedezangen.

Fig. 57.
Flachzange, Biegzange und Zwickzange.

Die **Flachzangen** mit prismatischen oder kantig zulaufenden Backen, geraden, aufgerauhten Mäulern und gebogenen Schenkeln (Fig. 57 A.).

Die **Biegzangen** oder **Drahtzangen** mit kegelförmigen Backen, zum Umbiegen von Draht etc. dienend (Fig. 57 B).

Die **Zwickzangen** oder **Kneifzangen** mit zugeschärften Backen, nicht zum Festhalten, sondern

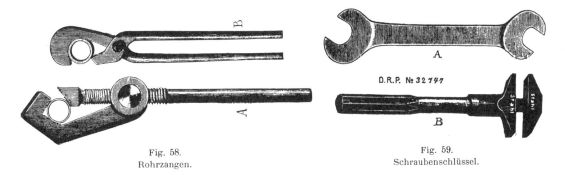

Fig. 58.
Rohrzangen.

Fig. 59.
Schraubenschlüssel.

zum Abzwicken von Draht etc. dienend. Fig. 57 zeigt in C eine vorzügliche Zwickzange mit ersetzbaren Stahlschneiden und einer Stellschraube, die das Aufeinandertreffen der Schneiden verhindert. Eine derartige Zange von 40 cm Länge zwickt Stahldraht bis zu 5 und Eisendraht bis zu 7 mm Stärke ab. Die gewöhnliche **Beisszange** ist ein allbekanntes Werkzeug.

Zum Festhalten von Röhren dienen die verschiedenen **Rohrzangen** oder **Muffenzangen**. Figur 58 zeigt die gewöhnliche Form und eine verstellbare Universal-Rohrzange. Auf den ähnlich aussehenden Rohrabschneider werden wir an anderer Stelle zurückkommen. Ausserdem sei hier erwähnt, dass zum Einspannen von Röhren auch besondere Rohrschraubstöcke mit viereckigem Maul gebaut werden.

Zum Lösen und Anziehen von Schraubenmuttern dienen:

Die **Schraubenschlüssel,** die in vielen Formen und Grössen erzeugt werden (Wendeschlüssel, Doppelschlüssel, Hülsenschlüssel, Büchsenschlüssel, Universalschraubenschlüssel, Schlüssel mit selbstthätig verstellbarem Maul, Keilschlüssel etc.). Die meist benützten Arten sind die Normal-Doppelschlüssel mit Mäulern unter 45° zur Längsrichtung (Fig. 59A) und einer Maulweite von 10 und 12 bis zu 65 und 75 mm, sowie die verschiedenen verstellbaren Universalschraubenschlüssel, von denen Figur 59B einen darstellt. Sie werden aus schmiedbarem Gusseisen, aus Feinkorneisen und aus Stahl hergestellt.

Schliesslich möge an dieser Stelle noch erwähnt werden:

Der **Schraubenzieher** zum Lösen und Anziehen von Holz- und Metallschrauben mit versenkten oder halbrunden Köpfen. Er ist ebenfalls in verschiedenen Formen und Grössen vorräthig, mit Holz- und Metallgriffen, einfach oder doppelt zum Umstecken oder Umstellen (Fig. 60).

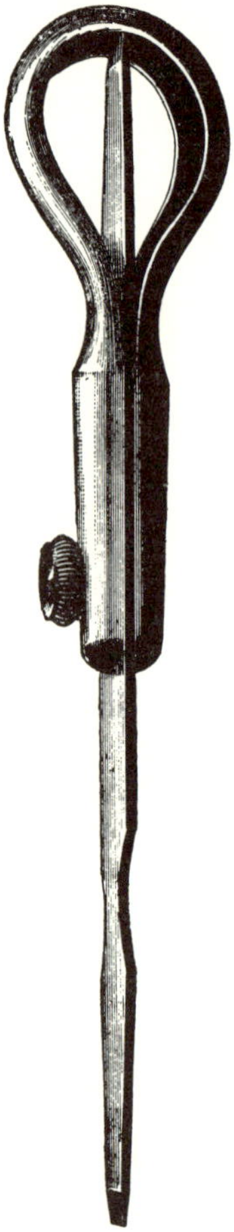

7. Hämmer.

Die Hämmer sind aus Gussstahl oder aus Schmiedeisen mit verstahlten Bahnen (Aufsatzflächen). Sie sind an der Stelle des Schwerpunktes durchlocht und haben Stiele mit kreis- oder langrundem Querschnitt. Weissdorn, das amerikanische Hickory und andere zähe Hölzer finden hierfür Verwendung.

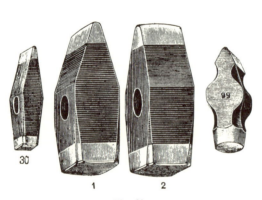

Fig. 60. Schraubenzieher.

Fig. 61. Schmiedehämmer.

Schmale, abgerundete Hammerbahnen heissen Finnen. Die Hämmer gehen nach dem Gewicht. Die gewöhnlichen Schmiedehämmer zeigen einerseits eine viereckige, nahezu quadratische Bahn, andererseits eine cylindrisch abgerundete Finne.

Die **Zuschlaghämmer** oder **Vorschlaghämmer** sind 3 bis 10 kg schwer und haben Stiele von 80 bis 100 cm Länge. Die Finne steht quer zum Stiel (Fig. 61, 1).

Die **Kreuzhämmer** oder **Kreuzschlaghämmer** unterscheiden sich von den vorigen dadurch, dass die Finne parallel zum Stiel steht (Fig. 61, 2).

Die **Handhämmer, Bankhämmer** oder **Schlosserhämmer** sind 1 bis 3 kg schwer und haben Stiele von 30 bis 40 cm Länge. Die Bahn ist quadratisch, die Finne quer zum Stiel (Fig. 61, 30). Die englische Façon hat runde Bahn (Fig. 61, 99).

Die **Niethämmer** sind Hämmer unter 1 kg Gewicht mit entsprechenden Stielen.

Die **Planier-** oder **Abschlichthämmer** haben flach gewölbte runde oder viereckige Bahnen.

Die **Treib-, Tief-** oder **Knopfhämmer** haben kugelig gerundete Bahnen etc.

8. Setzhämmer, Schrotmeissel, Durchschläge, Spitz- und Flachstöckel, Bolzeneisen etc.

Der Bezeichnung und Form nach giebt es noch einige Hämmer, die nicht unmittelbar zum Zuschlagen dienen. Sie werden wohl auf Stiele gesteckt und mittels dieser auf das Arbeitsstück gehalten; das Zuschlagen geschieht aber mit dem gewöhnlichen Hammer. Hierher sind zu rechnen:

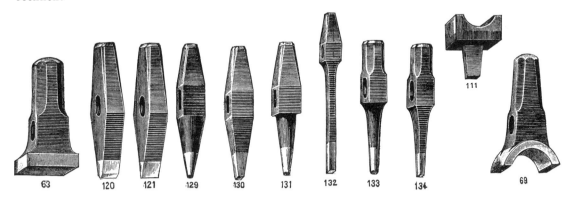

Fig. 62.
Setzhämmer (63), Schrotmeissel (120 u. 121) Durchschläge (129 bis 134), Rundgesenke (69 u. 111).

Die **Setzhämmer** mit verbreiteter Bahn (Fig. 62, 63), gerade Setzhämmer, schräge Setzhämmer etc.; $1^1/_2$ bis 2 kg schwer.

Die **Kaltschrotmeissel** (Fig. 62, 120) und **Warmschrotmeissel** (Fig. 62, 121), mit kantiger Bahn zum Abtrennen von Flacheisen und Stäben; 1 bis 2 kg schwer.

Fig. 63.
Nagel- oder Bolzeneisen.

Fig. 64.
Flachstöckel und Spitzstöckel.

Die **Durchschläger** und **Durchtreiber** mit prismatischen, cylindrischen, kantig oder rund zugespitzten Enden zum Lochen von Stäben, Blechen etc. (Fig. 62, 129—134). Unter das zu lochende Stück wird ein Lochring gelegt, dessen Oeffnung etwas grösser ist als das entstehende Loch.

Die **Obergesenke** für Rundungen etc. (Fig. 62, 69). Zu derartigen Obergesenken gehören dann entsprechende Untergesenke mit Zapfenansatz, in die Amboslöcher einzustecken (Fig. 62, 111).

Zur Herstellung von Bolzen, zur Stauchung von Nägel- und Schraubenköpfen dienen:

Die **Nagel-** oder **Bolzeneisen**, d. s. einfache Gesenke mit Handgriffen (Fig. 63) oder Doppelgesenke, aus Unter- und Obergesenke bestehend.

Der **Abschrot** oder das **Flachstöckel** besteht aus einer keilförmigen Schneide mit einem Zapfen zum Einstecken in den Ambos. Es kommt beim Abtrennen unter das Arbeitsstück. Das Zuschlagen erfolgt von oben mit dem Hammer, mit oder ohne Zuhilfenahme des Schrotmeissels (Fig. 64, 114).

Das **Spitzstöckel** ist ein kleiner Ringstock zur Bildung von Ringen, Kettengliedern etc. Es besteht aus einer kegelförmigen Spitze mit Zapfenansatz (Fig. 64, 113). Alle diese Dinge sind aus Stahl oder aus verstahltem Schmiedeisen gefertigt.

9. Meissel, Aufhauer, Dorne und Aushauer.

Die Meissel dienen zum Einhauen von Rinnen und furchenartigen Verzierungen, zum Aufbauen und Abtrennen von Stücken geringerer Stärke. Es sind dies meist achtkantige, in Schneiden ausgearbeitete Stäbe aus Stahl, an den Schneiden gehärtet, im übrigen Teil jedoch nicht.

Der **Flachmeissel** ist in eine gerade Schneide ausgeschmiedet, etwas breiter als die Griffdicke.

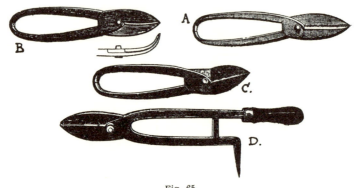

Fig. 65.
Hand-Blechscheren und Stockschere.

Der **Kreuzmeissel** hat eine gerade Schneide, schmäler als die Griffdicke.

Der **Halbmondmeissel** hat eine gebogene Schneide zum Einhauen bogenförmiger Furchen.

Der **Halbrundmeissel** oder **Aufhauer** ist am Ende rund zugeschärft, so dass er beim Aufsetzen zunächst nur in einem Punkt aufsteht (die Bogenebene enthält die Axe des Meissels, während sie beim Halbmondmeissel senkrecht zu derselben steht). Mit dem Hammer eingetrieben dient der Halbrundmeissel zum Aufhauen. Die Erweiterung und richtige Formgebung des entstehenden Spaltes geschieht durch

Die **Dorne**, d. s. kleinere oder grössere Stahlstäbe von rundem, quadratischem etc. Querschnitt, die mit dem einen Ende in den Ambos gesteckt werden und am anderen Ende sich schwach verjüngen. Die Löcher werden erst von der einen, dann von der anderen Seite über den Dorn geschlagen.

Zum Durchlochen ganz dünner Bleche kann man sich auch der **Aushauer** bedienen. Es sind dies kantige oder runde Stahlstäbe mit ringförmig zugeschärfter Schneide. Zur Entfernung des ausfallenden Stückes ist das Werkzeug cylindrisch durchbohrt.

10. Scheren und Sägen.

Die Scheren dienen zum Abtrennen von Blechen, Band- und Flacheisen, sowie von Draht. Man unterscheidet Hand-, Stock- und Hebelscheren.

Fig 66. Draht- und Rundeisenschneider.

Fig. 67. Zahnhebel-Blechschere.

Fig. 68. Metallsägen.

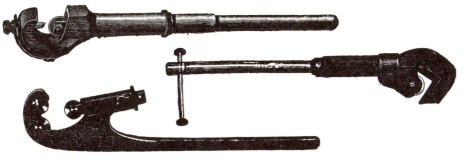

Fig. 69. Rohrabschneider.

Die **Handscheren** für dünnere Bleche gleichen äusserlich eher den Zangen als gewöhnlichen Scheren. Man unterscheidet die gewöhnliche Form (Fig. 65 A), Krummscheren (Fig. 65 B) und Winkelscheren (Fig. 65 C).

64   II. Die Werkzeuge, Maschinen und Einrichtungen des Schlossers.

Die **Stockscheren** werden mit dem einen Schenkel auf einem hölzernen Stock oder Klotz befestigt, während der andere Schenkel in einem Griff endigt (Fig. 65 D). Die Stockschere hält gewissermassen die Mitte zwischen den Handscheren und den
        Hebelscheren, Zahnhebelscheren, Patentscheren etc. Diese schwer gebauten, für den Schlosser höchst wichtigen Werkzeuge dienen zum Abtrennen stärkerer Bleche und Flacheisen. Sie werden in vielen Systemen hergestellt, mit und ohne Uebersetzung, beruhen im allgemeinen aber alle auf dem Prinzip des einarmigen Hebels. Sie finden ihre Aufstellung auf dem Boden oder auf niedrigen Holzklötzen. Die in Figur 67 abgebildete Schere hat eine Messerlänge von 190 mm, wiegt 80 kg, schneidet Bleche bis zu 5 mm Dicke und kostet 65 M.

Zum Abtrennen von Draht- und Rundeisen hat man wohl auch besondere **Draht-** und **Rundeisenschneider** (Fig. 66). Sie sind entbehrlich, wenn an den Hebelscheren die entsprechende Vorrichtung angebracht ist (vergl. Fig. 73 C).

Zum Abschneiden von Röhren dienen:

Die **Rohrabschneider,** die nach verschiedenen Systemen mit einem oder drei Schneiderädchen gefertigt werden (Fig. 69).

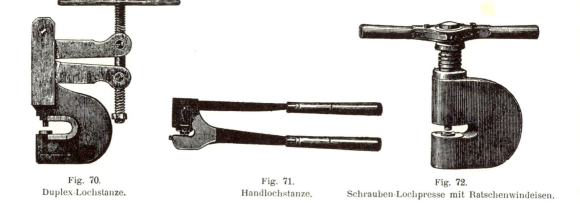

Fig. 70.   Fig. 71.   Fig. 72.
Duplex-Lochstanze.   Handlochstanze.   Schrauben-Lochpresse mit Ratschenwindeisen.

Die **Sägen** spielen in der Schlosserei keine grosse Rolle und kommen meist nur zur Verwendung, wo man sich anders nicht zu helfen weiss. Sie haben eine Länge von 250 bis 350 mm und Formen, wie sie Figur 68 zeigt. Zum Aussägen dünner Messingbleche etc. benützt man starke Laubsägebogen mit Sägeblättern für Metall.

---

11. Lochmaschinen und Stanzen.

Ausser den auf Seite 62 erwähnten Werkzeugen zum Lochen dienen dann noch besondere Maschinen, die je nach dem Zweck in System und Grösse sich unterscheiden.

Derartige Werkzeuge sind:

Die **Handlochstanzen,** welche Eisen bis zu 6 mm Stärke zu lochen vermögen (Fig. 71).
Die **Schrauben-Lochpressen,** welche bis zu 20 mm Weite und 16 mm Dicke lochen (Fig. 72).
Die **Duplex-Lochstanzen,** welche bis zu 26 mm Weite und 23 mm Dicke lochen (Fig. 70)

und auch zum Lochen von I-Eisen gebaut werden. Die grösseren Lochstanzen und Lochmaschinen mit Exzenter und Handhebel werden dann vielfach mit Scheren und Rundeisenschneidern in Zusammenhang gebracht. Die Lochstanze (Fig. 73 A) locht bis 16 mm Weite und 8 mm Stärke, schneidet Bandeisen von 8 mm Stärke, wiegt 85 kg und kostet 95 M. Die Lochmaschine (Fig. 73 B, in 6 Grössen zu haben) locht bis 20 mm Weite und 20 mm Stärke, schneidet Eisen von 60×20 bis 40×23 mm und Winkeleisen von 80×80×10 mm. Die Hebelblechschere (Fig. 73 C) schert Bleche bis 5 mm Stärke, Rundeisen bis 16 mm Stärke, locht bis zu 16 mm Weite und 5 mm Stärke, hat eine Messerlänge von 215 mm, wiegt 130 kg und kostet 120 M.

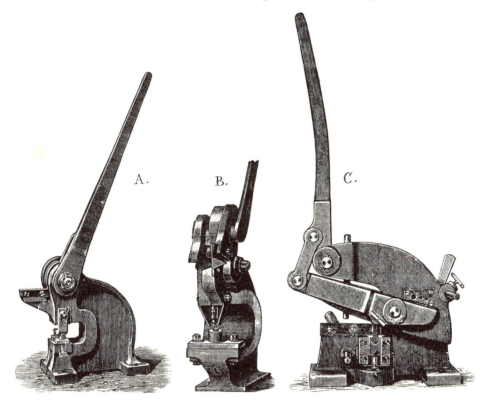

Fig. 73.
Vereinigte Lochmaschinen und Scheren.

Selbstredend sind die Stempel und Matrizen dieser Maschinen lösbar, so dass sie durch andere ersetzt werden können, wie auch die Messer der Scheren zum Abschrauben eingerichtet sind, schon weil sie von Zeit zu Zeit geschliffen werden müssen.

12. Bohrwerkzeuge.

Zur Herstellung kreisrunder Löcher dienen ausser den bis jetzt genannten Geräten und Maschinen die mannigfaltigen Bohrwerkzeuge. Während beim Aufhauen und Ausweiten über den Dorn ein Materialverlust nicht eintritt (also auch keine Schwächung) und beim Lochen durch

Stanzen und Lochmaschinen das an Stelle des Loches vorhandene Material im ganzen als sog. Putzen wegfällt, so wird dasselbe beim Bohren infolge kombinierter Schalt- und Drehbewegung nach und nach in Form von abfallenden Spänen entfernt. Es kommen hierbei also in Betracht einerseits die eigentlichen Bohrer, andererseits die Geräte und Vorrichtungen, welche die nötige Bewegung erzielen.

Die **Bohrer** sind aus Stahl, gehärtet und gelb angelassen, an der Schulter prismatisch vierkantig oder pyramiden- oder kegelförmig verjüngt und werden mit diesem Teil in das Werkzeug oder die Maschine (Bohrfutter) eingeklemmt oder eingespannt. Nach der Form der Schneide unterscheidet man verschiedene Arten. Die bekanntesten und meist verwendeten sind:

Der **zweischneidige Spitzbohrer,** sowohl rechts als links schneidend; nur für kleine Löcher im Gebrauch und ein unvollkommenes Werkzeug (Fig. 74 A).

Der **einschneidige Spitzbohrer,** nur nach einer Drehungsrichtung schneidend. Die beiden Schneiden bilden eine Spitze von etwa 110° (Fig. 74 B) und sind für kleine Löcher in Anwendung.

Der **Zentrumbohrer,** nach einer Richtung schneidend, für grössere Löcher; die Zentrierspitze übernimmt die Führung, oder ein

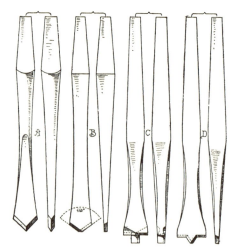
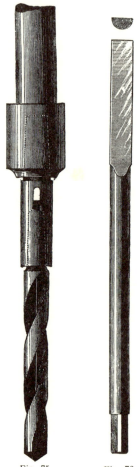

Fig. 74.
A zweischneidiger Spitzbohrer. B einschneidiger Spitzbohrer.
C u. D Zentrumbohrer.

Fig. 75.
Spiralbohrer samt Bohrfutter und Bohrspindelansatz.

Fig. 76.
Kanonenbohrer.

kleiner konischer Zapfen greift in ein vorgebohrtes Loch und schützt den Bohrer vor dem Verlaufen (Fig. 74 C und D).

Der **Spiralbohrer** oder **amerikanische Bohrer,** der beste und zweckmässigste, Führung haltend und die Drehspäne in seinen Hohlgängen gut abführend (Fig. 75). Ueber das Einspannen dieser Bohrer und das Nachschleifen derselben sei folgendes erwähnt:

Vielfach werden die Schwierigkeiten des Einspannens der Spiralbohrer zu gross angesehen. Die Köpfe der Spindeln der gewöhnlichen Bohrmaschinen haben in der Regel ein vierkantiges Loch. Eine solche Montierung ist allerdings für die Spiralbohrer eine ungünstige. Die Natur derselben bedingt ein durchaus genaues Rundgehen infolge der geringen Verjüngung gegen den Schaft zu. Bei einem vierkantigen Schafte hat es aber seine Schwierigkeiten, den Bohrer auf seine ganze Länge gut rundgehend einzupassen. Es ist nun nichts einfacher, als diesem Uebelstande abzuhelfen. Nach dem Grundsatze, dass nur rund geht, was gedreht ist, hat man nur die Bohrspindel, statt mit einem vierkantigen, mit einem konisch ausgedrehten Loche zu versehen, in welches die konischen Bohrerfutter eingepasst werden. Dieselben, 4 an der Zahl, genügen für alle Bohrer bis 50 mm.

Zur Bequemlichkeit des Abdrehens der rohen Schäfte werden für die Löcher Zapfen beigegeben, so dass an beiden Enden der Futter die Körner vorhanden sind. Dieselben können daher sofort auf der Drehbank eingespannt und entsprechend abgedreht werden. Ebenso gehört ein Keil zu jedem Futter zum Lösen der Bohrer. (Siehe Fig. 75: ein in die Bohrspindel montiertes Bohrfutter samt Bohrer.)

Wird der Bohrer mit dem Futter zusammen in die Spindel gesteckt, so geht solcher ohne allen Zeit-

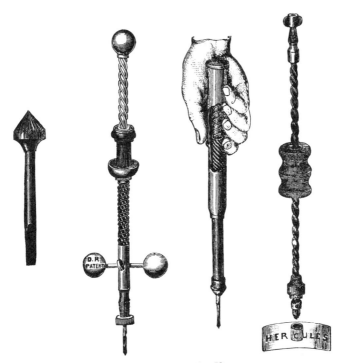

Fig. 77.
Versenker.

Fig. 78.
Verschiedene Drillbohrer.

verlust für Richten sofort gut rund. Das konisch ausgedrehte Loch in der Bohrspindel hat überdies den Vorteil, dass auch Bohrstangen, Kanonenbohrer etc., exakt rund gehend, montiert werden können.

Will man aber die gewöhnlichen Spitzbohrer verwenden, so hat man nur eine Hülse mit einem vierkantigen Loch in die Spindel zu montieren.

Das richtige Schleifen der Spiralbohrer ist neben dem Rundgehen von gleicher Wichtigkeit. Sind sie zu spitzig geschliffen, so leidet die Spitze zu viel. Der richtige Winkel der beiden Schneiden zu einander ist 120°. Die in den beiden Kerben des Bohrers gezogene Schleiflinie giebt die Spitze an. Die hintere nicht schneidende Ecke des Bohrers soll etwas tiefer stehen, aber nicht zu tief, damit der Bohrer nicht zu viel Schnitt erhält, wodurch die Schneiden ausbrechen würden. Am schnellsten und besten werden Spiralbohrer an Schmirgelscheiben geschliffen in Verbindung mit einem Führungsapparat. Derselbe besteht aus einem Anschlagwinkel mit einem auf einem Lineal verstellbaren Führungsbogen. Der Bohrer wird mit der linken Hand in den Winkel angedrückt und mit der rechten Hand wird der Schaft des Bohrers an den Führungsbogen angelegt und längs demselben einigemale heruntergedrückt. Beim Wenden des Bohrers werden die beiden Schneiden genau denselben Winkel erhalten. Der Apparat kann auch an jedem Schleifstein angebracht werden.

Kleine Bohrer mit geraden Schäften können am besten und billigsten in einem einfachen Köpfchen mit zwei verstellbaren Backen eingespannt werden, das an jeder Bohrmaschine oder Drehbank leicht auf einem Zapfen angebracht werden kann. (Abgedruckt aus dem Preiscourant der Werkzeuge für Metallarbeiter von E. Straub in Konstanz.)

Der **Kanonenbohrer,** beim Bohren auf der Drehbank im Gebrauch, eine glatte Wandung erzielend (Fig. 76).

Der **Versenker, Senkbohrer** oder **Fräskopf** (Fig. 77), zum Bohren konischer Löcher, zum Versenken der Schraubenköpfe dienend. An seiner Stelle werden auch die gewöhnlichen Spitzbohrer benützt.

Von Bohrgeräten sind etwa folgende zu erwähnen:

Der **Drillbohrer,** für ganz kleine Bohrlöcher in Blechen etc. Die Umdrehung wird durch rasches Hin- und Herbewegen des Mittelstückes oder der Hülse erzeugt (Fig. 78).

Die **Bohrknarre, Bohrratsche** oder der **Hebelbohrer,** hauptsächlich in Anwendung, wo man mit Maschinen und anderen Geräten nicht beikommt, auf dem Bau etc. Das Instrument endigt

Fig. 79.
Bohrknarre.

Fig. 80.
Bügel-Bohrknarre.

einerseits in eine kegelförmige Spitze (Körner), die sich gegen irgend ein Widerlager legt, andererseits wird der Bohrer eingesetzt. Die Drehbewegung geschieht durch den Hebel oder die Klinke. Bei der Rechtsbewegung machen Körner, Sperrrad und Bohrer die Bewegung mit, bei der Rückdrehung gleitet der Hebel über die Zähne des Sperrrades, das die Bewegung nicht mitmacht. Dabei entsteht ein Geräusch, nach welchem das Werkzeug benannt ist. Aus der Reihe der verschiedenen Systeme ist eine englische Bohrknarre abgebildet (Fig. 79). Eine Stellschraube regelt den Druck.

Die **Bügelbohrknarre,** eine Abänderung der gewöhnlichen Art, wird durch Figur 80 erläutert.

Die **Bohrwinde** in vielerlei Formen; der Druck erfolgt mit der Hand (Handbohrwinde) oder durch Anstemmen der Brust (Brustleier); die Drehbewegung geschieht durch Umdrehen einer Winde oder Kurbel. Bohrwinden, die so beschaffen sind, dass man auch in einspringenden Ecken bohren kann, heissen auch **Eckenbohrer.** In Figur 81 sind abgebildet: A eine amerikanische Ratschenwinde, B eine Brustbohrwinde, C eine amerikanische Handbohrwinde, D eine französische Bohrwinde (Eckenbohrer).

Die **Bohrmaschine,** ebenfalls nach zahlreichen Systemen gebaut, für Hand-, Fuss- und Maschinenbetrieb oder für das eine und andere zugleich, in verschiedener Grösse und Stärke. Bei ganz einfachen Maschinen erfolgt der Vorschub oder die Schaltung von der Hand durch Anziehen einer flachgängigen Schraubenspindel; bessere Maschinen besorgen die Schaltung selbstthätig (Selbstgang). Dabei ist gewöhnlich die Vorkehrung getroffen, dass die Maschine auf zwei oder mehr verschiedene Geschwindigkeiten eingestellt werden kann; mit anderen Worten: ein bestimmter Vorschub, beispielsweise von 5 mm, kommt das eine Mal auf 30, das andere Mal auf 45, das dritte Mal auf 90 Umdrehungen.

Wandbohrmaschinen werden an der Wand befestigt. Das Bohrstück befindet sich auf einem unterhalb stehenden Werktisch oder in einem ebenfalls an der Wand befestigten Tisch oder Schraubstock. Figur 82 zeigt eine Wandbohrmaschine für Handbetrieb mit zweierlei Geschwindigkeiten und Selbstgang, für Löcher bis 30 mm Weite bei einem Gewicht von 95 kg.

Figur 83 zeigt eine Ständerbohrmaschine für Handbetrieb, auf einen Klotz oder ein Untergestell zu montieren, mit drehbarem Hohlständer, zentral und horizontal beweglichem Schraubstock und einem Tisch, zwei Geschwindigkeiten und Selbstgang. Gewicht 200 kg bei Löchern bis 30 mm Weite.

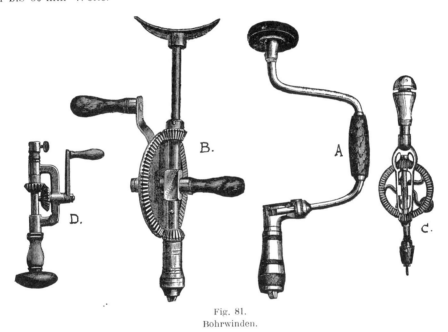

Fig. 81.
Bohrwinden.

Die Säulenbohrmaschinen sind die grössten, sie werden auf dem Boden befestigt. Der Tisch ist auf irgend eine Weise an der Säule verstellbar. Figur 84 zeigt eine solche Maschine für Handbetrieb mit zentral und vertikal beweglichem Tisch und Parallelschraubstock, mit Selbstgang und zwei Geschwindigkeiten, bis zu 50 mm Weite bohrend, 425 kg wiegend.

Schliesslich bilden wir noch eine transportable Ständerbohrmaschine mit eisernem Untergestell ab, für Bauschlossereien besonders geeignet (Fig. 85). Die Maschine ist für Hand- und Fussbetrieb eingerichtet sowie für zwei Geschwindigkeiten, der Bohrvorschub erfolgt von der Hand.

13. Reibahlen.

Zum Säubern und Ausweiten der bei der Lochung oder Bohrung entstandenen Löcher bedient man sich der **Reibahlen**. Es sind dies Dorne aus Stahl, nahezu cylindrische oder auch ausgesprochen kegelförmige Stäbe, die durch Abkantung, Nutung oder Reifelung mit Schneiden versehen werden, welche beim Umdrehen des Werkzeuges dann eine schabende Wirkung hervorbringen. Sie sind in Durchmessern von 5 bis 80 mm zu haben bei Längen von 110 bis 500 mm. Die konischen Reibahlen reiben die Löcher allerdings nicht cylindrisch aus, haben aber den Vorteil, dass sie für verschieden grosse Löcher benützt werden können. In Figur 86 sind drei cylindrische Reibahlen verschiedener Art, eine geschliffene konische und eine fünfkantige, verjüngte Reibahle (System Stubs) dargestellt. Der Versenker oder Fräskopf, der bereits an anderer Stelle ewähnt wurde, hätte auch hier mit aufgezählt werden können (vergl. Fig. 77).

14. Schraubenschneidwerkzeuge.

Zur Verschraubung gehören zwei Teile: Die Schraube, auch Schraubenspindel oder Schraubenbolzen genannt, und die Mutter, auch Schraubenmutter oder Hohlschraube

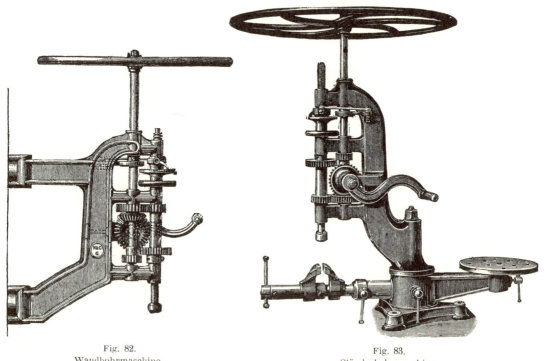

Fig. 82.
Wandbohrmaschine.

Fig. 83.
Ständerbohrmaschine.

geheissen. Man unterscheidet rechtes und linkes Gewinde, das erstere ist das allgemeine. Auf der Schraube wie in der Mutter folgen sich abwechselnd erhöhte und vertiefte Schraubengänge. Ist der Durchschnitt eines solchen Ganges dreieckig, so heisst das Gewinde scharf; ist der Durchschnitt quadratisch oder rechteckig, so heisst das Gewinde flach und die Schraube scharfgängig oder flachgängig. Die scharfgängigen Schrauben sind die meist verwendeten, hauptsächlich für kleine Abmessungen und wenn sie zum Befestigen dienen. Für grosse Abmessungen und hauptsächlich für Schrauben zur Hervorrufung einer Bewegung eignen sich flachgängige Gewinde. Bewegungsschrauben sind nicht selten zwei- und mehrfach, d. h. es kommen zwei und mehr Erhöhungen auf die Höhe eines Schraubenumganges. Befestigungsschrauben sind stets einfach.

14. Schraubenschneidwerkzeuge.

Im Gegensatz zu den konisch verjüngten Holzschrauben (metallene Schrauben zum Einschrauben in Holz) sind die Metallschrauben (Metall in Metall), abgesehen von anderen Verschiedenheiten, stets cylindrisch oder nahezu cylindrisch. Als Bolzendurchmesser bezeichnet man den äusseren Durchmesser der Schraube, als Kerndurchmesser den inneren Durchmesser der Mutter. Nach den Verhältnissen dieser Durchmesser und der Form des oben erwähnten Drei-

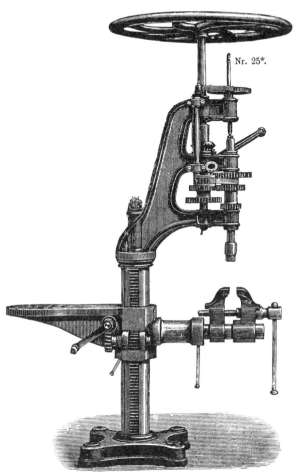

Fig. 84.
Säulenbohrmaschine.

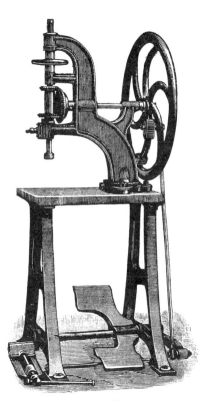

Fig. 85.
Transportable Säulenbohrmaschine.

eckes ergeben sich die verschiedenen Systeme für scharfgängige Schrauben, von denen das englische oder Whitworthsche das verbreitetste ist und einen Kantenwinkel von 55° als Grundlage hat.

Die Herstellung der Schrauben und Muttern geschieht im allgemeinen vermittels des Schneidezeuges. Ausserdem kann man sich auch zur Herstellung derselben der Drehbank bedienen, wobei als Schneidwerkzeuge ein inwendiger und ein auswendiger Schraubstahl dienen. Auch werden neuerdings allerlei Schraubenschneidmaschinen gebaut, die sich für besondere Zwecke empfehlen.

Das **Schraubenschneidezeug**, so verschieden es im übrigen auch sein mag, besteht immer aus zweierlei Geräten, wovon der eine Teil zur Erzeugung der Spindel, der andere zur Herstellung des Muttergewindes dient.

a) Zur Bildung der Schraubenspindel dienen:

Schneideisen, für kleine Schrauben bis $1/2$ Zoll englisch. Die kleineren Schneideisen (bis 7 mm) sind Stahlplatten mit geradem Ringstiel oder mit aufgebogenem Knopfstiel (Fig. 87 A u. B). Die Platten enthalten eine Anzahl von runden Löchern mit entsprechenden Gewinden. Die Grösse steigt nach irgend einer Lehre. Die Lochweite ist etwas grösser als die Dicke des Schneideisens, welches der verschiedenen Löcher halber nicht überall gleichdick ist. Ein Loch enthält 3 bis 5 Umgänge. Das Schneiden erfolgt durch Umdrehen des Schneideisens. Die Schneideisen für dickere Schrauben haben stangenförmige Arme (Klinken) und enthalten gewöhnlich 3 verschiedene Lochweiten nach folgender Skala in Zoll engl.:

$1/16$	$3/32$	$1/8$	$5/32$	$3/16$	$1/4$	$5/16$	$3/8$	$7/16$
$3/32$	$1/8$	$5/32$	$3/16$	$1/4$	$5/16$	$3/8$	$7/16$	$1/2$
$1/8$	$5/32$	$3/16$	$1/4$	$5/16$	$3/8$	—	—	—

Ein derartiges Schneideisen zeigt Figur 87 C.

Schrauben von grösserem Durchmesser werden mit der **Schneidkluppe** geschnitten. Dieselbe besteht aus einem Mittelstück, welches in zwei Seitenstangen oder Klinken ausläuft, vermittels deren die Drehbewegung ausgeführt wird. Zwei oder auch mehrere Backen enthalten das Muttergewinde in Teilen des Umfanges eingeschnitten. Diese Backen werden durch irgend eine Vorrichtung (Klemmschrauben etc.) eingespannt und in der richtigen Lage gehalten. Sie müssen ausgewechselt werden können, da zu jeder Kluppe Backenpaare von verschiedenem Durchmesser gehören (gewöhnlich 3 bis 5). Die amerikanischen Kluppen haben nur einen festen Backen und schneiden deshalb genauer und regelmässiger. Die Grösse der Kluppen wächst mit dem zunehmenden Durchmesser der Schraube (von $1/16$ bis 2 Zoll engl. und mehr).

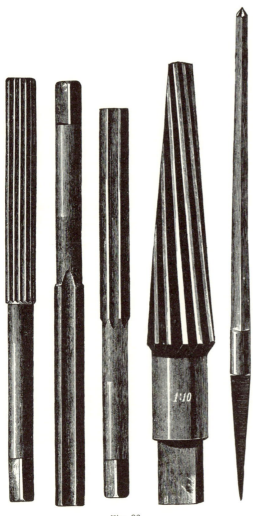

Fig. 86. Verschiedene Reibahlen.

Wir geben nachstehend die gewöhnliche Reihenfolge der Backensortimente oder Sätze, System Whitworth.

A.	$1/16$	$3/32$	$1/8$	$5/32$	$3/16$	E.	$1/4$	$5/16$	$3/8$	$7/16$	$1/2$	I.	$9/16$	$5/8$	$3/4$	$7/8$	1
B.	$1/8$	$5/32$	$3/16$	$1/4$	$5/16$	F.	$5/16$	$3/8$	$7/16$	$1/2$	$5/8$	K.	$7/8$	1	$1 1/8$	$1 1/4$	—
C.	$1/8$	$3/16$	$1/4$	$5/16$	$3/8$	G.	$3/8$	$7/16$	$1/2$	$5/8$	$3/4$	L.	$1 1/8$	$1 1/4$	$1 3/8$	$1 1/2$	—
D.	$3/16$	$1/4$	$5/16$	$3/8$	$7/16$	H.	$1/2$	$9/16$	$5/8$	$3/4$	$7/8$	M.	$1 5/8$	$1 3/4$	$1 7/8$	2	—

14. Schraubenschneidwerkzeuge.

In Figur 87 sind fünf verschiedene Schneidekluppen abgebildet. E zeigt die gewöhnliche schräge Kluppe, F eine Keilkluppe, G eine Patentkluppe mit Deckel und Bajonettverschluss, H eine Scherenkluppe und I eine amerikanische Kluppe (System Walworth).

b) Zur Bildung der Schraubenmutter dienen:

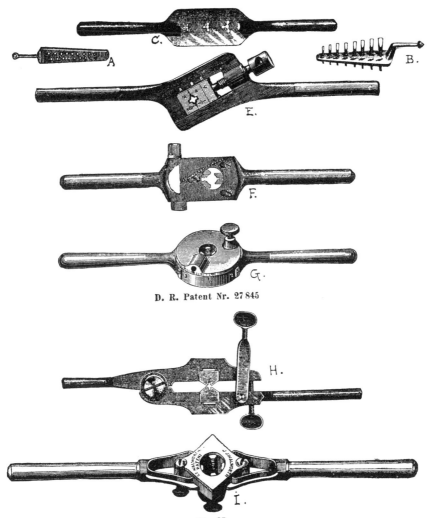

Fig. 87.
Schneideisen und Schneidekluppen.

Gewindebohrer, Schneidbohrer oder **Mutterbohrer,** d. s. cylindrische oder konische Stahlstäbe, welche auf ihrem Umfang das Spindelgewinde in Teilstreifen enthalten. Die dazwischen liegenden Hohlgänge dienen zur Abführung der Späne. Kleinere Muttern von geringer Höhe werden bei wenig Anspruch auf Genauigkeit mit dem konischen Bohrer auf einmal gebohrt. Grössere und genauere Muttergewinde werden erst mit dem verjüngten Vorschneider und dann mit dem cylindrischen Nachschneider gebohrt. Bohrungen, die nicht durch, sondern nur bis zu gewisser

Tiefe gehen sollen, bohrt man mit drei Grundbohrern in der Reihenfolge No. 1, 2, 3. Zu einem vollständigen Satz Bohrer gehören 3 Grundbohrer, 1 Mutter- und Durchschneidebohrer, 1 Normal- oder Backenbohrer. Selbstredend nehmen die Durchmesser dieser Bohrer in entsprechender Weise zu wie die Backen und werden in Sortimenten zu diesen gehörig verkauft. Die Figur 88

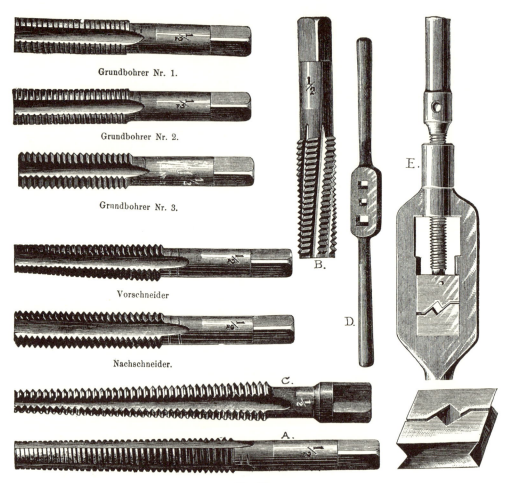

Fig. 88.
Gewindebohrer und Windeisen.

zeigt ausser den als solche bezeichneten Grundbohrern etc. in A einen Mutter- und Durchschneidebohrer, in B einen Normal-Backenbohrer, in C einen konischen Bohrer.

Die Gewindebohrer erhalten ihre Umdrehung durch das **Windeisen** oder **Wendeeisen**, in welches sie eingesteckt werden, zu welchem Zweck es gewöhnlich drei verschiedene Oeffnungen hat (Fig. 88 D). Das Normalwindeisen (Fig. 88 E) soll eine Verbesserung des gewöhnlichen sein.

Schliesslich sei hier eine Vergleichung des englischen Masses mit dem Metermass in Bezug auf das System Whitworth beigefügt:

Bolzendurchmesser	Zoll engl.	1/16	3/32	1/8	5/32	3/16	1/4	5/16	3/8	7/16	1/2
	mm	1,6	2,4	3,2	4,0	4,8	6,4	7,9	9,5	11,1	12,7
Kerndurchmesser mm ..		—	—	—	—	—	4,7	6,1	7,4	8,7	10,0

Bolzendurchmesser	Zoll engl.	5/8	3/4	7/8	1	1 1/8	1 1/4	1 3/8	1 1/2	1 5/8	1 3/4
	mm	15,9	19,0	22,2	25,4	28,6	31,8	34,9	38,1	41,3	44,4
Kerndurchmesser mm ..		12,9	15,8	18,6	21,3	23,9	27,1	29,5	32,7	34,7	37,9

Bolzendurchmesser	Zoll engl.	1 7/8	2	2 1/4	2 1/2	2 3/4	3	3 1/4	3 1/2	3 3/4	4
	mm	47,6	50,8	57,1	63,5	69,8	76,2	82,5	88,9	95,2	101,6
Kerndurchmesser mm ..		40,4	43,5	49,0	55,4	60,6	66,9	72,6	78,9	84,4	90,7

15. Feilen.

Die Feilen dienen zur Oberflächenbehandlung des Materials in kaltem Zustande. Sie sind aus hartem Stahl und auf dem grössten Teil der Oberfläche vom Feilenhauer mit parallelen Hieben versehen. Es giebt einhiebige und zweihiebige Feilen, die letzteren sind die gewöhnlichen. Der erste Hieb heisst **Grundhieb**, der zweite **Oberhieb** oder **Kreuzhieb**. Der Winkel des Grundhiebes zur Feilenmittellinie beträgt etwa 50°, derjenige des Oberhiebes 70°, so dass die beiden Hiebe sich unter 120 beziehungsweise 60° durchkreuzen. Die Zähne sind vom Griff der Spitze zu gerichtet. Die Grösse der Feilen ist sehr verschieden von den kleinsten bis zu solchen von 8 kg Gewicht. Ganz grosse Feilen verjüngen sich nach beiden Enden und erhalten keinen Griff, kleinere endigen in eine Angel, mit der sie in Holzgriffe befestigt werden. Der Querschnitt der Feilen ist ebenfalls verschieden, quadratisch ■, rechteckig ▬, dreikantig ▲, rund ●, halbrund ⬬, messerförmig ◣, linsenförmig ◖ etc.

Flachfeilen haben rechteckigen Querschnitt, sind der Länge nach etwas ausgebaucht und auf drei Seiten behauen. Nach dem Verhältnis der Dicke zur Breite unterscheidet man dickflach und dünnflach; flachstumpf heissen sie bei gleicher Breite, flachspitz, wenn sie nach der Spitze zu schmäler werden.

Dreikantfeilen, im Querschnitt dreieckig, nach der Spitze zu sich verjüngend.

Vierkantfeilen, im Querschnitt quadratisch, bauchig, sich zuspitzend.

Messerfeilen, im Querschnitt ein schmales Trapez zeigend.

Rundfeilen, im Querschnitt kreisrund, bauchig und zugespitzt, meist einhiebig, in kleinen Abmessungen als Rattenschwänze bezeichnet.

Halbrundfeilen, im Querschnitt einen Halbkreis oder kleineren Kreisabschnitt zeigend; zugespitzt, auf der flachen Seite zweihiebig, auf der Rundung einhiebig.

Vogelzungen, im Querschnitt linsenförmig oder elliptisch.

Die Anzahl der Hiebe auf eine bestimmte Länge, also der Feinheitsgrad der Feile richtet sich nach der Grösse und dem Zweck des Werkzeuges. In dieser Hinsicht unterscheidet man:

Grobfeilen, Handfeilen, Armfeilen oder **Strohfeilen** (nach der Verpackung), 1 bis 2½ kg schwer;

Bastardfeilen, Vorfeilen oder **Bestossfeilen**;

Halbschlichtfeilen;

Schlichtfeilen und **Doppelschlicht-** oder **Feinschlichtfeilen**.

Da diese Bezeichnungen nur relativ und sehr schwankend in ihrer Bedeutung sind, rechnet man wohl auch nach der Anzahl der Hiebe, die auf eine bestimmte Länge bei einer bestimmten Grösse der Feile kommen.

Einen besseren Anhalt giebt folgende Tabelle nach englischem Muster:

Bezeichnung	Bei einer Länge des behauenen Teiles der Feile von				
	500 mm	400 mm	300 mm	200 mm	150 mm
	beträgt die Anzahl der Hiebe auf 10 mm Länge:				
Grob	8	11	16	18	21
Bastard . . .	14	18	19	22	25
Schlicht . . .	22	25	28	29	35
Feinschlicht .	25	30	35	45	58

Die grossen Armfeilen werden nach dem Gewicht verkauft, die kleineren Feilen nach dem Stückpreis oder Dutzend. Gebräuchlich sind in der Schlosserei englische Feilen, flach, vier- und dreikantig, rund und halbrund von 7 bis 16 Zoll engl. (20 bis 50 cm), französische Messerfeilen von 20 bis 30 cm Länge und französische **Raumfeilen** mit allen gangbaren Querschnitten von 5 bis 15 cm Länge. Die Länge gilt immer bloss für den behauenen Teil; die Angel ist nicht mit gemessen. Die Feilenhefte sind aus Holz mit Eisenzwingen und haben eine Länge von 8 bis 15 cm.

Gute Feilen sollen hellgraue Farbe und ein gleichmässiges Aeussere haben ohne Streifen, Flecken und Sprünge und beim Anschlagen einen reinen Klang geben. Ein federhartes Stahlstück soll mit gleichbleibendem Widerstand über die Feile gleiten und keinen Strich hinterlassen.

Neuerdings kommt eine eigenartige Erfindung in den Handel. Grosse Feilen werden aus einzelnen Lamellen gebildet, welche über eine durchgehende Seele gestreift und entsprechend festgespannt werden. In der einen Lage bilden die Lamellen die Oberfläche einer einhiebigen Feile; eine zweite Lage bringt die Zähne alle in eine Ebene, so dass sie bequem miteinander nachgeschliffen werden können. Ob diese Neuerung sich einführt, wird die Zeit lehren.

Die Handhabung der Feile ist bekannt; man benützt der Reihe nach erst die gröberen, dann die feineren Feilen, zuletzt wohl auch unter Beigabe von Oel.

16. Die Drehbank, die Biegmaschine etc.

Die Drehbank ist kein unbedingt erforderliches Stück der Schlosserwerkstätte. Sie bietet aber vielfach und besonders bei der Fertigung feinerer, kunstgewerblicher Arbeiten grosse Vorteile, so dass sie in jeder besseren Kunstschlosserei vorhanden sein sollte. Sie dient nicht nur zum Runddrehen (Herstellung von Rotationsflächen, Knöpfen etc.) und zum Plandrehen (Abdrehen ebener Scheiben), sondern auch zu verschiedenen anderen Arbeiten, zum Schneiden von Schraubengewinden, zum Fräsen, zum Drücken, zum Bohren, zum Abschleifen und

Polieren. Die Bewegung erfolgt durch Fuss- oder Maschinenbetrieb. Die Form, Grösse und Ausstattung ist verschieden.

Zur Linken des Gestelles oder Bettes befindet sich feststehend der Spindelstock mit der Spindel, welche durch eine kleine Stufenschnurscheibe in Umdrehung versetzt wird, die mit der grösseren als Schwungrad wirkenden Schnurscheibe des Untergestells durch eine Riemenschnur verbunden ist. Zur Rechten befindet sich der Reitstock mit dem Reitnagel, verschiebbar auf den Geradführungen oder Wangen des Gestells. Zwischen Spindel und Reitnagel wird das Arbeitsstück eingespannt. Zwischen Spindel und Reitstock, ebenfalls auf den Geradführungen hin und her beweglich und beliebig feststellbar, steht die Auflage, welche der Hand und dem Drehstahl zur Unterstützung dient. Wenn das Werkzeug nicht mit der Hand, sondern eingespannt geführt wird, so tritt an Stelle der Auflage der Support (Handdrehbank —

Fig. 89.
Hand-Supportdrehbank.

Supportdrehbank). Findet die Verschiebung des Supportes durch Handbewegung statt, so haben wir die Hand-Support-Drehbank; erfolgt die Verschiebung selbstthätig vermittels Zahnstange oder Leitspindel, die mit der Antriebsvorrichtung durch ein Vorgelege verbunden sind, so haben wir die Leitspindel- oder Zahnstangen-Supportdrehbank.

Als schneidendes Werkzeug dienen die Drehstähle. Die Handdrehstähle haben Holzgriffe, die Supportstähle sind zum Einspannen eingerichtet. Bezüglich beider Arten unterscheidet man Schrotstähle oder Grobstähle (zum Vorarbeiten mit bogenförmiger Schneide), Spitzstähle (der vierkantige Stahl ist übereck schräg zugeschliffen und läuft in eine Spitze aus) und Schlichtstähle (zur Nacharbeit mit gerader, meisselartiger Schneide); ausserdem Hakenstähle und Ausdrehstähle für innere Rundungen, Gewindestrehler etc.

In Figur 89 ist eine kleinere Hand-Support-Drehbank für Fussbetrieb abgebildet. Sie kostet bei einer Banklänge von 1800 mm, einer Drehlänge von 1150 mm und einer Spitzenhöhe von 200 mm samt Zubehör 400 Mk. und wiegt 380 kg.

Aehnlich verhält es sich in Bezug auf Entbehrlichkeit und Brauchbarkeit der Biegmaschine. Sie besteht aus einem eisernen Untergestell und der eigentlichen Maschine. In der Mitte befindet sich die Druck- oder Treibwalze, sie ist gehärtet und fein gerieft, damit sie kräftig angreift. Zu beiden Seiten befinden sich die Glattwalzen, auf schiefe Bahnen gelagert. Sie sind verstellbar durch eine horizontale, flachgängige Schraubenspindel mit Rechts- und Linksgewinde. Der Antrieb erfolgt durch eine Kurbel mit Zahnradübersetzung. In der gewöhnlichen Ausstattung

Fig. 90.
Biegmaschine.

können Reife und Flacheisenstäbe gebogen werden; zum Biegen von Hochkant- und Façoneisen sind profilierte Seitenwalzen und Führungsringe für die Treibwalze nötig. In Figur 90 ist eine derartige Maschine abgebildet. Sie biegt in ihrer kleinsten Nummer Reife von 110×20 mm Stärke, wiegt 100 kg und kostet 100 Mk.

Von anderen Maschinen, die weniger für den Schlosser im allgemeinen, als für besondere Betriebe in Betracht kommen, seien noch kurz erwähnt: die Stauch- und Schweissmaschinen, die Hobel-, Fräs- und Feilmaschinen, die Schraubenschneidmaschinen etc.

III. DIE BEARBEITUNG UND BEHANDLUNG DES SCHMIEDEISENS.

Die Bearbeitung des Schmiedeisens ist äusserst mannigfaltig; sie erfolgt teils im warmen, teils im kalten Zustande; sie bezweckt entweder eine Formveränderung des Materials oder eine Verschönerung der Oberfläche. Auch die Verfahren zur Erhaltung, zum Schutz der Oberfläche gegen die Angriffe der Luft und Feuchtigkeit gehören hierher.

Einzelne Bearbeitungsweisen sind bereits im vorhergehenden Abschnitt anlässlich der Besprechung der Werkzeuge und Maschinen erörtert worden. Das Uebrige möge hier seinen Platz finden. Wenn in diesem Buche die Schilderung des Werkzeuges und der Bearbeitung versucht wird, so geschieht es nicht zur Belehrung des Schlossers, der dies alles besser wissen muss wie wir, wenn er sein Handwerk versteht. Es geschieht vielmehr deswegen, weil das Buch auch von Architekten und Zeichnern benützt wird, und weil das richtige Entwerfen die Kenntnis des Materials und der Art seiner Bearbeitung voraussetzt. Wenn der Technik Rechnung getragen wird, so lässt sich unzweifelhaft in vielen Fällen auf einfachem Wege eine ebenso gute Wirkung erzielen, als andernfalls mit vieler Mühe und unnötiger Plagerei erreicht wird, ganz abgesehen vom Kostenpunkt, der ja auch seine Rolle spielt. In diesem Sinne soll das Gebotene aufgefasst werden. Die einzelnen Handgriffe und Geschicklichkeiten lassen sich schwer in Worte bringen und werden nur durch Uebung im Handwerk selbst erlernt. Es kann sich also nur darum handeln, die Vorgänge im allgemeinen zu schildern.

1. Das Schmieden, Schweissen, Strecken und Stauchen.

In kaltem Zustande lässt sich das Schmiedeisen durch Hämmern nur bis zu einem gewissen Grade in der Form verändern und zwar um so mehr, je weicher und dehnbarer das Material ist. Alle bedeutenderen Formveränderungen geschehen durch **Schmieden.** Dasselbe geschieht auf dem Ambos mit dem Hammer und am besten, wenn das Eisen bis zur hellen Rotglut erhitzt ist. Kleine Stücke schmiedet ein Arbeiter allein; grössere Stücke erfordern einen oder mehrere Zuschläger. Durch einige leichte Hammerschläge oder durch Anstossen des Arbeitsstückes wird das glühende Eisen vom Zunder oder Hammerschlag befreit, welcher sonst mit in die Oberfläche hineingeschlagen würde. Wenn das Schmieden bis zum Erkalten fortgesetzt wird, und wenn Hammer und Ambos mit Wasser benetzt werden, so wird das Eisen hart und elastisch.

Durch das Nassschmieden wird gleichzeitig eine glatte Oberfläche erzielt. Zu hart gewordene Stücke werden durch Ausglühen weicher gemacht; sie werden bis zur schwachen Rotglut erhitzt und langsam abgekühlt.

Grosse Stücke können beim Schmieden am freien Ende noch von der Hand gefasst, gedreht und gewendet werden; kleine Stücke werden mittels der Schmiedezangen gehalten. Wenn die Stücke während der Arbeit erkalten, so wandern sie wiederholt in die Esse etc.

Das Zusammenschmieden getrennter Teile zu einem Stück erfolgt durch

Schweissen, wozu im allgemeinen Weissglut erforderlich ist. Die einzelnen Teile müssen gleichmässig erhitzt sein und an den Schweissstellen eine reine, schlackenfreie Oberfläche haben; sie werden an den Enden erst gestaucht oder verstärkt, um der Verschwächung an der Schweissstelle entgegen zu wirken. Die Hammerschläge erfolgen rasch, erst schwach und dann stärker, von der Mitte nach aussen, damit die Schweissschlacke sich ordentlich ausquetschen kann und unganze Stellen in der Schweissung vermieden werden.

Gewöhnliches Schmiedeisen schweisst bei Weissglut ohne Anwendung von Schweissmitteln, so dass diese nur beim Zusammenschweissen von Eisen und Stahl benützt werden. Sie haben den Zweck, die Oxydbildung zu verhindern und bestehen in dem Bestreuen mit Borax, Salmiak etc., in dem Bestreichen mit Lehm etc. Ein bekanntes Schweissmittel besteht aus 2 Teilen Borax, 1 Teil Salmiak und 1 Teil Wasser, unter Umrühren gekocht und über dem Feuer erhärtet, pulverisiert und mit rostfreien Feilspänen gemischt. Die zu verbindenden Stücke werden in rotglühendem Zustand mit diesem Pulver bestreut, wieder erwärmt bis das Pulver flüssig geworden ist und dann durch Hämmern verbunden. Starke Stücke lassen sich stumpf aneinander schweissen. Schwächere Stücke werden entsprechend vorgerichtet, abgeschärft, aufgespalten, abgefinnt und durch Uebereinanderschweissen verbunden.

Da beim Schweissen von Stahl und Schmiedeisen, was hauptsächlich beim Verstählen von Werkzeugen vorkommt, die Stücke nicht bis zur Weissglut erhitzt werden dürfen, so ist hier besondere Aufmerksamkeit erforderlich und man bedient sich am besten eines Holzkohlenfeuers. Die Qualität des Materials spielt insofern eine Rolle, als der Stahl umsoweniger erhitzt werden darf, je feiner er ist.

Das **Strecken** oder **Ausschmieden** ist gleichbedeutend mit der Verlängerung oder Verbreiterung des Schmiedestückes durch Aufschlagen mit dem Hammer. Die mit der Hammerfinne geführten Schläge sind hierbei naturgemäss wirksamer, als die mit der Hammerbahn erfolgenden. Mit der letzteren werden die durch die Finne hervorgerufenen Rinnen wieder ausgeebnet.

Das **Stauchen** oder **Verstärken** ist der entgegengesetzte Vorgang und kommt einer Verkürzung oder Verdickung gleich. Es wird bewirkt, indem das Arbeitsstück gegen den Ambos oder einen besonderen Stauchklotz gestossen wird oder indem man mit dem Hammer auf das freie Ende kräftig zuschlägt. Wie bereits erwähnt, giebt es auch besondere Stauch- und Schweissmaschinen, welche die Verbindung der einzelnen Teile besorgen und durch sog. Griffräder von der Hand betrieben werden. Zweckmässig sind auch die in den Boden eingelassenen Stauch- oder Rammplatten.

Die vorstehend beschriebenen Vorgänge können natürlicherweise neben- und durcheinander an dem nämlichen Stück während der Arbeit auftreten. Zusammen mit verschiedenen anderen Bearbeitungen, wie Aufhauen, Umkanten, Biegen, Treiben etc. bilden sie das, was man als Schmieden aus dem Stück zu bezeichnen pflegt im Gegensatz zur kalten Bearbeitung, Vernietung, Verschraubung etc. Hierbei ist der richtige Kunstschmied in seinem ureigentlichen Element, und hier kann er vor allem zeigen, was er kann.

2. Das Richten, Biegen, Winden und Ausrollen.

Diese Vorgänge kommen bei kaltem und warmem Zustande des Materials in Anwendung, je nach der Grösse der Stücke und nach der Güte des Materials. Je geringer die Stärken und je zäher und weicher das Eisen, desto eher ist die kalte Behandlung zulässig. Glühend ist das Material unter allen Umständen bildsamer.

Das **Richten** muss verbogenen oder windschief gewordenen Stücken wieder die richtige Gestalt geben. Es erfolgt durchschnittlich mit dem Hammer auf dem Ambos oder einer besonderen Richtplatte, erfordert eine gewisse Geschicklichkeit und einen richtigen Blick. Es sind vornehmlich Stangeneisen und Bleche, die dem Richten unterliegen.

Das **Biegen** kann verschiedener Art sein. Das Abbiegen im rechten Winkel erfolgt durch Herumschlagen über eine Kante des Amboses, seines kantigen Hornes oder der Richtplatte, durch Einspannen im Schraubstock etc. Runde Biegungen werden am runden Horn erzeugt; Ringe werden über Dorne, Spitz- und Ringstöcke geschlagen; starke Stangeneisen, Reife etc. werden mit Vorteil auf der Biegmaschine gebogen. Zum Biegen von Voluten und Spiralen dient bei kleinen Abmessungen die Sprenggabel, ein Instrument, das in den Schraubstock gespannt wird und oben in 2 Zapfen endigt, in welche der Stab eingeklemmt und dann umgedreht wird. Für spiralförmige Windungen benützt man auch besonders anzufertigende „Kerne", um welche das Eisen herumgebogen wird. Diese Kerne haben die nämliche Form, wie das zu biegende Stück, sind um die Eisenstärke des letzteren kleiner, d. h. enger gewunden und gewöhnlich aus einem starken Flacheisen hergestellt. Sie empfehlen sich besonders, wenn das nämliche Stück in grösserer Zahl herzustellen ist, wie z. B. für Geländergitter. Grosse flache Biegungen werden dadurch erzielt, dass man das an zwei Stellen aufliegende Stück in der Mitte nach unten schlägt. Bleche werden am besten auf Biegwalz- und Umkantmaschinen gebogen, wie sie die Blechner besitzen.

Das **Winden** oder **Torsieren** kommt für Vierkanteisen, Flacheisen und Kreuzeisen in Anwendung und ist in der Kunstschlosserei ein beliebtes Mittel, um die Wirkung der Stäbe an passenden Stellen zu erhöhen. Die Stäbe werden um ihre eigene Axe gedreht und je nachdem, wie weit dies fortgesetzt wird, fallen die Windungen steiler oder kürzer aus. Das Stück wird einerseits eingespannt und andererseits gedreht, was bei geringer Stärke von der Hand mit der Zange erfolgen kann, bei starken Eisen aber durch eine besondere Vorrichtung geschieht, die darin besteht, dass das freie Ende am Axenfortsatz eines auf einem Gestell befindlichen Griffrades eingespannt und durch Umdrehen des Rades entsprechend gewunden wird. Die Länge des zu windenden Teiles ergiebt sich durch die Art der Einspannung oder darnach, wie weit der Stab glühend gemacht worden ist. Sollen die Windungen genau gleichmässig ausfallen, so erfordert der ganze Vorgang eine gewisse Aufmerksamkeit. Gebogene gewundene Stäbe sind selbstredend erst in geradem Zustande zu winden und nachher entsprechend zu biegen. Kreuzeisen kommen auch gewunden in den Handel, ebenso Ziereisen (Fig. 26).

Das **Ausrollen** von Voluten und Spiralen besteht darin, dass diese zunächst in der Ebene hergestellten Biegungen nachträglich aus der Ebene herausgeholt werden, was für gewöhnliche Abmessungen keine Schwierigkeit bietet und durch Hämmern, Ziehen etc. geschehen kann. Nur grössere Stücke und solche, die schon mit Blättern etc. verziert sind, erfordern mehr Aufmerksamkeit. Je nach Lage der Sache kann man das Volutenauge auf einen Dorn aufsetzen und die übrige Partie der Reihe nach hinunterschlagen. Da auszurollende Bleche für Kartuschen und ähnliches eine derartige Behandlung nur in geringen Grenzen gestatten, so ist in diesem Fall auf eine richtige Abwickelung zu halten, d. h. das Blech muss eben ausgeschnitten schon die Form haben, dass es nach dem Umbiegen ohne weiteres die gewünschte Gestalt ergiebt.

3. Das Treiben, Auftiefen, Drücken und Pressen.

Diesen Behandlungsweisen werden hauptsächlich Bleche unterworfen und zwar gewöhnlich in kaltem Zustande.

Unter **Treiben** versteht man das Ausbiegen zu kugeligen und nicht abwickelbaren Buckeln etc., die mit dem Treibhammer oder mit einem passendem Setzhammer auf einer Unter-

Fig. 91.
Blechstreif vor und nach dem Treiben.

lage von Blei oder Holz ausgerundet werden. Für einfache Dinge hat der Vorgang keine Schwierigkeit, bei reicheren Formen wird er schon zur Kunst, der nicht jeder Schlosser gewachsen ist. Für oft vorkommende, in grösserer Zahl zu fertigende Stücke dieser Art empfiehlt es sich, ein Modell anfertigen und in Hartguss abformen zu lassen. In solchen Gesenken kann dann jeder tüchtige Arbeiter die Stücke herstellen. (Fig. 91.)

Buckeln in kleinem Massstabe zur Ausrundung von Blattspitzen etc. kann man mit Vorteil durch ein spezielles Instrument, das **Prelleisen**, erzielen, welches in Figur 92 abgebildet ist. Dasselbe wird im Schraubstock oder auf besonderem Klotz befestigt. Durch Aufschlagen mit dem Hammer in der Nähe der Befestigungsstelle federt der Arm, dessen umgebogene Spitze die Buckeln in das darauf niedergedrückte Arbeitsstück einhaut. Der obere Arm dient als Zeiger, damit die Erhöhungen an den richtigen Ort kommen.

Grosse, flache Wölbungen werden erzielt, indem man das betreffende Blech von der Mitte aus dem Rande zu fortschreitend kräftig mit dem Treibhammer bearbeitet. Dieses Verfahren wird als **Auftiefen** bezeichnet.

Das **Drücken** von Blechen zu schüssel- und wulstförmigen Rotationskörpern geschieht auf der Drehbank, indem das Material mit dem Druckstahl in entsprechende Formen oder Modelle hineingedrückt wird. Das Verfahren eignet sich weniger für Eisen-, als für Kupfer- und Messingbleche. Wenn der Schlosser derartige Dinge braucht, lässt er sie am besten in einem hierzu eingerichteten Geschäfte besorgen.

Das **Pressen** geschieht mit besonderen Maschinen. Kalt oder glühend werden aus Blechen oder vorgerichteten Eisenstücken Rosettenschalen, Lanzenspitzen etc. auf diesem Wege gefertigt. Wir werden gelegentlich auf diesen Fabrikationsartikel zurückkommen.

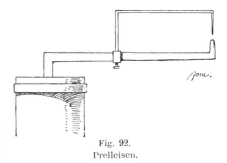

Fig. 92.
Prelleisen.

4. Das Punzen, das Gravieren, der Eisenschnitt und das Aetzen.

Diese Verfahren dienen alle zur Verschönerung der Oberfläche und kommen fast nur für kleine Kunstgegenstände in Anwendung, während sie mit der gewöhnlichen Schlosserei nichts zu thun haben.

Das **Punzen** geschieht mit ebenso genannten Stahlwerkzeugen, welche die Form abgekanteter verjüngter Stäbchen mit verschieden gestalteter Bahn (kugelig, hohlkugelig, sternförmig etc.) haben. Mittels der Punzen und des Punzhammers lassen sich kleine Buckeln und Vertiefungen in dünne Bleche einhauen, die, entsprechend verteilt und gereiht, Ornamente bilden oder press aneinander gesetzt zur Erlangung von gekörnten, gerippten, geperlten Flächen (Perlgrund, Sterngrund etc.) dienen. Das Punzen in diesem Sinne geschieht von der vorderen Seite. Es eignet sich besser für Kupfer und Messing als für Eisen. Die Stücke werden aufgekittet, d. h. mit einer Unterlage von einer siegellackartigen Masse aus Pech, venetianischem Terpentin und Ziegelmehl versehen, welche beim Punzen entsprechend nachgiebt und später abgelöst oder abgeschmolzen wird. In vielen Fällen genügt ein Auflegen auf Bleiplatten.

Auf stärkerem Eisen, z. B. auf Thürbändern, können ähnliche Verzierungen hergestellt werden, indem Punkte, gerade und gebogene Linien mit dem Spitzpunzen, mit dem Flachmeissel und dem Halbmondmeissel eingehauen werden. Derartig verzierte Beschläge zeigt Figur 93.

Das **Gravieren** besteht im Ausheben von flachen, meist linienartigen Vertiefungen vermittels des Stahlstichels (Ornamente und Schriften). Dieses Ausheben geschieht durch den Druck der Hand, seltener durch Aufschlagen mit dem Hammer. Es ist nicht Sache des Schlossers, sondern der gelernten Graveure, denen das im übrigen fertige Arbeitsstück zur Vollendung zugestellt wird.

Werden grössere Partien des Materials weggenommen und wird gewissermassen im Runden gearbeitet, so bezeichnet man dieses Verfahren als

Eisenschnitt oder **Schneiden in Eisen**. Der Eisenschnitt war früher vielfach in Anwendung für Schwertgriffe, Degenkörbe, Schlüsselgriffe und ähnliches. Der Eisenschnitt ist eine Kunst

84   III. Die Bearbeitung und Behandlung des Schmiedeisens.

für sich, die heute kaum mehr geübt wird. Figur 94 zeigt einen in Eisen geschnittenen Schlüssel.

Fig. 93. Beschläge aus Tirol. Aufgenommen von F. Paukert.

Das **Aetzen** war früher ebenfalls sehr beliebt. Waffen, hauptsächlich Hellebarten und Partisanen, aber auch Kassetten und Beschläge wurden auf diese Weise verziert. Das Verfahren ist für eine im Zeichnen geübte Hand verhältnismässig einfach, so dass es mehr in Anwendung kommen sollte, als zur Zeit der Fall ist. Das blanke Eisen wird erwärmt und mit Aetzgrund überzogen (Asphalt-Terpentinlack oder Wachs und Asphalt zu gleichen Teilen in Terpentin gelöst). In diesen Grund werden die Ornamente eingezeichnet, ausgeschabt etc., so dass das Metall wieder frei wird. Nun wird der Gegenstand mit einem Wachsrand versehen und die Säure aufgegossen, welche das Metall ausfrisst. Ein gutes, raschwirkendes Aetzmittel auf Eisen und Stahl ist folgendes:

    4 Teile konzentrierte Essigsäure,
    1 Teil absoluter Alkohol,
    1 Teil konzentrierte Salpetersäure.

Dieses Gemenge ätzt in wenigen Minuten ohne Aufbrausen. Nachdem die Aetzung tief genug erscheint, wird die Säure abgespült, das Stück getrocknet und der Aetzgrund mit Terpentinöl abgewaschen. Der Grund kann eingerieben oder schwarz ausgelegt werden (mit Lack, sog. kaltem Email). Man kann auch entgegengesetzt verfahren und auf das blanke Metall das Ornament, welches hoch stehen bleiben soll, mittels Pinsel und Asphaltkalk aufmalen und dann ätzen. In Figur 95 geben wir ein altes Thürschloss, das durch Aetzen und Gravieren verziert ist, in Figur 96 eine durch Aetzung verzierte Hellebarde.

Eine vorzügliche Aetzflüssigkeit für Messing, Kupfer und ähnliche Metalle ist eine Lösung von 1 Teil Eisenchlorid in $1\frac{1}{2}$ Teilen Wasser. Man ätzt 4 bis 8 Stunden.

5. Das Feilen, Schaben, Kratzen, Schleifen und Polieren.

Die gewöhnlichste Art der Oberflächenbehandlung in kaltem Zustande zum Zwecke der Verfeinerung ist diejenige mit der Feile.

Das **Feilen** geschieht mit den bereits beschriebenen Werkzeugen, vom Groben zum Feinen übergehend. Gewöhnlich wird das Arbeitsstück entsprechend eingespannt und die Feile (an beiden Enden oder nur am Griff gefasst) unter Druck nach vorn bewegt. Seltener wird der Gegenstand auf der ruhenden Feile bewegt oder eine Doppelbewegung hervorgerufen.

Das **Schaben** geschieht mit dem Schabstahl, der verschieden gestaltet sein kann, stets aber eine scharfe, tadellose Schneide haben muss. Zu schabende Flächen werden unter Umständen auf einer mit Farbe bestrichenen Richtplatte hin und her bewegt, um die wegzuschabenden Erhöhungen festzustellen.

Das **Kratzen** trägt ebenfalls zur Glättung der Oberfläche bei und erfolgt durch die Kratzbürsten, welche aus Messingdraht hergestellt sind. Es giebt Zirkularkratzbürsten (für Maschinenbetrieb), Handkratzbürsten, die die ungefähre Form von Zahnbürsten haben und Pinselkratzbürsten oder Kratzpinsel (eine Rolle Messingdraht ist zusammengefaltet, in der Mitte spiralig umwickelt, so dass ein cylindrischer Griff entsteht; am einen Ende steht der Draht in kleinen Schleifen vor, am anderen entsteht durch Aufschneiden der Schleifen eine Art Borstpinsel). Seifenwasser, Bierreste und ähnliche schleimige Flüssigkeiten kommen dabei in Anwendung, wenn nicht trocken gekratzt wird.

Fig. 94.
Alter Schlüssel, in Eisen geschnitten.

86 III. Die Bearbeitung und Behandlung des Schmiedeisens.

Das **Schleifen** kann je nach Lage des Falles am Schleifstein geschehen unter Beigabe von Wasser oder Oel, wie es ja hauptsächlich zum Schärfen von Werkzeugen in Uebung ist.

Fig. 95. Schloss im Bamberger Museum, durch Aetzung und Gravieren verziert.
Aufgenommen von G. Schaumann.

5. Das Feilen, Schaben, Kratzen, Schleifen und Polieren.

Das gewöhnliche Mittel zum Schleifen behufs Verfeinerung der Oberfläche ist der Smirgel, der in der Form von Pulver, von Smirgelpapier und Smirgelleinwand verwendet wird, trocken oder mit Anwendung von Wasser oder Oel. Der Vorgang ist je nach Art des Arbeitsstückes verschieden. Man hat Schleifbretter (mit Smirgelpapier oder Smirgelleinwand überzogen), auf denen man Flächen durch Hin- und Herbewegen abschleift. Man hat Schleifbürsten oder Schleiffeilen, das sind Holzstäbe, die mit dem Schleifmaterial passend überzogen werden und in den Formen wechseln; schliesslich kann man sich einen Schleifhobel zurecht machen (ähnlich einer Pferdebürste, an Stelle der Haare mit dem Schleifmaterial überzogen). Man benützt abgerissene Stücke von Smirgelpapier und Smirgelleinwand, um kleine Stäbe etc. zu schleifen oder bringt Smirgelpulver auf Lappen aus Leder, Filz oder Stoff, auf Blei etc. In allen Fällen wird auch hier vom Groben nach und nach ins Feine gearbeitet, wonach auch das Pulver, wie Papier und Leinwand in einer Anzahl verschiedener Nummern käuflich sind.

Das **Polieren** verleiht dem Arbeitsstück denjenigen Grad von Glätte, welchen man als Glanz bezeichnet. Es ist ein fortgesetztes Schleifen mit feinen Pulvern, die mit Oel, Seifenlösung oder anderen Flüssigkeiten auf weiche Leder oder Wolllappen aufgetragen werden. Als Polierpulver dienen Polierrot (rotes Eisenoxyd), Wiener Kalk, Zinnasche, Tripel, Bimsteinpulver u. a.

Eine andere Art des Polierens, die für unüberzogenes Eisen jedoch kaum in Anwendung sein dürfte, erfolgt mit dem Polierstahl oder mit dem Blutstein. Durch Bestreichen unter Druck werden hierbei die Rauhigkeiten in das Material niedergedrückt.

Fig. 96. Hellebarte.   Aufgenommen von A. Stebel.

Für Rotationskörper geschieht das Kratzen, Schleifen und Polieren am besten auf der Drehbank, wie andererseits das Abdrehen in diesem Falle das Feilen und Schaben ersetzt.

6. Die Mittel zum Schutze des Eisens.

Neben seinen vorzüglichen Eigenschaften hat das Eisen auch einige schlechte. Dazu gehört in erster Linie die Neigung, unter der Einwirkung von Luft und Feuchtigkeit zu oxydieren. Blankes Eisen überzieht sich in kurzer Zeit mit einer rotgelben oder rotbraunen, abfärbenden Schicht von Eisenoxydhydrat oder mit anderen Worten: es rostet. Der Rost giebt nun zunächst der Oberfläche ein unschönes, schmutziges Aussehen; ausserdem aber zerfrisst er das Aeussere und schliesslich das ganze Stück, wenn keine Vorkehrungen zum Schutze getroffen werden.

Die Mittel zum Schutze sind verschiedener Art; sie haben vielfach gleichzeitig den Zweck, die Oberfläche zu verschönern. Sie laufen alle darauf hinaus, den Angriff der Atmosphärilien abzuschwächen oder aufzuheben. Man kann allgemeinhin unterscheiden zwischen Mitteln, welche durchsichtig oder durchscheinend sind und das Eisen noch in seiner eigentlichen Farbe erkennen lassen und solchen, welche undurchsichtig sind und der Oberfläche ein anderes Aussehen geben. Die ersteren eignen sich besonders für blanke Sachen. Alle Schutzmittel setzen ein vorhergehendes Reinigen von Rost, Zunder etc. voraus, wenn sie von Wirkung sein sollen. Eine metallisch reine Oberfläche wird u. a. erreicht durch das

Beizen oder **Decapieren.** Es besteht darin, dass man die Stücke mit verdünnter Schwefelsäure (1 Teil Säure auf 10 bis 100 Teile Wasser) behandelt, bis sie blank sind, dann in Wasser abspült und in Sägespänen trocknet. Auf ähnliche Weise entfernt man die Gusshaut gegossener Stücke, wo sie ihrer Härte wegen unbequem ist. Ein ähnliches Vorgehen besteht im Abwaschen der Eisenteile mit verdünnter Salzsäure und nachfolgendem Abspülen mit Kalkwasser.

Das **Braunmachen**, **Bräunen** oder **Brünieren** besteht darin, dass man das Eisen künstlich mit einer Schicht von Eisenoxyduloxyd überzieht. Dieser Edelrost schützt dann das Eisen gegen den gewöhnlichen Rost. Da dieses Verfahren gewöhnlich nur für Gewehrläufe und andere Waffenteile, seltener für Schlosserarbeiten in Anwendung ist, so mögen die verschiedenen Rezepte für Brünierflüssigkeiten und Brüniersalze hier fortbleiben. Auf Werkzeugen, die viel gebraucht werden, bildet der genannte Edelrost sich vielfach ohne besonderes Zuthun.

Ein Verfahren, das sich sehr wohl für Schlosserarbeiten, besonders für Leuchter, Träger und kleine Füllungen eignet, besteht in dem

Schwärzen, **Schwarzbrennen** oder **Abbrennen.** Man taucht die Stücke in Oel, Fett oder geschmolzenes Wachs oder bestreicht sie allseitig hiermit und brennt diesen Auftrag über dem Feuer ab. Das Anräuchern über Kienholzfeuer thut ähnliche Dienste. Man kann auch zu Terpentinöl konzentrierte Schwefelsäure tropfenweise unter Umrühren zusetzen und den syrupartigen Niederschlag gut mit Wasser auswaschen, die Stücke mit dieser Masse bestreichen und abbrennen. Die eingebrannten Stücke werden abgebürstet und mit leinölgetränkten Lappen abgerieben. Das Abbrennen ist dauerhaft und giebt eine gute Wirkung, wenn es richtig gemacht wird.

Blanke Sachen schützt man auch durch

Wachsen, **Firnissen** und **Lackieren.** Dünn aufgetragen schützen diese Ueberzüge nicht sehr, und bei dickerem Auftrag werden die Stücke leicht schmierig und unangenehm glänzend. Zum Zwecke des Wachsens löst man weisses Wachs in Terpentinöl oder Paraffin in Benzin und bestreicht mit diesen Lösungen die Gegenstände in sauberem, gleichmässigem Auftrag. Terpentin und Benzin verdunsten und lassen den schützenden Wachs- oder Paraffinüberzug zurück.

Oelfirnisse werden durch Erhitzen von Leinöl, Hanf-, Mohn- oder Nussöl erhalten, dem man Bleiglätte, Mennige oder Manganoxydulhydrat zusetzt.

Terpentinölfirnisse sind Lösungen von Harzen in Terpentin- oder in Steinkohlenteeröl.

Oellackfirnisse sind Lösungen von Kopal oder Bernstein in kochendem Oelfirnis.

Spirituslacke sind Lösungen von Schellack, Mastix, Bernstein, Kolophonium u. a. in Spiritus.

Soll die natürliche Farbe des Eisens möglichst beibehalten werden, so sind entsprechend farblose Lacke und Firnisse zu wählen, weil gelbe und braune Lacke die Stücke mit gelblichem Schein behaften. Wird der letztere intensiv gewünscht, so setzt man den Ueberzügen Drachenblut oder andere Farben bei. Kleine Gegenstände taucht man ein und lässt sie abtropfen, grössere bestreicht man gleichmässig. Ein Vorwärmen der Stücke auf 50 bis 70° ist sehr zu empfehlen, da der Ueberzug viel hübscher ausfällt und besser haftet. Sind mehrere Aufträge erforderlich, so müssen die vorangegangenen gut aufgetrocknet sein, bevor die neuen erfolgen.

Grosse, hauptsächlich für das Freie bestimmte Stücke, Geländer, Füllungen, Wetterfahnen etc. schützt man allgemein und wohl auch am besten durch

Anstreichen, wozu man sich der Oelfarben, des Eisenlackes, Asphaltlackes, Teerlackes etc. bedient. Für untergeordneten Anstrich ist ein bekannter Lack: 1 Asphalt, 1 Kolophonium, in 8 Teilen Terpentinöl gelöst. Der gewöhnliche Oelfarbenanstrich geschieht in dreimaligem Auftrag. Zum Grundieren benützt man einen schnell trocknenden Leinölfirniss mit einem Zusatz von Mennige, Bleiweiss oder Graphit. Die Farbe der zwei weiteren Anstriche ist willkürlich; in den zuletzt aufgetragenen Lackfirnis können vor dem völligen Trocknen auch feine Bronzepulver mit dem Pinsel aufgestaubt werden (Bronzieren). Neuerdings wird als bestes Anstreichmittel für Eisen die Schuppenpanzerfarbe von Dr. Graef & Cie. in Berlin empfohlen. Der Anstrich bildet eine elastische, kautschukartige Haut, welche rasch trocknet, nicht abblättert und den Temperatur- und Witterungseinflüssen gut widersteht. Der Anstrich erfolgt in dreimaligem Auftrag. Das Kilo Farbe kostet 1 M.

Es ist allgemein üblich, die Gegenstände schwarz oder grau zu streichen, weil diese Farben der natürlichen Eisenfarbe am nächsten stehen. Es hat aber keinerlei Bedenken, Eisensachen auch vielfarbig zu bemalen, wie dies ja auch zur Zeit der Renaissance üblich war. Doch setzt diese Behandlung Geschmack und Farbensinn voraus und kann nur von künstlerisch geübten Händen besorgt werden, wenn das Ergebnis befriedigen soll.

Unsere erfindungsreiche Zeit hat ausserdem eine grössere Zahl chemischer Präparate auf den Markt gebracht, die als Schutzmittel gegen das Rosten sich mehr oder weniger gut bewährt haben (Rahtjen's Patent-Komposition, die Tauchlacke von Grosse & Bredt, Berlin SW.).

In Nachstehendem bringen wir aus der Zeitschrift „Erfindungen und Erfahrungen" eine Zusammenstellung von Mitteln gegen Rost, die sich hauptsächlich auf den Schutz der Werkzeuge beziehen.

1. Kautschuköl soll eine erprobte Kraft haben, das Rosten zu verhindern, weshalb dies Mittel auch in der deutschen Armee eingeführt ist. Man braucht dies Oel nur ganz dünn mittels eines Flanelllappens auf die Metallfläche zu streichen und trocknen zu lassen. Solch ein Ueberzug übt einen Schutz gegen alle atmosphärischen Einflüsse aus und selbst nach mehrjähriger Dauer wird sich kein Rost unter dem Mikroskope zeigen. Zur Entfernung des Ueberzuges braucht man den Gegenstand nur wieder mit Kautschuköl zu bestreichen und letzteres nach 12 bis 24 Stunden abzuwischen.

2. Eine Auflösung von Kautschuk in Benzin hat sich gleichfalls als ein einfaches Mittel erwiesen, Eisen und Stahl vor der Oxydation zu schützen. Die Masse lässt sich leicht mittels eines Pinsels aufstreichen und ebenso leicht wieder abreiben. Dieselbe sollte so hergestellt sein, dass sie die Konsistenz des Rahms besitzt.

3. Kalk. Alle Stahlartikel können vollkommen vor dem Roste geschützt werden, wenn man sie in einen Klumpen frisch gebrannten Kalks steckt, welchen man in dem zum Aufbewahren der Werkzeuge dienenden Kasten

vorrätig hält. Wenn die betreffenden Gegenstände oft weggenommen werden, wie es z. B. bei einer Flinte der Fall ist, mag man den Kalk in einen Musselinebeutel thun. Dies ist namentlich bei gebrochenen Eisenstücken zu empfehlen, denn an einem verhältnismässig trockenen Platze braucht der Kalk jahrelang nicht erneuert zu werden, da er imstande ist, eine grosse Menge Feuchtigkeit aufzunehmen. Gegenstände, welche im Gebrauche stehen, sollten in einen mit gepulvertem gelöschten Kalk ziemlich angefüllten Kasten gelegt und vor jeder Benutzung mit einem Wollentuch gut abgerieben werden.

4. Folgende Mischung bildet einen ausgezeichneten braunen Ueberzug, um Eisen und Stahl vor dem Rosten zu bewahren: Man löst 2 Teile krystallisiertes Chloreisen, 2 Teile Chlorantimon und 1 Teil Tannin in 4 Teilen Wasser, trägt diese Lösung mittels eines Schwammes oder Lappens auf und lässt sie trocknen. Dann macht man einen zweiten Anstrich und — wenn nötig — einen dritten, bis die Färbung die gewünschte Dunkelheit erhält, wenn trocken, wäscht man den Gegenstand in Wasser, lässt ihn wieder abtrocknen und poliert dann die Fläche mit gekochtem Leinöl. Das hierzu benützte Chlorantimonium muss aber so neutral als möglich sein.

5. Man löse 30 Gramm Kampher in 1 Pfund geschmolzenen Fettes, nehme den Schaum ab und schütte so viel Graphit hinzu, bis das Gemenge eine Eisenfarbe erlangt hat. Nach gehöriger Reinigung der Werkzeuge beschmiere man dieselben mit dieser Masse und reibe sie nach 24 Stunden mittels eines weichen Leinentuches ab. Unter gewöhnlichen Verhältnissen werden sich so die Werkzeuge monatelang rein erhalten.

6. Man lege 1 Liter frisch gelöschten Kalk, $1/2$ Pfund Waschsoda und $1/2$ Pfund Schmierseife in einen Eimer mit hinreichendem Wasser zur Bedeckung der Stoffe. Hier hinein lege man die Werkzeuge baldmöglichst nach ihrem Gebrauch und trockne sie am nächsten Morgen ab oder lasse sie noch liegen, bis sie wieder gebraucht werden.

7. Schmierseife mit der Hälfte ihres Gewichts von Perlasche. 10 Gramm dieser Mischung in etwa 1 Liter kochenden Wassers steht täglich in den meisten Maschinenwerkstätten zum Gebrauch bereit in den Tropfkannen, welche man beim Drehen langer Gegenstände aus Eisen oder Stahl anwendet. Die Arbeit, obgleich meist feucht, rostet nicht. Um Schraubenmuttern blank zu erhalten, bis man sie braucht, legt man sie hier hinein.

8. Man schmelze 6 bis 8 Teile Fett mit 1 Teil Harz langsam zusammen und rühre die Masse um, bis sie erkaltet; in halbflüssigem Zustande ist sie brauchbar; wenn zu dick, kann man sie mit Kohlenöl oder Benzin verdünnen. Auf blanke Flächen dünn aufgerieben, erhält sie denselben die Politur und kann leicht wieder abgerieben werden.

9. Um Metalle, wie z. B. poliertes Eisen oder Stahl, vor der Oxydation zu schützen, muss man die Luft und Feuchtigkeit von der wirklich metallischen Fläche abhalten, weshalb ja auch polierte Werkzeuge gewöhnlich in Oeltuch oder Brauntuch eingewickelt werden und, so geschützt, ihre Flächen fleckenlos auf unbestimmte Zeit bewahren. Wenn aber diese Metalle zum Gebrauche wieder der Luft ausgesetzt werden, ist es nötig, dieselben mittels einer bleibenden Zurichtung zu schützen, und hierzu ist kochendes Leinöl, welches beim Trocknen ein dauerndes Häutchen bildet, eines der besten Mittel, zumal wenn man es durch Beifügung eines Pigmentes verdickt. Als solches dient am besten seiner nahen Verwandtschaft halber ein gemahlenes Oxyd desselben Metalls oder fein gepulvertes gerostetes Eisen zur Behandlung von Eisen und Stahl, wodurch ein Rotoxydanstrich gebildet wird.

10. Man lösche in einem bedeckten Topfe ein Stück frischen Kalk mit nur so viel Wasser, dass er krümelt. Während dieser Kalk noch heiss ist, knetet man ihn mit Talg zu einem Teig und überzieht damit blanke Gegenstände. Der Ueberzug ist leicht wieder abzureiben.

11. Olmsteads Firnis besteht aus einer Schmelzung von 60 Gramm Harz und 1 Pfund frischem Fett; erst schmilzt man das Harz, dann das Fett und vereinigt beide gründlich mit einander. Dieser Firnis wird warm auf das zuvor vollkommen gereinigte Metall aufgetragen. Auch dieser Ueberzug lässt sich wieder abreiben; derselbe hat sich seit Jahren gut bewährt und eignet sich besonders für abgeschlichtete Flächen und russisches Eisen, welchen schon der geringste Rost viel schadet.

Eine andere Methode zum Schutze des Eisens gegen Rosten beruht darauf, die Stücke mit anderen, weniger oxydierenden Metallen zu überziehen; so kann z. B. das Eisen verbleit, verzinnt, verzinkt, (galvanisiert), verkupfert, vermessingt, vernickelt, versilbert und vergoldet werden. Wenn der Ueberzug durch Eintauchen in das geschmolzene Metall erfolgt, so nennt man dies auf trockenem Wege. Zu den nassen Wegen gehören die galvanischen Niederschläge und das Eintauchen in Lösungen, welche ohne Hilfe der Elektrizität die betreffenden Metalle ausscheiden. Von diesen zahllosen Verfahren kommen für den Schlosser nur wenige in Betracht:

Das **Verzinnen** und **Verzinken** auf trockenem Wege durch Eintauchen der gereinigten und erhitzten Stücke in geschmolzenes Zinn oder Zink. Die Verzinnung von Beschlägen war lange Zeit allgemein üblich.

Die **Vernickelung** auf galvanischem Wege. Sie giebt einen guten Schutz bei schönem Aussehen. In jeder grösseren Stadt sind heute Vernickelungsanstalten, welche dieses Geschäft übernehmen. Ebenso können Gegenstände in die Versilberungs- und Vergoldungsanstalten gegeben werden, wenn das Ueberziehen auf nassem Wege geschehen soll.

Die **Feuervergoldung** ist die beste aber auch teuerste Vergoldungsart; das Gold wird als Amalgam aufgetragen und das Quecksilber durch Erhitzen verdampft.

Eine andere Art der Vergoldung besteht darin, dass man polierte und völlig reine Eisen- und Stahlsachen mit einer Lösung von Borax in Gummiwasser gleichmässig bestreicht und nach dem Trocknen Glanzgold, wie es die Porzellanmaler gebrauchen, aufträgt. Hierauf erwärmt man erst langsam, erhitzt dann rasch bis zur Rotglut und lässt langsam erkalten. Das Verfahren kann wiederholt werden, um eine stärkere Vergoldung zu erzielen.

IV. DIE ÜBLICHEN EISENVERBINDUNGEN.

Die Verbindung getrennter Eisenteile erfolgt auf mancherlei Weise. Verbindungen auf warmem Wege werden durch Schweissen und Löten erzielt. Die Verbindungen auf kaltem Wege sind entweder lösbar wie bei der Verschraubung und Verkeilung oder nicht auf Lösbarkeit berechnet, wie bei der Vernietung, Verkittung etc. Für besondere Fälle kommen ausserdem in Betracht die Verzapfung, Falzung, die Durchschiebung, der Bund etc.

1. Das Zusammenschweissen.

Die wirksamste und der Kunstschmiedetechnik am besten entsprechende Verbindung erfolgt durch das Zusammenschweissen der einzelnen Teile zu einem Stück. Diese Verbindungsart ist allerdings gewöhnlich nicht die einfachste und nächstliegende, so dass aus Gründen einer billigen Herstellung häufig zu anderen Hilfsmitteln gegriffen wird. Kleine Stücke sind ja unschwer durch Anschweissen zu verbinden; sobald das Arbeitsstück aber eine gewisse Grösse und Schwere erreicht, so wird es unhandlich und lässt sich nur mit grossem Aufwand an Mühe und Zeit in die zur Schweissung jeweils nötige Lage für die Erhitzung und Bearbeitung unter dem Hammer bringen. Deswegen sind ausnahmsweise grosse, aus dem Stück geschmiedete Gegenstände stets der Bewunderung des Fachkenners sicher. Wir bilden in Figur 97 zwei überaus geschickt gearbeitete Stücke ab, welche dem Verfertiger, F. Brechenmacher in Frankfurt a. M., allseitige Anerkennung zuzogen, als sie im Jahr 1887 auf der Karlsruher Schmiedeisenausstellung erschienen.

Für grosse Gitter und Thore, die ja unmöglich aus einem Stück gearbeitet werden können, kann es sich also nur um eine passende Zerlegung in Einzelteile handeln, die dann durch Vernietung, Verschraubung etc. schliesslich zu einem Ganzen zusammengefügt werden.

Ueber den Vorgang beim Schweissen ist das Nötige bereits im vorangegangenen Abschnitt erwähnt worden.

2. Das Löten.

Unter Löten versteht man die Verbindung zweier getrennter Metallteile durch ein leichter zu schmelzendes drittes Metall, das Lot. Je nach Art der zu verbindenden Metalle und der nötigen

Erhitzung unterscheidet man zahlreiche Lotarten. Im allgemeinen kann man unterscheiden zwischen Weichlot oder Hartlot. Das Weichlöten oder Weisslöten geschieht gewöhnlich mit dem Lötkolben; als Lot dient Zinn oder Mischungen von Zinn, Blei und Wismut. Es kommt für die Schlosserei kaum in Betracht. Wichtiger dagegen ist das Hartlöten, weil auf diese Weise verbundene Stücke das Hämmern, Biegen etc. bis zu einem gewissen Grade aushalten. Als Lot dienen hierbei Kupfer oder Messing und ähnliche Legierungen, als Schlaglot bezeichnet; für ganz feine Arbeiten, wo das gelbe oder rote Lot die Wirkung stören würde, ausnahmsweise auch Silber.

Fig. 97.
Ornamentale Detailstücke, aus dem Stück geschmiedet von F. Brechenmacher in Frankfurt a. M., etwa $1/10$ nat. Gr.

Ganz kleine Dinge lötet man mit Hilfe des Lötrohres, grössere jedoch auf dem gewöhnlichen Schmiedfeuer oder auf besonderen Lötfeuern, wobei Holzkohle oder Koks verwendet werden. Der Vorgang ist folgender:

Die zu lötenden Stellen müssen metallisch rein und frei von Oxyd sein. Durch Aufstreuen von Boraxpulver oder Bestreichen mit Boraxbrei werden sie während des Lötens vor Oxydation geschützt. Damit die Teile während des Lötens ihre Lage behalten, werden sie vorläufig mit Draht umwickelt oder anderweitig provisorisch verbunden. Das Hartlot, Spreng- oder Schlaglot wird in Form kleiner Körner oder Späne aufgebracht. Man kann die Lotstelle in Lehm verpacken, welcher durch Mischung mit Pferdemist oder anderen Stoffen bündiger gemacht wird. Zum Löten ist Glühhitze erforderlich; die Verbindung tritt ein, wenn das Lot zu schmelzen beginnt, was sich durch Grünfärben der Flamme anzeigt. Benützt man als Lot zinkhaltige Legierungen, so gilt als Regel: Je grösser der Zinkgehalt, desto heller die Farbe des Lotes, desto niedriger die Schmelztemperatur und desto geringer die Festigkeit der Verbindung.

3. Das Nieten.

Kaum eine andere Verbindungsart wird in der Schlosserei so häufig angewendet als das Nieten, was durch die Einfachheit des Verfahrens begründet ist. Die Nieten sind sozusagen die Nägel des Schlossers. Durch Nieten lassen sich getrennte Eisenteile sowohl fest als drehbar verbinden. Zwei Stücke können in der Weise verbunden werden, dass der eine Teil den Nietzapfen bildet, während der andere das Nietloch enthält. Einen derartigen Fall veranschaulicht Figur 98a. Der gewöhnliche Fall ist jedoch so, dass beide Stücke gleichmässig durchlocht werden und die Verbindung durch einen besonderen Nietnagel erfolgt. Der Nietnagel ist entweder ein cylindrischer Stift, der beiderseits verhämmert wird (Fig. 98b) oder er hat einerseits einen Nietkopf, während das andere Ende verhämmert wird (Fig. 98c). Es kann jedoch auch am zweiten Ende mittels des Nietstempels ein ähnlicher Kopf angestaucht werden (Fig. 98d). Der am Nietnagel von vornherein vorhandene Nietkopf (Setzkopf) wird in diesem Fall in ein entsprechendes Gesenke gelegt, damit er nicht breitgeschlagen wird. Schliesslich können auch beide Enden des Nagels versenkt werden, indem man die Nietlöcher mit dem Versenker kegelförmig erweitert und die Nietnagelenden in diese Vertiefungen einschlägt (Fig. 98e).

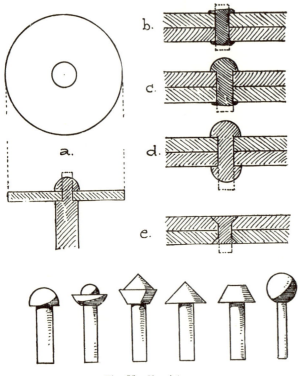

Fig. 98. Vernietung.

Die Grösse der Nietnägel und Nietlöcher richtet sich nach den Abmessungen der zu verbindenden Stücke. Man unterscheidet lange und kurze Blechnieten, Fassnieten, Kesselnieten, Nietnägel etc. Kleine Gegenstände werden kalt genietet, grössere in glühendem Zustande. Nietnägel mit flachen, konischen, kugeligen und halbkugelförmigen Köpfen werden fabrikmässig hergestellt und sind vorrätig zu haben. Sie werden nach dem Tausend, nach dem Hundert oder nach dem Gewicht verkauft. Für Geländergitter werden neuerdings Nieten mit Kugelknöpfen häufig benützt; kommt der Kopf auf ein durchlochtes, schüsselförmiges Blech zu sitzen, welches sich vor die zu vernietenden Teile einschiebt, so entstehen einfache Rosetten von guter Wirkung.

4. Das Verschrauben.

Während die Vernietung da angebracht ist, wo man zunächst an eine Lösung der Verbindung nicht denkt, so greift man hauptsächlich zur Verschraubung, wo gelegentlich die Verbindung wieder aufgehoben werden soll. Von der Verschraubung wird in der Schlosserei ebenfalls der ausgiebigste Gebrauch gemacht.

Zwei Stücke können in der Weise mit einander verbunden werden, dass der eine Teil die Schraube, der andere das Muttergewinde angearbeitet erhält (Fig. 99a). Der gewöhnliche Fall ist jedoch auch hier so, dass beide Teile ein gleichartiges Muttergewinde enthalten, in welches ein besonderer Schraubenbolzen eingreift und die Verbindung bewirkt. Das eine Ende der Schraube kann dann einen Schnittkopf haben, der vorstehend wie ein Nietkopf gebildet oder versenkt wird, während das andere Ende mit der Fläche bündig gefeilt wird (Fig. 99b und c). Oder der

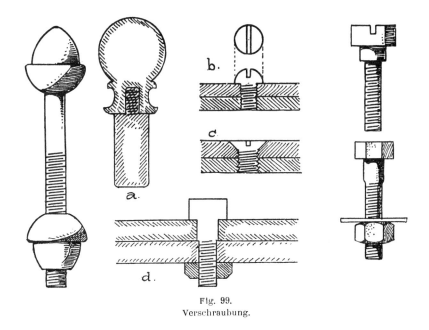

Fig. 99.
Verschraubung.

Schraubenbolzen hat einerseits einen runden oder kantigen Kopf nach Art der Niete, während am anderen vorstehenden Ende eine Schraubenmutter angezogen wird, welche man gerne mit einer Blechscheibe unterlegt (Fig. 99d). Diese letztere Verbindung wird mittels des Schraubenschlüssels gelöst, die vorgenannten Arten dagegen mittels des meisselartigen Schraubenziehers.

Die Schraubenbolzen werden mit und ohne Gewinde fabrikmässig hergestellt. Ebenso die Mutter- oder Maschinenschrauben mit vier- und sechskantigen, halbrunden und versenkten Köpfen, mit vier- oder sechskantigen Muttern in allen möglichen Stärken mit und ohne Unterlagscheiben. Man unterscheidet kalt und warm gepresste, geschmiedete, gedrehte, gefräste und blank polierte Ware etc. Man rechnet vielfach nach Nummern oder nach Bolzenstärke in Zoll engl. von $1/4$ bis $1 1/2$ und verkauft nach dem Hundert.

Zu erwähnen wären schliesslich noch die sog. Schraubensicherungen, d. h. die ebenfalls fabrikmässig hergestellten, federnden Unterlagscheiben, Federringe, Spiralfederscheiben etc.

IV. Die üblichen Eisenverbindungen.

Ferner muss an dieser Stelle der Röhrenverschraubungen gedacht werden, weil sie nicht nur für Rohrleitungen nötig fallen, sondern auch anderweitig in Betracht kommen. So bildet man z. B. Einfassungen und Brustgeländer aus Röhren, und ebenso sind sie vielfach in Anwendung für grössere Hängeleuchter und Kandelaber. Ausser den geraden und gebogenen Rohrstücken kommen hierbei die verschiedenen Verbindungstücke in Betracht, welche im Material des Schmiedeisens und des schmiedbaren Eisengusses mit und ohne Gewinde geliefert werden. Es sind dies: gerade Muffen, Reduktionsmuffen, rechtwinkelige und viertelskreisförmige Kniestücke, T-Stücke und Kreuzstücke. Diese Verbindungsstücke sind entsprechend dicker als die Röhren und enthalten im Innern der Enden die Muttergewinde, während die Röhren selbst gewissermassen als hohle Schraubenbolzen auftreten. Die Röhrenverschraubung kommt vielfach gleichzeitig mit der Verkittung in Anwendung, wo es sich wie bei Gasleitungen um möglichst vollständige Dichtung handelt.

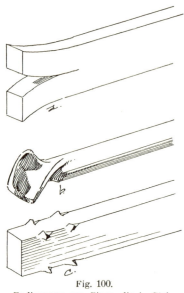

Fig. 100.
Endigungen von Eisen, die in Stein befestigt werden.

5. Das Verkitten.

In Bezug auf die Verkittung ist zunächst auseinander zu halten, ob es sich um eine Verkittung von Metallteilen unter sich, oder ob es sich um das Einkitten von Eisen in andere Materialien, z. B. Stein handelt.

Durch Verkittung von Metallteilen unter sich lässt sich im allgemeinen eine gute Verbindung nur dann erzielen, wenn die Einzelteile durch Ineinanderpassen schon eine gewisse Festigkeit erhalten, wie dies etwa bei übereinandergeschobenen Röhren der Fall ist. Es giebt eine grosse Zahl von Rezepten für derartige Kitte, die hier nicht alle aufgeführt werden können. Die Zusammensetzungen schwanken nach den gemachten Anforderungen, d. h. ob der Kitt feuerfest, wasserfest, säurefest etc. sein soll.

Als Kitte werden empfohlen:
1. Mennige oder Bleiweiss, mit dickem Leinölfirnis verarbeitet;
2. Bleiglätte und Mennige, zu gleichen Teilen mit Glycerin zu einem dicken Brei gerührt;
3. Schlemmkreide mit Eiweiss geknetet;
4. 1 Kochsalz, 5 Lehm, 20 Eisenspäne mit Essig angerührt.

Ein Kitt, den man zum sog. Löten auf kaltem Wege verwendet, wenn die zu verbindenden Teile nicht erhitzt werden dürfen, besteht aus: 6 Schwefel, 6 Bleiweiss, 1 Borax mit Schwefelsäure. Die gekitteten Teile sind eine Woche lang aufeinander gepresst zu halten.

Dass bei allen Kittereien die zu verbindenden Teile ordentlich rein sein müssen, versteht sich von selbst. Auch werden alle Verbindungen fester, wenn die Verkittung unter Druck erfolgt.

Zum Einkitten von Eisen in Stein, wie es hauptsächlich für Geländergitter, für die Vorreiber von Aussenläden u. a. nötig wird, bedient man sich für gewöhnlich folgender Mittel:
1. Gips oder Zement, mit Feilspänen gemengt und mit Wasser zu einem Brei angerührt, in die Löcher eingegossen, eingestrichen oder eingespachtelt. Um das Haften des Breies am Stein zu erleichtern, werden die Lochwände mit Wasser angefeuchtet;

5. Das Verkitten.   97

2. Schwefel, geschmolzen und in die Fugen gegossen;
3. Blei, geschmolzen, in die Fugen gegossen und mit dem Meissel festgestemmt.
Aus Thon oder Lehm lassen sich kleine Mäntel oder Einfülltrichter bilden.
Das Ausgiessen mit Blei empfiehlt sich sehr, das mit Schwefel jedoch nicht, weil es häufig zum Ruin der Steine führt, die gesprengt werden. Das sog. Eindübeln oder Verkeilen mit

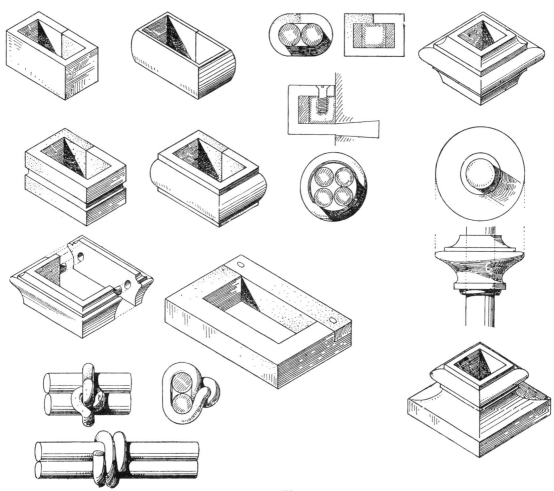

Fig. 101.
Der Bund und ähnliches.

Holzspänen taugt nichts und kann nur für die Befestigung kleiner Kloben in Betracht kommen. Den festesten Verband giebt der Zement; aber er braucht einige Tage zum Erhärten. Die in den Stein zu hauenden Löcher erweitern sich am Ende und die Eisenteile ebenfalls. Kanteisen haut man gabelförmig auf (Fig. 100a) oder versieht sie auf den Kanten mit Widerhaken (Fig. 100c). Rundeisen werden am Ende breitgeschlagen und schraubenförmig umgedreht. (Steinschrauben.)

6. Der Bund.

Eine wichtige und oft angewendete Verbindung ist der Bund. Mittels desselben werden insbesondere in Gittern für Geländer, Füllungen etc. die Stäbe und gebogenen Teile da zusammengefasst, wo sie sich berühren. Der Bund hat einerseits den Zweck, die Einzelteile vor dem Durchbiegen zu schützen und das Ganze zu versteifen. Andererseits trägt er in vielen Fällen auch zur Verzierung bei, weil bei passender Anordnung der Bünde gewisse Stellen hervorgehoben werden und dadurch eine wohlangebrachte Unterbrechung in den glatten Liniengängen entsteht. Vielfach greift man auch zum Bund, wo mit Nietungen und Verschraubungen schwer beizukommen ist.

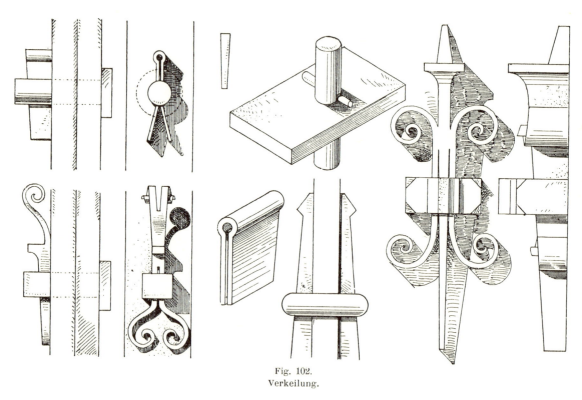

Fig. 102.
Verkeilung.

Der Bund erscheint gewissermassen als eine Art von Kettenglied von viereckiger oder runder Form, gebildet aus Flacheisen, Rundeisen, Halbrundeisen, Façoneisen etc. Er wird in kleinen Abmessungen durch Umbiegung hergestellt und auf der Rückseite stumpf gestossen. Grosse, schwere Bünde werden besonders geschmiedet und bestehen dann öfters aus zwei Stücken, die überplattet, verschraubt, vernietet etc. werden. Reich profilierte Bünde werden auch in Eisen oder Messing gegossen. Sie können dann nicht immer nachträglich umgelegt werden, sondern die Einzelteile werden vor der Fertigstellung schon durch den Bund geschoben. Damit der Bund nicht fortrutschen kann, wird er an passender Stelle angeschraubt oder angenietet, bei welcher Gelegenheit er dann öfters eine Rosette als schmückende Zugabe erhält.

Halbe Bünde, einerseits offene Bünde kommen in Anwendung an den Rändern von Füllungen, um einzelne Bögen mit dem Rahmeneisen zu verklammern; sie können mit letzterem verschraubt oder vernietet werden oder aber auch zur Befestigung der Füllung im Stein benutzt werden.

Hierher können auch die gegossenen und geschmiedeten Teile gerechnet werden, welche als Zierrat über einzelne Stäbe geschoben werden, sei es um ein Fussglied zu bilden oder eine passende Stelle hervorzuheben. Von einem Bund kann man dabei nicht wohl reden, weil es dabei nichts zum Zusammenhalten giebt (falscher Bund, Scheinbund).

Die Figur 101 zeigt einige Beispiele, welche das Vorstehende erläutern mögen.

7. Die Verkeilung, das Aufspannen.

Die Verbindung durch Verkeilen ist im allgemeinen eine gute; sie wird jedoch selten angewendet. Sie wird lösbar und unlösbar durchgeführt je nach dem vorliegenden Fall; das erstere

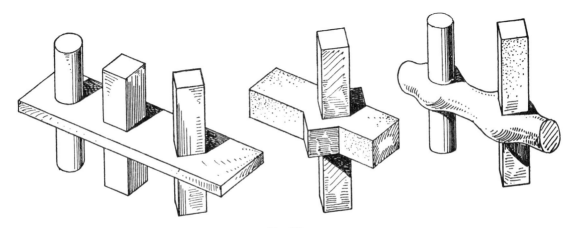

Fig. 103.
Durchschiebung.

ist das gewöhnliche. Die meist gebräuchliche Form ist diejenige der Schliessen und der Vorsteckstifte. Die letzteren werden öfters auch cylindrisch (Drahtstücke, Rundeisenstücke) genommen, wobei dann von einer Verkeilung nicht mehr wohl die Rede sein kann. In Figur 102 sind einige Beispiele von Verkeilungen dargestellt und ebenso eine durch Aufspannen erzielte Verbindung.

Unter Aufspannen versteht man das Antreiben von Ringen, Reifen, Klammern etc. in glühendem Zustande auf schwach verjüngte Partien. Nach dem Erkalten tritt eine Zusammenziehung ein, welche eine sehr feste Verbindung gewährt. Auf diesem Verfahren beruht ja auch bekanntermassen das Aufziehen oder Aufpressen der Radreife für Eisenbahnräder.

8. Die Durchschiebung, die Durchflechtung.

Zu den Eisenverbindungen muss auch der Fall gerechnet werden, wenn ein Stab durch den anderen hindurchgesteckt wird, was für Quadrat-, Rund- und Flacheisen häufig in Anwendung ist. Werden die Stäbe mit der Bohr- oder Lochmaschine gelocht, so tritt Materialverlust und Schwächung des Stabes ein, weshalb in vielen Fällen die Durchlochung mittels Aufhauens vor-

100 IV. Die üblichen Eisenverbindungen.

zuziehen ist. In Figur 103 bilden wir die gewöhnlichen Formen der Durchschiebung ab und ausserdem geben wir in Figur 104 eine Gitterfüllung aus dem 16. Jahrhundert, an welcher das Durchschieben der Stäbe mehrfach verwendet ist. Das Durchschieben kann so geschehen, dass ein Stab der Reihe nach die durchlochten anderen Stäbe durchläuft oder die Durchdringung kann abwechselnd erfolgen, so dass einmal der eine, das andere Mal der andere Stab gelocht ist. Diese letztere, verschränkte Art giebt eine viel bessere Verbindung als die erste, ist

Fig. 104.
Kreisfüllung von einem Hause in Augsburg.
Renaissance. 1550.

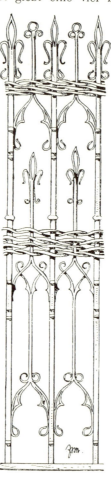

Fig. 106.
Gotisches Gitter aus der Kirche zu Breda. 15. Jahrhundert.

Fig. 105.
Kreisfüllung aus St. Salvator in Prag.
Renaissance.

aber umständlicher, weil das Eisen zwischen je 2 Durchschiebungen zusammengeschweisst werden muss.

Aehnlich in der Wirkung wie die rostartigen Partien, die in alten Gittern auf dem Weg der Durchschiebung erzielt wurden, sind die Durchflechtungen. Selbstredend ist hier die Verbindung viel geringer, wenngleich auch eine gewisse Versteifung des Ganzen erreicht wird. Ein derartiges Motiv zeigt Figur 105. Das Geflecht an dem Gitter der Figur 106 dagegen war wohl ursprünglich nicht beabsichtigt und ist später als Notbehelf wegen ungenügender Versteifung angebracht worden.

9. Das Ueberplatten, das Ueberkröpfen und das Anplatten.

Das Ueberplatten kommt zur Anwendung, wenn Flacheisen und quadratische Stäbe unter sich eine Kreuzung bilden. Aus jedem der sich kreuzenden Eisen wird die Hälfte des Querschnittes ausgefeilt, so dass sie bündig ineinander greifen können, um nachträglich noch vernietet oder verschraubt zu werden, wenn es nötig fällt. Da bei dieser Art von Ueberplattung das Material an der Verbindungsstelle auf die Hälfte geschwächt wird, so überplattet man, wenn keine Schwächung eintreten, soll in der Weise, dass der eine Stab durch entsprechende Aus-

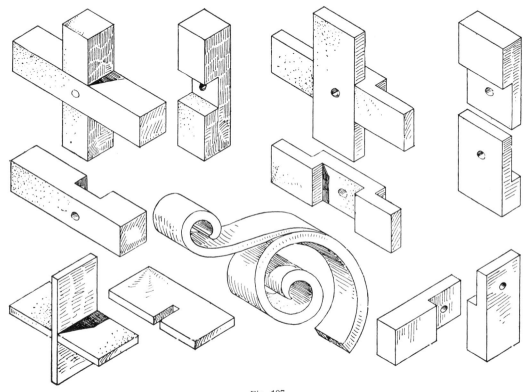

Fig. 107.
Ueberplattung und Anplattung.

biegung dem anderen Platz macht oder dass beide Stäbe sich gleichviel ausweichen. Dieses Verfahren, Verkröpfung genannt, ist nicht immer anwendbar, z. B. bei hochkantig sich kreuzenden Flacheisen. Rundeisen kann man nur auf die letztere Art überplatten.

Das Anplatten kommt hauptsächlich dann zur Anwendung, wenn von einem Stab ein anderer sich abzweigt und die weitaus bessere Verbindung durch Anschweissen nicht beliebt wird. Der anzuplattende Teil wird in der richtigen Weise zugeschärft, so dass er sich gut anlegt, und dann mit dem anderen Teil vernietet oder verschraubt. Auf ähnliche Weise werden auch Blätter an Ranken angeplattet etc.

Das Anplatten und Ueberplatten zweier Stücke zu einem fortlaufenden Stab ist ebenfalls ein Notbehelf, dem die Schweissung weitaus vorzuziehen ist.

IV. Die üblichen Eisenverbindungen.

Die Verplattung kommt auch in Anwendung, wenn zwei Eisen ein rechtwinkeliges Eck bilden und wenn ein Eisen senkrecht (oder schräg) auf ein anderes stösst (**T**).

Die verschiedenen Fälle sind durch Figur 107 veranschaulicht.

10. Das Aufzapfen, das Einzapfen.

Das Verzapfen kommt vor, wenn ein Eisen senkrecht auf ein anderes stösst. Es ist dann gewöhnlich nur ein besonderer Fall der Vernietung (vergl. Fig. 98a).

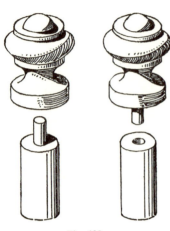

Beim Aufzapfen werden zwei getrennte Teile meist in ihrer Längsrichtung in eins verbunden, indem der cylindrische Fortsatz des einen in eine ebensolche Ausbohrung des anderen eingreift, wie es hauptsächlich vorkommt, wenn Knöpfe und Lanzenspitzen auf Stäbe aufzustecken sind. Gleichzeitig findet dann meist noch eine Verkittung statt oder die aufgezapften Teile werden nochmals quer durchbohrt und vernietet oder verschraubt (Fig. 106).

11. Das Falzen.

Das Falzen ist nur für Bleche in Anwendung und kommt in der Schlosserei kaum zur Anwendung. Man unterscheidet den einfachen Falz (Fig. 109a), den doppelten Falz (Fig. 109b) und den überschobenen Falz (Fig. 109c).

Fig. 108. Auf- und Einzapfung.

12. Bewegliche Verbindungen.

Zwei Teile können beweglich miteinander verbunden werden durch Vernietung und Verschraubung, wie bereits erwähnt, ausserdem aber auf mancherlei andere Weise. Sie können mit den Enden als Ringe ineinandergreifen wie zwei Kettenglieder; zwei Teile können sich um einen Zapfen drehen wie beim Scharnier; die Enden eines Bügels können in Oesen eingreifen wie beim gewöhnlichen Bügelgriff; ein Ring kann sich in einer Oese bewegen wie beim Ringgriff und den Thürklopfern; ein Rohr kann sich um einen Kern drehen wie bei der Wetterfahne; ein Schieber kann sich im Falz oder zwischen anderen Führungen bewegen wie der Riegel; ein Stück kann in seinen Teilen federnd verbunden sein wie die im Mittelalter üblichen Scheren oder wie die Parallelhandschraube der Fig. 55 etc.

Fig. 109. Falzung.

Eine Hauptsache ist, dass für jeden Fall die richtige Verbindung gewählt wird, dass feste Verbindungen auch wirklich fest sind und bewegliche auch für die Dauer beweglich bleiben.

V. DIE MEIST GEBRAUCHTEN ZIERFORMEN.
(Tafel 1 bis mit 4.)

Die Schlosserei wird zur Kunstschlosserei, sobald sie, über das durch den Zweck Bedingte hinausgehend, ihre Erzeugnisse mit Zierraten versieht und des besseren Aussehens wegen künstlerisch ausstattet. Man kann in dieser Beziehung weniger oder mehr und unter Umständen auch zu viel thun. Verschiedene Zeiten haben verschiedene Auffassungen über die Schönheit der Form; aber an eine gewisse Anpassung an das Material sind alle Stile gebunden, weil dieses seine eigentümliche Technik verlangt und so kommt es denn, dass bestimmte Einzelformen, mehr oder weniger verändert, immer wieder auftreten und gewissermassen den eisernen Bestand der dekorativen Ausstattung bilden. In diesem Sinne wird der Abschnitt V eine Zusammenstellung versuchen. Alles kann er nicht bringen, aber immerhin das Wichtigste.

1. Verzierte Stäbe.

Die Verzierung glatter Stäbe war früher viel häufiger eine Aufgabe des Schlossers als heute, da unsere Walzwerke façonierte Stäbe liefern. Wir haben dem Mannstaedt-Eisen ein eigenes Kapitel gewidmet, weil es für unsere Zeit alle früher üblichen Behandlungsweisen sozusagen überflüssig macht. Es wäre Thorheit, mit Handarbeit erreichen zu wollen, was das Walzwerk besser und viel billiger liefert. Immerhin aber sind gewisse Bearbeitungen der Hand verblieben und, wo es sich um die Erstellung von Gegenständen nach altem Muster handelt, muss auch gelegentlich das alte Verfahren zur Anwendung kommen.

Das **Winden** oder **Torsieren**, das Umdrehen der Stäbe in glühendem Zustande ist bereits besprochen. Es giebt eine leicht herstellbare und gute Abwechselung in langen Quadrat- und Flacheisenstäben. Figur 110 zeigt einen modernen Kleiderständer, dessen Stamm im oberen Teile gewunden ist.

Das **Umwickeln** von Rundeisen mit dickem Draht in schraubenförmigen Gängen giebt eine ähnliche Wirkung, die leicht herzustellen ist. Da das Rundeisen selbstredend beim Winden keine andere Form ergeben würde, so ist damit für dasselbe ein Ersatz gefunden. In Figur 111 ist ein weiterer Kleiderständer gegeben, dessen Stamm im oberen Teil mit Draht umwunden ist. Für derartige Dinge ist das Mannstaedt-Eisen in Form gewundener Stäbe und Hohlsäulen ein guter Ersatz (Fig. 26).

Das **Aufschlitzen** von Stäben inmitten derselben mit nachfolgendem Winden oder Durchflechten dieser Teile ist eine sehr hübsche, aber schon ziemlich mühsame Formgebung. Das

V. Die meist gebrauchten Zierformen.

Mannstaedtsche Vierkanteisen mit cylindrischen Wulsten auf den Kanten eignet sich hierfür besonders gut und verdankt dieser Technik wohl seine Einreihung in das betreffende Musterbuch. Figur 112 zeigt ein altes Gitter, an welchem Partien der besprochenen Art sich vorfinden.

Fig. 110. Kleiderständer, entw. von E. Zeisig, ausgef. von F. Kayser in Leipzig.

Fig. 111. Moderner Kleiderständer.

Wiederholte **Durchschiebungen** zu einer Art Rost sind zur Renaissancezeit ausserordentlich beliebt und machen stets eine gute Wirkung, wie die Figur 113 zeigt.

Schlagleisten und Rahmenleisten wurden früher vielfach durch **Einhauen von Ornamenten**

Fig. 112. Renaissance-Gitter aus Goisern im Salzkammergut. Aufgenommen von F. Paukert.

mit dem **Meissel und mit Punzen** verziert. Die Wirkung ist für kleine Dinge ganz gut, für grosse Gegenstände aber fast zu flach und unbedeutend, wie es durch Figur 114 veranschaulicht sein mag.

Erhabenheiten auf Stäben wurden durch Schmieden in Gesenken erzielt, waren aber selten scharf genug, um von guter Wirkung zu sein.

Verdickungen von Stäben in Form rundumlaufender Profile wurden ebenfalls in Gesenken geschmiedet. Das Verfahren ist für unsere rasch arbeitende Zeit eigentlich auch schon zu umständlich geworden. Der Wandleuchter, Figur 115, zeigt in seinen drei Hauptteilen eine derartige Behandlungsweise.

Gesims- oder **karniesartige Stäbe**, wie sie im Gitterwerk der Barockzeit ausserordentlich häufig sind, besonders in krönenden Abschlüssen, waren früher auch umständlich herzustellen, während die heutigen Walzeisen die betreffenden Profile fertig liefern, so dass sie nur an den Enden einer Bearbeitung bedürfen.

Das **Ausrollen zu Voluten und Spiralen** ist eine ganz allgemein geübte Technik, die in allen Stilen zu finden ist. Am wenigsten Gebrauch macht die Spätgotik. Der romanische Stil, die Frühgotik und die Renaissance bleiben mit ihren Spiralen fast immer in der Ebene. In der

Fig. 113.
Oberlichtgitter. Deutsche Renaissance.

Barockzeit, im Rokoko- und Zopfstil werden die Enden der Voluten, die Augen, aus der Ebene heraus dem Beschauer zugedreht. Wir bringen in Figur 117 ein Renaissancegitter mit zahlreichen Spiralen und in Figur 116 ein Barockgitter mit herausgerollten Voluten zur Abbildung.

Das **Ausschmieden zu flachen Verzierungen** in der Form von Blättern, Fratzen, Grotesken etc. ist ebenfalls häufig, besonders in der deutschen Renaissance. Wenn diese Dinge hübsch im Umriss sind und über eine gewisse Grösse nicht hinausgehen, sind sie sehr wirksam. Zu gross im Massstab werden sie leicht flach und langweilig. Die Umrisse des flach geschmiedeten Teiles werden mit dem Meissel ausgehauen oder mit der Schere zugeschnitten und nachgefeilt. Derartige Dinge in der Form von Blechen für sich an den Enden der Stäbe anzunieten giebt ungefähr dasselbe Aussehen, ist aber eine wenig lobens- und empfehlenswerte Verzierungsart. Das Oberlicht, welches wir in Figur 113 gebracht haben, zeigt einige flachgeschmiedete Endigungen und in Figur 118 ist ein grosses Abschlussgitter dargestellt, welches von Grotesken wimmelt. Eine Anzahl von hierher zu rechnenden Einzelheiten haben wir auf dem ersten Blatt des Tafelbandes zusammengestellt.

Das **Ausschmieden von Ranken zu getriebenen Blättern** geht einen Schritt weiter und kommt schon zur Zeit der Gotik und Renaissance vor, feiert aber seine höchsten Triumphe zur Zeit des Barokko und Rokoko. Die Herstellung ist ähnlich; nur werden diese Verzierungen durch Treiben,

1. Verzierte Stäbe.

Fig. 114. Thorgitter am Calvarienberge in Graz. Aufgenommen von R. Bakalowits.

108   V. Die meist gebrauchten Zierformen.

Buckeln und Auftiefen gerundet und plastisch gemacht. Wir geben in Figur 119 ein Gitter aus Görlitz, welches derartige Blätter in Hülle und Fülle zeigt.

Stabkreuzungen mit aufgesetzten Rosetten an den Kreuzungsstellen sind ein beliebtes Barockmotiv, mit welchem die zu leer erscheinenden Partien willkürlich ausgefüllt werden, wie dies an dem elliptischen Füllungsgitter der Figur 120 ersichtlich ist.

2. Blatt- und Kelchbildungen.

Die Pflanzenwelt mit ihrem natürlichen Formenreichtum hat, wie der Kunst im allgemeinen, so auch der Schmiedekunst zahllose Motive zu Gebote gestellt. Die Stäbe und Ranken sind die

Fig. 115. Wandleuchter. Deutsche Renaissance.

Fig. 116.
Brüstungsgitter. Französisch.

Fig. 117.
Renaissance-Geländer aus Danzig.
Aufgenommen von M. Bischof.

Stämme und Zweige, von welchen aus sich allerlei Blattwerk im Gitter verteilt. So finden wir im Material des Eisens vom einfachen ganzrandigen Blatt und vom dreilappigen Kleeblatt an alle erdenklichen Bildungen bis zum reichsten Akanthus. Einerseits stossen wir auf stark stilisierte Bildungen, von denen schwer nachzuweisen ist, welche Pflanze dem Verfertiger vorgeschwebt hat; andererseits finden wir die Natur genau bis zu den Grenzen nachgeahmt, die eben das Material schliesslich in allen Fällen gebieterisch zieht. Die meist verwendete Blattform ist der Akanthus, dessen Gestaltung in den einzelnen Stilzeiten wesentlich verschieden ist.

Die Tafel 2 bildet verschiedene Blatt- und Kelchformen ab. Die Beispiele a bis d zeigen früh- und spätgotische Motive. Die Formen e und f sind zur Renaissance- und Barockzeit geläufig, während Kelche nach g in den Rokokogittern vorzukommen pflegen. Einen hübschen

2. Blatt- und Kelchbildungen.

Fig. 118.
Renaissance-Gitter aus der Vinzenzkirche in Breslau. Aufgenommen von M. Bischof.

110 V. Die meist gebrauchten Zierformen.

Blattkelch der letzteren Art bringt die Figur 121. Die Tafel 3 stellt neun weitere Beispiele von geschmiedeten und getriebenen Einzelheiten der genannten Verzierungsformen dar. Die Blätter und Kelche werden entweder aus dem Stück geschmiedet (vgl. Fig. 97) oder aus Blechen ausgehauen und entsprechend gebogen und getrieben. Die erstere Art ist selbstredend solider, besser und wirksamer.

Wie Blätter und Blattkelche verstreckt zu zeichnen sind, beziehungsweise wie das ebene

Fig. 119. Renaissance-Gitter vom heiligen Grabe in Görlitz. Aufgenommen von M. Bischof.

Blech ausgeschnitten werden muss, damit es nach dem Biegen und Treiben die erwünschte Form hat, das ist durch die Figur 122 zu zeigen versucht, wobei das fertige Stück und die zugehörige Verstreckung jeweils nebeneinander gestellt sind. Im Falle etwaiger Unklarheiten empfiehlt es sich, die Blätter und Kelche in Bleiblech (in gleichem oder verkleinertem Massstabe) versuchsweise ausschneiden, zu biegen und zu treiben, mit anderen Worten sich Modelle zu machen. Das Blei ist ja immer zu verwerten, umsomehr, da das Treiben der Eisenbleche auf Unterlagen von Blei zu geschehen pflegt. Der Vorgang des Treibens wurde bereits an anderer Stelle besprochen.

3. Blumen und Lilien.

In Bezug auf diese Dinge verhält es sich ähnlich wie mit den Blättern. Sie kommen stilisiert und mehr oder weniger naturalistisch zur Ausführung. Sie erscheinen als Zuthaten im Gitterwerk, als Krönungen von Stäben. Aus einzelnen Blättern werden knospen-, kelch- oder rosettenartige Zusammenstellungen gemacht. Staubfäden und spiralig aufgerollte Mittelstücke sind beliebte Zuthaten. Geschickt gemacht, sind diese Blumen von reizender Wirkung. Als Lilien bezeichnet man blatt- oder knospenartige Bildungen, die der Hauptsache nach aus drei Teilen bestehen und eine viel verwendete ornamentale Erscheinung sind. Die Figur 123 zeigt neben anderen originellen Schmiedeisenarbeiten einige Wandarme, die in Lilien und Blumen endigen. Ausserdem giebt Figur 124 drei weitere, hübsche und etwas sichere Beispiele nach Gittern aus der Zeit der Renaissance.

Wie Blumen und Drahtspiralen im Gitterwerk verwendet werden, zeigen die Figuren 125 und 126 und ausserdem verschiedene andere Beispiele im Texte.

Auf die naturalistischen Blumen werden wir an anderer Stelle zurückkommen.

Sowohl das Treiben der Blätter, als die Anfertigung von Kelchen und Blumen setzt beim Schlosser ein gewisses künstlerisches Können und die nötige Kenntnis im Zeichnen und Modellieren voraus, die allerdings nicht immer vorhanden ist. Denn wenn derartige Dinge nicht hübsch gemacht sind, leicht und luftig, wenn dieser Ausdruck für Erzeugnisse aus Eisen zulässig erscheint, so bleiben sie lieber fort, da sie dann mehr verderben als gut machen. Das Wort vom Schuster und dem Leisten gilt auch mit der nötigen Abänderung für den Schlosser. Nicht jeder kann ein Kunstschmied sein und es ist ja auch nicht nötig.

Es ist noch zu erwähnen, dass neuerdings Drahtspiralen, Staubfäden, Eicheln, kleine Rosen und ähnliche Dinge auch fertig in den Handel gebracht werden; so z. B. von der bekannten Kunst- und Bauschlosserei von Valentin Hammeran in Frankfurt a. M.-Sachsenhausen,

Fig. 120.
Barockgitter aus der Nikolaikirche zu Breslau.
Aufgenommen von M. Bischof.

welche ein hübsches und reichhaltiges Musterbuch zur Verfügung stellt. Ein gleiches gilt auch von den Blättern des vorigen Kapitels.

4. Rosetten.

Rosetten sind von vorn gesehene Blumen, stilisierte Rosen. Sie werden in allerlei Grössen und Formen zu den verschiedensten Zwecken benützt. Von der kleinen durchbohrten, halbkugeligen Schüssel an, die durch einen Nietkopf gehalten wird, bis zur reichen vielteiligen Akanthusblattrosette giebt es zahllose Zwischenformen, die bei geringer Ausladung flach und scheibenartig aussehen, bei grösseren Ausladungen sich mehr den Knöpfen nähern.

Rosetten einfachster Art finden ihren Platz auf den Stäben und Längs-Eisen der Geländer, in Füllungen, in den Augen der Spiralen und Voluten, mitten auf dem Bund, auf den Stabkreuzungen des Barockstils etc. Reichere Rosetten schmücken die Mitten von Füllungen, von Kassetten in eisernen Thüren, auf den Sockelblechen der Thore etc. Diese reicheren Rosetten bilden sich aus übereinander gelegten Schüsseln von verschiedener Grösse und Blattbildung.

Die Rosetten wurden früher von der Hand gefertigt, getrieben, in Gesenken geschmiedet etc. Heute gilt dies nur noch für besondere Fälle. Der gewöhnliche Bedarf wird längst fabrikmässig erzeugt durch Stanzen, Pressen etc. Diese Ware ist billig, dabei hübsch sauber und gleichmässig, allerdings auch etwas langweilig, weil ihr die Zufälligkeiten der Handarbeit abgehen, die ja stets einen besonderen Reiz hat.

Fig. 121. Blattkelch. Kunstgewerbemuseum zu Karlsruhe. Aufgenommen von E. Bödigheimer.

Das Musterbuch der bereits genannten Firma V. Hammeran in Frankfurt a. M.-Sachsenhausen weist ungefähr 400 Rosetten verschiedener Art und Grösse auf, und damit dürfte auch den weitgehendsten Anforderungen in Bezug auf Auswahl genügt sein. Aus dieser artenreichen Reihe bringen wir in Figur 127 eine Anzahl in halber Grösse zur Abbildung. Viele dieser Rosetten können auch als Blumen Verwendung finden, wenn sie auf Stiele gesetzt werden. Die Befestigung der Rosetten erfolgt durch Verschrauben oder Vernieten. Was die Rosetten aus Gusseisen oder schmiedbarem Eisenguss betrifft, die ja vielfach verwendet werden, so sind dieselben im allgemeinen ein entbehrlicher Notbehelf.

5. Lanzenspitzen und Knöpfe.

Die Stangeneisen der Stabgeländer, wie sie heute zur Einfriedigung von Gärten etc. gebräuchlich sind, erfordern nach oben hin einen passenden Abschluss. Am einfachsten wird er erreicht durch Zuspitzen, so dass Rundstäbe kegelförmig, Quadrateisen pyramidenförmig und Flacheisen dachförmig endigen. Wenn die Endigung reicher gebildet sein soll, so stehen verschiedene Mittel zu Gebote:

a) Man kann die Stäbe am oberen Ende aufschlitzen und zu Pfeilen, geflammten Dolchen,

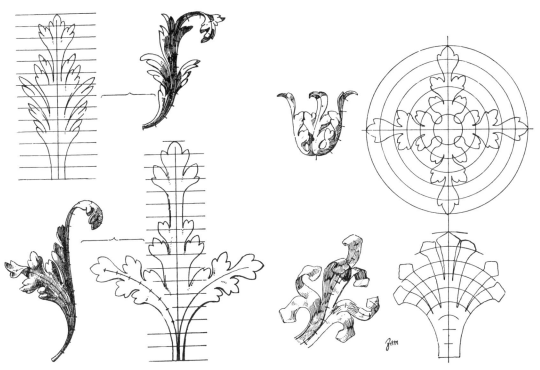

Fig. 122.
Die Verstreckung von Blättern und Kelchen.

Dornenbüscheln und ähnlichem gestalten. Derartige schneidige Endigungen haben ausser dem Zweck der Krönung gewöhnlich noch den weiteren zum Schutze gegen Uebersteigen.

b) Man kann die Stäbe an den Enden ausschmieden und in der Form von Lanzen- und Hellebartenspitzen ausschneiden oder ähnliche Formen in Doppelgesenken zurecht schmieden.

c) Man bildet einfache Lilien und Blumen, indem man den Stab mit zwei oder mehreren gleichen Ranken, Bögen, Blättern etc. zusammenschweisst, verschraubt, vernietet oder durch einen Bund verbindet.

Diese drei Verfahren sind die ursprünglichen und früher allgemein üblichen. Ihrer Umständlichkeit wegen nimmt man heute vielfach davon Abstand und versieht die Stabenden mit fabrikmässig hergestellten Krönungen, die in vielen Formen zu haben sind, als Lanzenspitzen, Knöpfe, Pinienzapfen, Artischocken, Kreuzblumen, Palmetten etc. Diese Dinge werden teils glühend

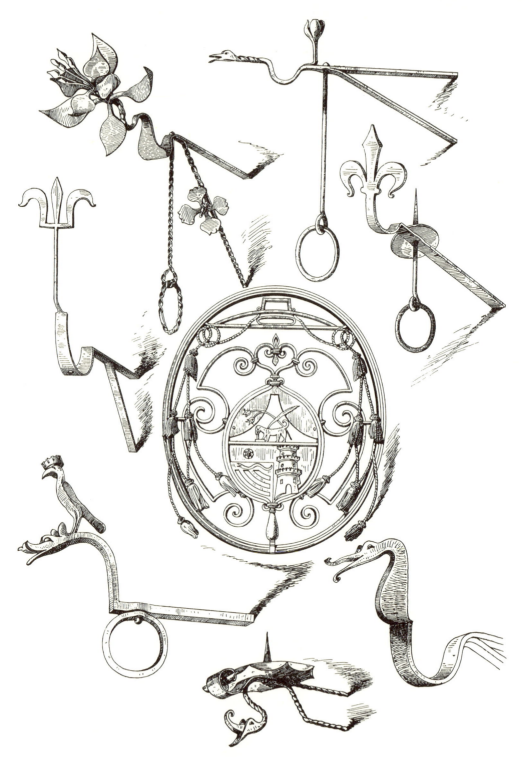

Fig. 123. Eisenarbeiten aus dem Museo artistico industriale in Rom.

in Schmiedeisen gepresst oder in schmiedbarem Guss hergestellt. Diese Ware ist billig und genügt ja in vielen Fällen. Die gegossenen Teile wirken meist etwas schwer und plump und werden leicht abgeschlagen. Die gepressten Teile, die des gleichen Materials wegen vorzuziehen sind, fallen leicht zu dünn und zu blechartig aus. Es erscheint also in beiden Fällen eine gewisse Vorsicht bei der Auswahl angezeigt, damit die Krönung zum Stab im richtigen Verhältnis steht. Die Verbindung erfolgt gewöhnlich durch Aufzapfen, Vernieten oder Verschrauben.

Die Tafel 4 bildet 17 verschiedene Beispiele geschmiedeter Gitterstab-Endigungen ab, wobei alle der oben genannten drei Arten vertreten sind. Figur 129 zeigt zwei Barockmotive, bei denen je zwei Stäbe zu einer gemeinsamen Krönung verbunden sind und in Figur 130 ist ein Thürgitter dargestellt, an welches sich zu beiden Seiten einfache Stabgitter anschliessen mit pfeilförmigen, aus dem Stück gefertigten Endigungen.

Schmiedeiserne Lanzenspitzen fertigt u. a. Val. Hammeran in Frankfurt-Sachsenhausen.

6. Docken oder Baluster.

Diese in der Stein- und Holzarchitektur oft verwendeten Formen spielen in der Kunstschlosserei nur eine untergeordnete Rolle. Man bringt sie gelegentlich an in Gittern und an kleinen Kunstgegenständen. Grössere Docken, wie sie etwa als Pfosten für Grabgeländer etc. dienen, werden in Eisenguss angefertigt, ähnlich wie die Säulen und Pfeiler für die grösseren Geländer, wenn das Gusseisen dem Stein vorgezogen wird. Kleine Docken werden auf der Drehbank aus Schmiedeisen geformt oder in Messing gegossen und abgedreht. Das Gleiche gilt für kleine Knöpfe und Zapfen an besseren Stücken. Figur 130 stellt einen modernen Wandleuchter dar, an welchem oben eine Dockengalerie angebracht ist.

Fig. 124.
Blumen von Renaissancegittern.

7. Kartuschen.

Kartuschen sind Schilder von mannigfaltigen Formen mit aufgerollten Rändern, öfters nach der Mitte aufgetieft, d. h. flach gewölbt oder gebuckelt, zur Aufnahme von Schriften oder Wappen bestimmt. Sie finden gelegentlich Platz inmitten von Füllungen, in den Krönungen der

116 V. Die meist gebrauchten Zierformen.

Thore, auf Grabkreuzen, Wetterfahnen etc. Sie werden aus Blechen hergestellt und dem Uebrigen aufgenietet oder aufgeschraubt. Abgesehen von den Aushängeschildern, bei denen die Kartusche

Fig. 125. Rundgitter aus Augsburg. Deutsche Renaissance. Nach Hefner von Alteneck.

Fig. 126. Oberlichtgitter am Rathaus zu Nürnberg. Deutsche Renaissance.

ja die Hauptsache sein kann, dürfen diese Dinge nicht zu gross auftreten, weil sie sonst leicht die Wirkung der Gitter beeinträchtigen, indem die geschlossenen Partien von dem durchsichtigen Gitterwerk zu sehr abstechen.

Fig. 127.
Rosetten aus dem Musterbuch von V. Hammeran in Frankfurt-Sachsenhausen. Halbe Originalgrösse.

V. Die meist gebrauchten Zierformen.

Wenn die Kartuschen als Wappenschilde dienen, so treten sie nicht selten in Verbindung mit Kronen und wappenhaltenden Tieren auf (vergl. Fig. 129). Das Oberlichtgitter aus dem Anfang des 18. Jahrhunderts, welches in Figur 131 abgebildet ist, zeigt als Mittelstück eine Kartusche von elliptischer Form.

8. Verdoppelungen.

Als Verdoppelung bezeichnet man den Fall, wenn eine durchbrochene Partie auf einen blech- oder plattenartigen Teil aufgelegt wird. So entsteht z. B. eine Verdoppelung einfacher Art, wenn ein als Schlagleiste bestimmtes Flacheisen an den Rändern mit Karnies-Eisen verstärkt wird. Die Verdoppelungen sind nicht gerade häufig und kommen meist an grossen Thoren zur Ausführung. Wenn wir den Fall besonders aufführen, so geschieht es insbesondere, weil wir das Mannstaedtsche Ziereisen im Auge haben, mit Hilfe dessen sich prächtige Verdoppe-

Fig. 128.
Gitterkrönungen aus Halle a. d. S. um 1740.

lungen für geschlossene Thore und Thüren, für eiserne Möbel, Unterzugsverkleidungen, Sockel u. a. bilden lassen.

9. Durchbrochene Bleche.

Durchbrochene Bleche nach irgend einem Muster oder einer Zeichnung gelocht oder ausgesägt, sind hin und wieder in Anwendung, beispielsweise für Schlüsselschilder und andere Beschläge, für Monogramme, Wappen etc. Die im Mittelalter üblichen Radkronleuchter zeigen oft einen kreisrunden Reif mit gereihten Vierpassöffnungen. Für derartige Dinge kann man sich heute vielfach die mühsame Arbeit sparen, wenn man die fabrikmässig hergestellten perforierten Bleche von entsprechendem Muster in Streifen schneidet, wie sie u. a. von der Maschinenbauanstalt „Humboldt" in Kalk bei Köln a. Rh. und von Schmidt & Herkenrath, Berlin SO. erzeugt werden (Fig. 16). Die gotische Laterne der Figur 132 möge den Fall veranschaulichen.

10. Schriften und Monogramme.

Schriften, Ziffern und Namenszüge sind auch vereinzelte Erscheinungen. An Wetterfahnen werden gelegentlich geschmiedete oder aus Draht gebogene Orientierungsbuchstaben angebracht und die Fahnenbleche erhalten Durchlochungen in Form von Anfangsbuchstaben und Jahres-

Fig. 129. Renaissance-Gitter vom Neptunsbrunnen in Danzig.

zahlen. Die Ziffern und Buchstaben werden dann in Einzelzüge zerlegt, zwischen denen Stege zum nötigen Halt wie bei der Malerschablone stehen bleiben.

Fig. 130.
Wandleuchter, entworfen von A. Haas.

Auf Kartuschen und Schilden oder an Stelle derselben in Oberlichtern und Thürfüllungen, sowie in den Krönungen der Thore und Einfassungsgitter, stösst man gelegentlich, besonders an

Fig. 131. Oberlichtgitter aus der Barockzeit.

Erzeugnissen des Barockstils auf ausgeschnittene Namenszüge, wie es durch die Figuren 133 und 134 dargethan wird.

11. Schlüsselbleche, Unterlagscheiben etc.

Während unser heutiges Beschläge durchweg sehr einfach zu sein pflegt, so wurde in früheren Zeiten ein grosser Reichtum an Zierformen für dasselbe aufgewendet. So sei z. B. an die gotischen Schlüsselbleche mit dem bekannten Schlüsselfang (Fig. 135) und die reich gestalteten Schlüsselbleche der Renaissance, der Barock- und Rokokozeit erinnert (Fig. 136). Diese Schlüsselschilder wurden in lebhaftem Umriss ausgeschnitten, mit eingehauenen und gepunzten Ornamenten versehen, von der Rückseite her getrieben, schliesslich verzinnt etc. Aehnlich verhält es sich in Bezug auf die Unterlagscheiben der Thürklopfer, mit denen ja ebenfalls ein grosser Aufwand getrieben wurde (Fig. 137) und mit den übrigen Beschlägen, die an alten Schränken und Thüren oft derart ausgenützt sind, dass sie den Hauptschmuck oder auch den einzigen Schmuck derselben bilden, wie es durch Figur 138 zum Ausdruck gebracht wird. Die gespundete, gefalzte oder auf Nut und Feder zusammengesetzte Schreinerarbeit des Mittelalters mit den grossen leeren Holzflächen war eben sehr geeignet zur Anbringung ausgedehnter Beschläge. Die später folgende und heute noch allgemein übliche gestemmte Arbeit mit ihren Füllungen beschränkte das Beschläge auf die Rahmenteile oder Friese und heute, da die Schlösser und Beschläge fabrikmässig hergestellt werden, versteckt man sie am liebsten ganz oder lässt nur das unumgänglich Notwendige sehen.

12. Kränze, Sträusse und Guirlanden.

Im Gitterwerk des Barock- und Rokokostils, welche als die Blütezeit der Schmiedekunst gelten können, sind Guirlanden, Festons, Sträusse, Kränze und ähnliches eine beliebte Zuthat. Es lässt sich nicht leugnen, dass diese Dinge sehr geeignet sind, das Gitterwerk duftig und luftig zu gestalten und das schwere, widerstrebende Material gewissermassen vergessen zu machen. Naturalistisch gehaltene Ranken umschlingen in lieblicher Willkür die starre Konstruktion. Blätter, Blumen und Knospen werden zu Sträussen und Guirlanden gebunden, fliegende Bänder helfen dieselben aufhängen und zusammenhalten. Diese Dinge sind prächtig, aber auch nur dann, wenn sie von künstlerischer Hand gemacht sind; unbeholfen gefertigt verlieren sie jeden Wert und wirken eher komisch als schön. Die Figur 139 bringt einen von Schlosser Cassar in Frankfurt a. M. gefertigten naturalistischen Blumenstrauss aus Schmiedeisen.

Fig. 132.
Gotische Laterne.

13. Figürliche Sachen etc.

Die Darstellung des Figürlichen, gleichgiltig ob es sich um menschliche oder tierische Formen handelt, ist das schwierigste Gebiet der Kunstschlosserei, wenigstens was die plastische Wirkung betrifft. Es ist ja unschwer, aus Blechen Figuren auszuschneiden, die durch ihre Umrisse wirken oder bei denen durch Bemalung nachgeholfen wird. Auf diese Weise werden gewöhnlich die Löwen, Adler, Pferde etc. auf Wirtsschildern gebildet (Fig. 140) und auf eben diese Weise lassen sich auch allerlei Geräte, Schiffe, Kronen etc. herstellen. Wenn es sich aber um die Darstellung im Runden handelt, so wird der Fall schon schwieriger, einerlei ob die Voll-

Fig. 133.
Oberlichtgitter vom ehemaligen Johannisfriedhof in Leipzig. 1734.

endung durch Schmieden aus dem Stück oder durch Treiben und nachheriges Zusammensetzen erfolgt. So werden z. B. getrieben: Masken, Fratzen, Engelsköpfe, Medaillons mit Profilköpfen, und von runden Sachen: Vasen und andere Gefässe, Füllhörner, runde Kronen etc. Aus dem Stück werden geschmiedet: Hände mit Werkzeugen, Schlüsseln u. a., schlanke Tiere, wie Schlangen, Greife, Delphine etc. (Fig. 123.)

Die figürlichen Dinge erfordern erst recht eine künstlerische Hand und allgemein kann man sagen, dass die Anforderungen hierbei an den Schlosser und an das Material eigentlich zu hoch gestellt sind. Wenn der Kunstschlosser sich der Sache gewachsen fühlt, so mag er sich gelegentlich an solchen Kunststücken versuchen; anderenfalls verzichtet man am zweckmässigsten auf jeden figürlichen Schmuck im Runden.

Wir bilden in Figur 141 ein in Eisen getriebenes Relief ab, welches S. K. H. den Grossherzog Friedrich von Baden darstellt und von Professor und Ciseleur Rudolf Mayer in Karlsruhe für die dortige Schmiedeisenausstellung des Jahres 1887 gefertigt wurde. Die weitere Figur 142 stellt einen Renaissancethürklopfer aus Sevilla dar, der mit seiner Schmiedearbeit an die Bronzegüsse derselben Zeit erinnert.

14. Ketten.

Ketten werden gelegentlich nötig zum Aufhängen von Kronleuchtern und Lichterweibchen, zum Anhängen von Wandarmen und für ähnliche Zwecke. Statt der gewöhnlichen Kette mit

Fig. 134. Gitter vom Schlosse zu Wabern. Gewerbehalle in Kassel. Um 1710.

runden oder langrunden Gliedern lassen sich auch reichere Bildungen erzielen, wo es dem übrigen Gegenstand angepasst erscheint. Hierfür eignet sich besonders die sog. Klein-Eisenarbeit, wie sie in Venedig und anderen italienischen Städten, neuerdings aber auch in München betrieben wird. Das Material besteht aus dünnen Schwarzblechstreifen, die mit Biegzangen kalt gebogen werden. Als Verbindung dient der Bund, ebenfalls aus diesen Streifen geschnitten und mit der Flachzange angelegt. Die tragenden Teile werden aus Quadrateisen gebildet, welches in der Stärke der Breite der Blechstreifen entspricht. Dieses Verfahren, welches allerdings keine eigentliche Schlosserarbeit ist und als Dilettantenkunst sogar von Damenhänden geübt wird, gestattet die Anfertigung von Untersatztellern, Trägern, Konsolen, Körbchen etc., wie bereits erwähnt, aber auch die Herstellung zierlicher Kettenglieder, deren einige in Figur 143 abgebildet sind.

VI. DAS EIGENTÜMLICHE DER VERSCHIEDENEN STILE.

Es bedarf wohl keines besonderen Nachweises, dass die Kenntnis der Stile für den Schlosser von Wichtigkeit ist, wenigstens in Bezug auf seine Arbeiten, und mancher tüchtige Handwerker hat uns geklagt, dass dies seine schwache Seite sei. In jeder grösseren Schlosserei liegt eine Menge dekorativer Einzelheiten von früheren Arbeiten als Modelle für künftige. Wie soll der Meister nun das Richtige zusammenfinden, wenn ihm die Stilkenntnis abgeht und wie soll er es vermeiden, dass in ein Gitterwerk Dinge hineinkommen, welche zum Uebrigen nicht passen? Diese Stilkenntnis sich zu verschaffen ist jedoch nicht so einfach, als man vielleicht meinen könnte. In ein paar Wochen oder gar von heute auf morgen macht sich das nicht und das Durchlesen eines Werkes über Stil oder Ornamentik thut es auch nicht. Da giebt es nur ein bewährtes Mittel; das heisst: Möglichst viel sehen an ausgeführten Sachen und an guten Wiedergaben, aber sehen mit offenen Augen und vergleichendem Blick, mit Verständnis für die hervorstechenden und auch für die unbedeutenden Eigentümlichkeiten, wie sie jeder Stil mit sich bringt. In jedem Lande, in jeder grösseren Stadt sind kunstgewerbliche Sammlungen und öffentliche Bibliotheken, die jedem zur Verfügung stehen, der das Bedürfnis hat, sich zu belehren. Wer in der Lage ist, zeichnen zu können und das Gesehene für die Dauer festzuhalten, der wird auf dem weiten Wege etwas rascher zum Ziele gelangen. Das ist es, was wir jedem Schlosser nicht warm genug ans Herz legen können. Vielleicht führt ihn auch dasjenige einen kleinen Schritt vorwärts, was in diesem VI. Abschnitt vorgebracht werden soll. Mehr muss man aber davon nicht erwarten. Um etwas Weiteres beizutragen, ist den zahlreichen Figuren des Textbuches in Hinsicht auf alte Vorbilder jeweils ein Stilvermerk beigegeben worden.

Aus dem Gesamtgebiet der Stile kommen hier nur diejenigen in Betracht, in welchen die Kunstschlosserei wirklich geblüht hat. Die alten Stile, der ägyptische, griechische, römische Stil, haben in Eisen nur Unbedeutendes geschaffen; ihr Metall war die Bronze. Erst vom Mittelalter ab bis heute kann von einer Schmiedekunst gesprochen werden, wobei wir uns auf die abendländische Kunst beschränken und von den Leistungen des Orients, so gediegen sie auch sind, als zu fern liegend absehen. Tonangebend in der Stilerfindung und Stilführung ist gewöhnlich die Architektur.

VI. Das Eigentümliche der verschiedenen Stile. 125

Die Kleinkünste stehen in ihrem Bann, lernen von ihr und passen sich ihr an. Da diese Anpassung auch nicht von einem Tag zum andern vor sich gehen kann, so hinkt das Kunsthand-

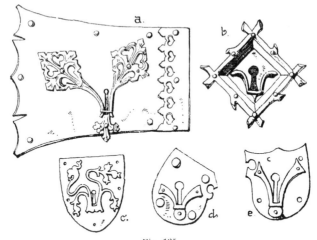

Fig. 135.
Mittelalterliche Schlüsselbleche.

werk und mit ihr die Kunstschlosserei den jeweiligen Stilverschiebungen der Baukunst um ein oder zwei Jahrzehnte nach. Es kommt sogar vor, dass herkömmliche Formen noch ein ganzes

Fig. 136.
Renaissance-Schlüsselschilder.

Jahrhundert in die Folgezeit mitgeschleppt werden. Deshalb lässt sich eine genaue Abgrenzung der einzelnen Perioden nach Jahren nicht geben.

126 VI. Das Eigentümliche der verschiedenen Stile.

1. Die romanische Zeit.

Man rechnet hierher die Arbeiten des 10., 11., 12. und 13. Jahrhunderts, wenn man den Uebergangsstil vom Romanischen zum Gotischen nicht besonders für sich aufführen will (romanisierende Zeit). Da ein Aufbauen auf antiker Grundlage für die Schmiedekunst nicht möglich war,

Fig. 137.
Thürklopfer aus dem 15., 16. und 17. Jahrhundert.

so hat das Mittelalter sich seine Technik selbständig gestaltet und zwar mit staunenswertem Geschick und Formgefühl. Das Staunen aber wird zur Bewunderung, wenn man bedenkt, mit welch einfachen Mitteln eine Zeit gearbeitet hat, die keine Maschinen kannte und die jeden Draht, jedes Blech sich erst zurecht schmieden musste, abgesehen von einer Menge anderer Dinge, die heute fertig zu haben sind. Die grossartigen und umfangreichen, aus dem Stück geschmiedeten Beschläge der Thüren an den Kathedralkirchen in Paris, Rouen, Lüttich etc. galten ja stets als Wunderwerke und von obigem Standpunkt aus betrachtet, sind sie es auch heute noch.

Die Schmiedekunst, wie die damalige Kunst überhaupt, steht in erster Linie im Dienste der Kirche. Ernst, schwer, wohl auch plump, aber solid, kernhaft und gediegen, wie die Formen der

Baukunst sind auch diejenigen der Kunstschlosserei. Das meiste ist ja im Lauf der vielen hundert Jahre zu Grunde gegangen; aber das Erhaltene genügt, um uns einen Einblick in die Technik und

Fig. 138.
Renaissance-Thüre vom Pellerhaus in Nürnberg. Innenseite. Aufgenommen von A. Ortwein.

Formgebung zu verschaffen. Wir lassen dabei, wie auch im folgenden einen hochentwickelten Zweig — die Waffenschmiederei — aus dem Spiele.

Es sind hauptsächlich Beschläge für Thore und Thüren, Schränke und Truhen, dann Fenster- und Abschlussgitter, stehende und hängende Leuchter, Wandanker, Thürklopfer, Feuerböcke und andere Kamingeräte, die in jener Zeit zur Ausführung gelangten.

128 VI. Das Eigentümliche der verschiedenen Stile.

Bezeichnende Merkmale der romanischen Technik sind das Aufspalten der Stäbe und das spiralige Zurückrollen der einzelnen Teile, das Zusammenschweissen einzelner Stäbe zu Bündeln, die in Gesenken geschmiedeten Verzierungen in Form von Rosetten, sowie die eigentümliche

Fig. 139.
Blumenstrauss aus Schmiedeisen von Schlosser Cassar in Frankfurt a. M.

Bildung der Blätter mit ihren Aushöhlungen und ihrem rundlichen Blattschnitt. Die Arbeiten bestehen aus einem aus vielen Teilen zusammengeschweissten Stück ohne Vernietung und Verschraubung. Die Beschläge sind mit Nägeln auf die Holzteile befestigt. Die gewöhnliche Verbindung für freistehende Stücke geschieht durch den Bund. In Bezug auf die Thürbänder sind mond- oder sichelförmige Schweifungen nicht selten.

In Figur 144 bringen wir eine Anzahl von Einzelheiten zur Abbildung, die dem romanischen und dem Uebergangsstil entnommen sind. Ausserdem giebt Figur 145 ein Stück eines romanischen Kaminvorsetzers aus dem 13. Jahrhundert und Figur 146 das Beschläge einer Thür von der Kathedrale in Lüttich, ebenfalls aus dem 13. Jahrhundert.

2. Die gotische Zeit.

Die gotische Stilweise entsteht zu Ende des 13. Jahrhunderts und reicht bis in das 16. Jahrhundert hinein. Man unterscheidet zwischen den frühgotischen und den spätgotischen Formen.

Mit dem Uebergang vom Romanischen zum Gotischen erfährt die Schmiedeisentechnik eine Erweiterung. Neben dem Schmieden aus dem Stück, neben dem Zusammenschweissen greift die

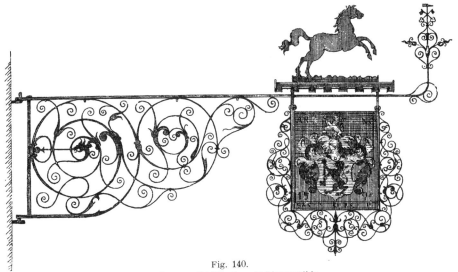

Fig. 140.
Renaissance-Schild einer Schlossergilde.

kalte Nietung Platz; einzelne in Gesenken oder frei geschmiedete Teile werden den Hauptteilen aufgenietet. Das Winden kantiger Stäbe kommt in Aufnahme; das Blech spielt eine grössere Rolle. An Stelle der spiraligen Stabendigungen treten Blattbildungen in Drei- und Vierblattform, zu welchem Zwecke die Stabenden ausgeschmiedet und breitgeschlagen werden (Fig. 147). Die ganze Arbeit wird zierlicher, lebendiger und schneidiger; die Blätter werden gebuckelt oder aufgetieft; Verzierungen mit Punzen und Meisseln werden häufiger. Die Erweiterung der Technik steigert sich gradweise bis zur Blütezeit der Gotik (Fig. 151). Auch das Verwendungsgebiet ist erweitert, allerlei Beleuchtungsgeräte, Laternen, Wandarme, Werkzeuge, Thürklopfer, und sogar Möbel, wie Ständer, Pulte, Sitze werden in Schmiedeisen gebildet. Das Beschläge wird reicher und zierlicher durchbrochen, mit farbigem Tuch oder Leder hinterfüttert; die Schlossbeschläge treten an Stelle der alten Riegelvorrichtungen etc. (Fig. 150). Das Prinzip der Konstruktion sowohl als der Verzierung ist vorzüglich und kaum ein zweites Material hat sich der Blütegotik so gut angepasst wie das Schmiedeisen.

Zur Zeit der Spätgotik werden die Formen noch zierlicher, schlanker und langgezogen; die Blattformen werden kühn ausgeschnitten und gewunden; Stäbe und freie Endigungen werden mit

130 VI. Das Eigentümliche der verschiedenen Stile.

Blattkelchen umhüllt oder mit Ranken umwickelt (Fig. 149); Lilien sind eine beliebte Erscheinung. Es macht sich ein gewisser Naturalismus geltend; einheimische Pflanzen (der Feldahorn, die Distel u. a.) müssen als Vorbilder dienen, knorrige Aeste und Stämme werden in Eisen nachgebildet. Aber auch die Formen des Steins werden zur Verfallzeit unverstandenerweise auf das Eisen übertragen. Kreuzblumen, Krabben, Spitzbögen, Fischblasenornamente und Masswerke, Zinnen

Fig. 141.
Relief, in Eisen getrieben von Professor Rudolf Mayer.

und ganze Architekturen (Fig. 152 und 153) werden nachgebildet, so wenig das Material sich hierfür auch eignen mochte.

Von diesen Verirrungen abgesehen, lässt sich allgemeinhin behaupten, dass der Schmiedeisenstil der Gotik ein gesunder war, dass hauptsächlich der konstruktive Gedanke zu hoher Vollendung gelangte, wenn auch die Geschicklichkeit der Technik dasjenige nicht erreichte, was spätere Zeiten geleistet haben.

Die Figur 154 stellt noch eine Anzahl gotischer Einzelheiten zusammen; vergleiche ausserdem das Gitter Figur 106 und die Figur 132.

Fig. 142. Schmiedeiserner Thürklopfer aus Sevilla. Um das Jahr 1580. Kunstgewerbemuseum in Köln.

3. Die Renaissance.

Dieser Ausdruck bezeichnet die Wiederaufnahme der antiken Kunst- und Weltanschauung, wie sie in Italien zuerst in die Erscheinung trat, späterhin aber auch in den nördlichen Ländern Boden fasste, allerdings unter veränderten Verhältnissen und mit anderen Formen. Man unter-

132 VI. Das Eigentümliche der verschiedenen Stile.

Fig. 143. Kettenglieder in Klein-Eisenarbeit.

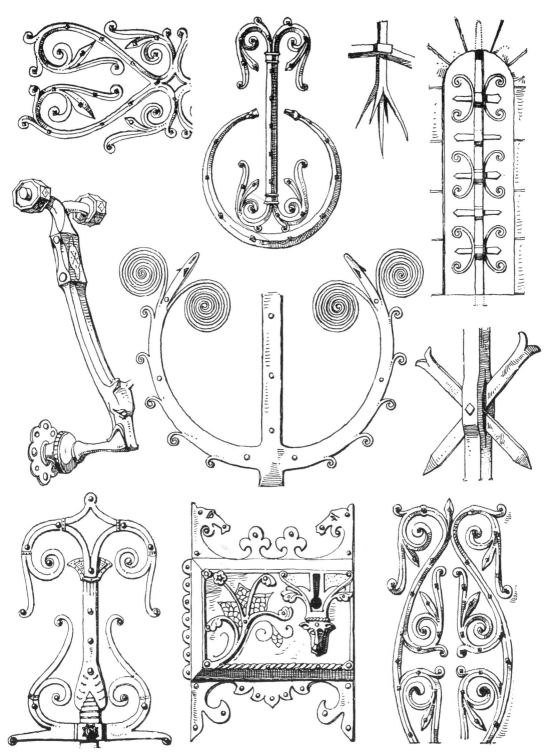

Fig. 144. Romanische Einzelheiten. Nach Viollet-le-Duc.

scheidet zwischen Früh-, Hoch- und Spätrenaissance, hat sich jedoch daran gewöhnt, die letztere als Stil für sich (Barockstil) zu betrachten, so dass für unseren Fall die Renaissance das 16. Jahr-

Fig. 145.
Teil eines romanischen Kaminvorsetzers. 13. Jahrhundert.

hundert und einen Teil des folgenden umfasst. Da die Kleinkünste durchschnittlich ein Menschenalter später die Vorgänge zeigen, welche in der Baukunst umgestaltend auftreten, und da sich die

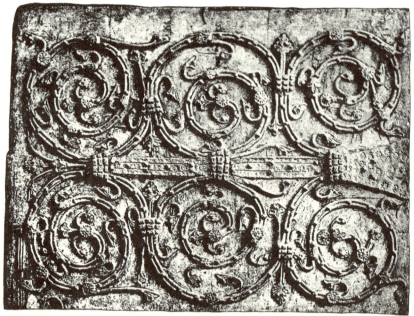

Fig. 146.
Thürbeschläge von der Kathedrale in Lüttich. 13. Jahrhundert. (Nach Ysendyck.)

Herkömmlichkeiten des Handwerks lange zu erhalten pflegen, so zeigen die Uebergangszeiten ein merkwürdiges Durcheinander und Nebeneinander von Formen. Dies gilt in hervorragendem Masse von der Brücke zwischen Spätgotik und Frührenaissance.

3. Die Renaissance.   135

Während die Baukunst, die Malerei und Bildhauerei auf die antiken, besonders die römischen Formen zurückgreifen, so kann hiervon, wenigstens in unmittelbarem Sinne, bezüglich der Schmiedekunst nicht geredet werden aus bereits hervorgehobenen Gründen. Die mittelalterliche Technik und Formgebung wird eben erweitert und selbständig umgestaltet. Das Anwendungs-

Fig. 147.
Einzelheiten von einem gotischen Gitter in St. Denis.
14. Jahrhundert.

Fig. 148. Einzelheiten gotischer Beschläge.

Fig. 149. Gotische Einzelheiten.

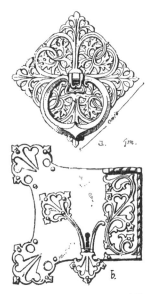

Fig. 150. Gotische Thürbeschläge.

gebiet wird ebenfalls belangreicher. Es treten neu hinzu: Füllungs- und Oberlichtgitter, Wandarme mit Wirtsschildern und Innungszeichen, Wasserspeier, Wetterfahnen, Taufbeckendeckelträger, Messpultzeiger, Waschbeckenständer, Handtuchhalter, Grab- und Turmkreuze, sowie Werkzeuge und Geräte von grosser Mannigfaltigkeit. Das Beschläge macht eine grosse Wandlung durch. An Stelle der lang ausholenden Zungenbänder treten die kürzeren Schippenbänder, deren

Angeln und Zapfenträger ebenfalls dekorativ ausgenützt werden. In Bezug auf Schlösser und Schlüssel wird ein grossartiger Aufwand gemacht, sowohl in Beug auf das Aeussere als auf den Mechanismus. Wir ziehen heute kleine, einfache Schlösser vor; damals war es umgekehrt. An

Fig. 151.
Gotischer Thürklopfer nach Paukert.

Fig. 152.
Spätgotischer Thürklopfer. 15. Jahrhundert.

technischen Hilfsmitteln kommen zu den alten: das Treiben, das Gravieren, das Aetzen, Bemalen, Vergolden, Verzinnen, das Mitverwenden von Messing und Kupfer etc.

Was die veränderte Form anbelangt, so müssen jetzt die Erzeugnisse der einzelnen Länder auseinander gehalten werden, da die betreffenden Unterschiede nunmehr viel bedeutender sind

Fig. 153.
Spätgotische Füllungen. Spanisch. Kunstgewerbemuseum in Köln. 15. Jahrhundert.

als zur Zeit des Mittelalters. In Italien, wo die Gotik niemals richtig anerkannt und verstanden wurde, waren gotische Schmiedeisenvorbilder, an welche die neue Zeit sich hätte anlehnen können, seltener als in Frankreich, dem Stammlande der Gotik, und in Deutschland. Dadurch erklären sich die merkwürdigen Schmiedeisenerzeugnisse der italienischen Frührenaissance. Es kommen nicht selten altitalische, byzantinische, orientalische und auch antike Erinnerungen zum Vorschein.

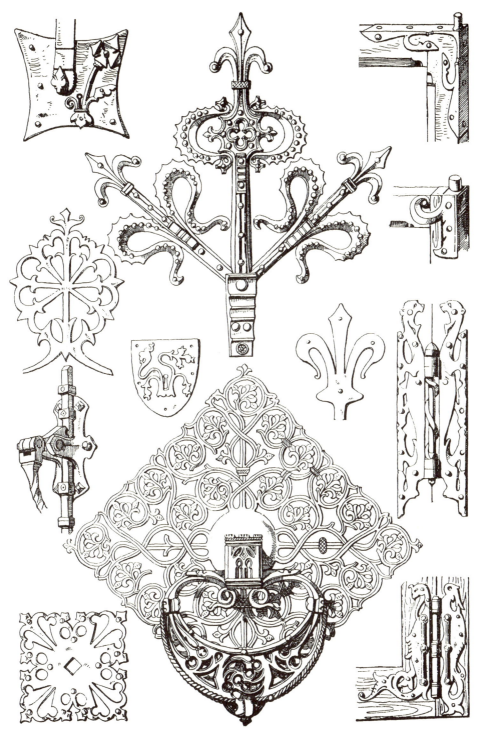

Fig. 154. Gotische Einzelheiten. Nach Viollet-le-Duc und Hefner v. Altenek.

138 VI. Das Eigentümliche der verschiedenen Stile.

Fackelträger, Pechpfannen, Pferderinge, Flaggenhalter und Thürklopfer der Paläste tragen zum Teil auffallend einfache Grundformen zur Schau. Die Verzierung ist oft nur Flachornament,

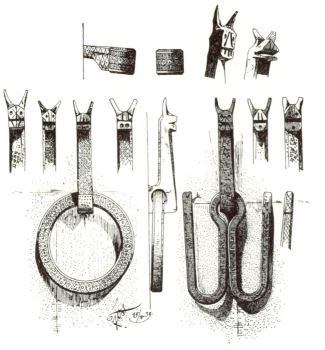

Fig. 155.
Fackelhalter und Pferderinge im Hof des Bargello in Florenz.
15. Jahrhundert.

Fig. 156.
Schmiedeiserne Laterne aus Florenz.
15. Jahrhundert.

durch Einhauen geometrischer Muster hervorgebracht (Fig. 155). Reichere Gebilde, wie Laternen, Konsolen, Wandarme etc. nehmen öfters ein architektonisches Aussehen an; die Steinarchitektur

Fig. 157.
Altargitter aus Sta. Maria degli Scalzi in Venedig.

wird in wenig verstandener Weise auf das Eisen übertragen (Fig. 156), wie es — wie bereits erwähnt — allerdings auch zur Zeit der Spätgotik in Frankreich und Deutschland geschah. Im weiteren Entwickelungsverlauf der italienischen Renaissance macht sich jedoch bald eine freiere

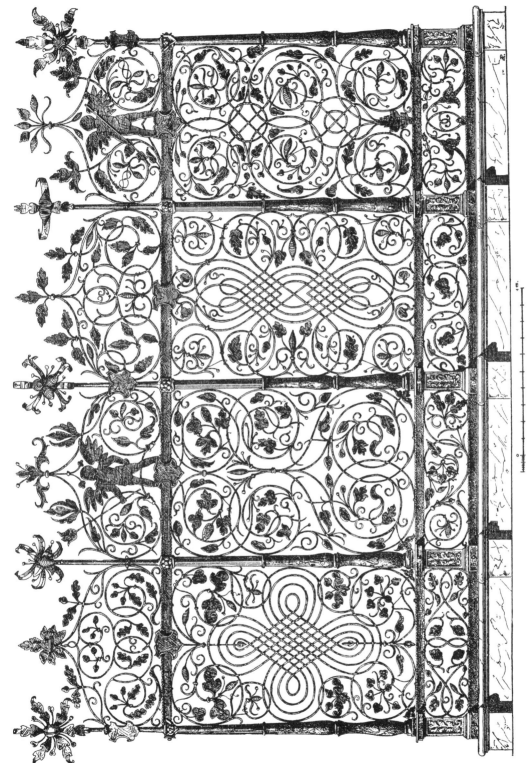

Fig. 158. Renaissance-Gitter vom Grabmal Kaiser Maximilians in Innsbruck. Aufgenommen von F. Paukert.

Fig. 159. Renaissance-Gitter aus der Marienkirche in Berlin. Aufgenommen von M. Bischof.

Fig. 160. Renaissance-Thürbeschläge aus Ulm. Aufgenommen von L. Theyer.

Formgebung geltend. Im Voluten- und Rankenornament wird die richtige Form gefunden, und hier finden wir eine Schönheit und Einfachheit der Linienführung, wie sie von den oft überladenen nordischen Formen wohlthuend absticht (Fig. 157). Auch da, wo Grotesken, Embleme, Wappen, Schriften und figürliche Dinge hinzutreten, ist meist für Masshalten, Einfachheit und vornehme Wirkung gesorgt. Man vergleiche in diesem Sinne die weiter oben gebrachte Figur 123.

Bezeichnend für die Renaissanceerzeugnisse auf unserm einheimischen Boden ist folgendes: Das Aufrollen der Stäbe zu flachen Voluten, das die romanische Zeit schon benützte, das die

Fig. 161. Füllungsgitter. Barock.

Fig. 162.
Detail aus der Barockzeit.

Fig. 163.
Einzelformen aus der Barockzeit.

gotische aber weniger oft in Anwendung brachte; die zahlreichen Durchschiebungen und Geflechte im Gitterwerk, die Spiralblumen und die Blumen überhaupt, die mit zum Schönsten gehören; das Ausschmieden zu flachen Verzierungen in Form von Fratzen, Tiergestalten und Grotesken (eine italienische Ueberlieferung), das Schmieden der Stäbe in Gesenken zu Profilierungen, wie sie an eine Herstellung auf der Drehbank erinnern; die Verwendung des Rundeisens mit Vorliebe; die einfache Behandlung der Blätter, die gegen die kühnen, wirren Formen der Spätgotik absticht; das Bestreben nach gleichmässiger Ornamentverteilung etc.

Wir geben auch an dieser Stelle einige Abbildungen zur Veranschaulichung des Gesagten. Figur 158 zeigt einen Teil des prachtvollen Gitters vom Grabmal Kaiser Maximilians in Innsbruck.

3. Die Renaissance.

Figur 159 giebt ein Renaissancegitter aus Berlin und in Figur 160 sind einige Renaissance-
beschläge abgebildet.

Ist die Schmiedekunst des Mittelalters in erster Reihe im Dienste der Kirche gestanden,

Fig. 164.
Oberlichtgitter aus Villingen. Barock.

so hat die Renaissance für Rathäuser, Innungshäuser und für das Patrizierhaus mindestens
ebensoviel und Gleichwertiges geschaffen als für die Kirche. Man könnte von einer gut bürger-

Fig. 165.
Barockgitter aus der Kirche St. Ouen in Rouen.

lichen Schmiedekunst sprechen und würde dadurch auch der Art der äusseren Erscheinung gerecht werden; sie ist solid, behäbig, urwüchsig, nicht ausschweifend, aber sie sagt: „Wir können
es machen."

4. Die Barockzeit.

Der noch nicht vollständig aufgeklärte Name klammert sich an eine Aeusserlichkeit, an die Bezeichnung für das Schiefrunde. Der eigentliche Barockstil ist ebenfalls in Italien geboren. Die Jesuiten sind zu Gevatter gestanden, wenn sie nicht seine Väter sind. Man hat, wie gesagt, bis vor kurzer Zeit Spätrenaissance und Barockzeit als eines betrachtet, während man heute das

Fig. 166.
Pilasterkapitäle nach Jean Berain. Barock.

Barocko als einen Stil für sich aufzuführen pflegt, wofür auch Unterscheidungsmerkmale in genügender Fülle vorhanden sind. Kurz gesagt fällt dieser Stil für unsere Betrachtung mit der zweiten Hälfte des 17. und der ersten des 18. Jahrhunderts zusammen.

Der Uebergang von der Hochrenaissance zur Barockarchitektur ist kein schroffer und

Fig. 167.
Gitterkrönung vom Johannisfriedhof in Leipzig. Barock.

gewaltsamer. Die Formen wurden eben immer freier und kühner. Die strenge Linie wurde als abgebraucht und langweilig verlassen; es wurde nach neuen Formen gesucht. Die architektonischen Profilierungen wurden gerne verkröpft und geschweift, die Giebelverdachungen gebrochen und geteilt; es wurde auf grosse und perspektivische Wirkungen gearbeitet; das verzierende Element war wichtiger als dasjenige des praktisch notwendigen Aufbaues etc. Das alles macht dann auch die Schmiedekunst mit innerhalb der durch das Material gebotenen Grenzen. Die auf der Höhe stehende Technik wird ausgesuchter und wählerischer in den Mitteln; sie arbeitet auf

4. Die Barockzeit.

wohlberechneten Prunk; daher die Wahl grösserer Massstäbe und die Beiziehung von Messing und Bronze für Schmiedeisengitter im Innern. An Stelle des bescheidenen Rundeisens tritt das wirksamere Vierkanteisen. Die Durchschiebungen machen den Ueberplattungen und Hinterschiebungen Platz. Die Verdoppelungen mehren sich. Die Stäbe werden häufig im Winkel scharf abgebogen und bilden eigenartige, symmetrische Verschlingungen (Fig. 161). Der Blattschnitt wird kühner, die Blätter überhaupt reicher; sie, wie die Stäbe, rollen sich dem Beschauer entgegen; die Gitter erhalten eine Vorder- und Rückseite, die verschieden sind, während sie zur Zeit der Renaissance gleichwertig waren. Die Spiralen und Voluten werden öfters langrund oder schiefrund zusammengequetscht (Fig. 163c). Es treten gross angelegte Palmettenmotive in den Thürfüllungen und Krönungen auf (Fig. 163a). Die Stabdurchkreuzungen werden auf den Kreuzungsstellen mit kleinen Rosetten geziert (Fig. 163b). Der Aufputz an Rosetten, Knöpfen, Akanthushüllkelchen nimmt überhaupt zu. Kränze und Guirlanden treten auf. Kronen, Kartuschen, Wappenschilder und Namenszüge machen sich breit, sind vielfach zu gross im Massstabe und verderben mehr als sie gut machen. Kleine Kugeln und Ringe schieben sich als Verbindungs-

Fig. 168.
Fenstergitter von der Universität in Breslau. Barock.

glieder ein, wo Voluten und Stäbe sich nicht unmittelbar berühren (Fig. 162). Profilierte, gesimsartige Stäbe zu Querverbindungen werden häufiger und erinnern öfters an die durchbrochenen Giebel der Architektur (Fig. 164). Neben grossem Eisen für die Konstruktion und die Hauptteile wird kleineres für die Ausstattung benützt, und während die Renaissancegitter häufig aus einer Sorte Stabeisen gebildet sind, zeigen die Barockgitter oft ein halbes Dutzend verschiedener Profile (Fig. 163a und c). Während die Renaissance auf eine einheitlich geschlossene Wirkung und gleichmässige Verteilung hält, wird der Knalleffekt in der Barockzeit für einzelne hervorragende Stellen aufgespart, wogegen andere verhältnissmässig leer und nüchtern erscheinen und zum gewöhnlichen Stabgeländer werden (Fig. 165). Einzelne Teile im Gitterwerk werden gerne als Flachmusterpartien behandelt, was eben durch enggestellte Stabkreuzungen erzielt wird.

Dass die Gitter, und auf diese bezieht sich hauptsächlich das bisher Erwähnte, an Balkonen, Balustraden, Treppen etc. den Schweifungen und Rundungen der Architektur folgen, also vielfach nicht in Ebenen, sondern in cylindrischen Flächen sich bewegen, ist eine notwendige Anpassung an die Anforderungen der Architektur. Auch die in dieser Zeit üblichen Fenstervergitterungen werden im Unterteil nach der Strasse zu ausgeschweift. An Park- und anderen

Fig. 169. Barockgitter vom Friedhof in Halle a. S.

grossen Abschlussgittern werden als Unterbrechung und zur grösseren Versteifung an Stelle der steinernen Pfosten häufig pilaster- oder hermenartige Bildungen in Schmiedeeisen samt Sockel und Kapitäl in Eisen gebildet und zwar meist mit Glück und Geschmack (Fig. 166).

Was Beschläge, Geräte und ähnliche kleinere Dinge betrifft, so sind die Umwälzungen ähnlich, wenngleich weniger bedeutend und auffallend. Auf diesen Gebieten ist eher ein Rückgang als ein Fortschritt zu verzeichnen. Vieles, was zur Zeit der Renaissance in Schmiedeeisen gemacht wurde, erscheint bereits an andere Metalle abgetreten. Das Prinzip des Barockstils widerstrebt gewissermassen den Werken der Kleinkunst, wie dem Kleinlichen überhaupt.

Wir geben diesem Kapitel noch einige charakteristische Beispiele bei. Figur 167 zeigt eine Gitterkrönung vom Johannisfriedhof in Leipzig, Figur 168 ein Fenstergitter an der Universität zu Breslau, Figur 169 ein in eine Renaissancearchitektur eingebautes Barockgitter vom Friedhof zu Halle a. S., Figur 170 ein Gitterthor, das sich jetzt im Kunstgewerbemuseum zu Leipzig befindet und Figur 171 ein Beschlägestück aus dem Kunstgewerbemuseum zu Karlsruhe.

Wenn wir die Schmiedekunst des Mittelalters als vorherrschend kirchlich, die der Renaissance als gut bürgerlich bezeichnet haben, so kann

4. Die Barockzeit.

Fig. 170. Barock-Gitterthor im Kunstgewerbemuseum zu Leipzig.

man diejenige der Barockzeit vornehm, prunkend und repräsentierend nennen. Klöster, Kirchen, Universitäten, öffentliche Gebäude aller Art, Friedhöfe, Paläste und Schlösser sind der Schauplatz

Fig. 171. Beschläge aus dem Kunstgewerbemuseum in Karlsruhe.

ihrer Erzeugnisse. Die Kunst wurzelt weniger, wie ehedem, im breiten Volke; sie ist nach oben gestiegen. In Frankreich, wo man die Stile nach dem jeweiligen Herrscher zu benennen pflegt, heisst der Stil der Barockzeit „Louis XIV". Dem Wissenden genügt dies.

5. Die Rokokozeit.

Fig. 172. Innungszeichen im Rokokostil.

Die Bezeichnung Rokoko wird von „rocaille" abgeleitet, was Grotten- oder Muschelwerk bedeutet und für gewisse Eigentümlichkeiten der Stein- und Stuckarchitektur dieser Zeit seine Begründung hat. Die deutsche Schmiedekunst der Renaissance stand völlig auf eigenen Füssen, wenn man von vereinzelten italienischen Einflüssen absieht. Die Folgen des 30jährigen Krieges ruinierten unser Land und unsere Kunst in bedenklichster Weise. Wenn auch nicht die selbständige Technik verloren ging, so kam doch die eigene Geschmacks- und Stilrichtung abhanden. Die Kunst fand ihre Pflege fast ausschliesslich an fürstlichen Höfen und für diese war Frankreich tonangebend. So kam es, dass die Kunst auf deutschem Boden meist von französischen Künstlern ausgeübt wurde. Wo sie den Händen der Einheimischen verblieb, da wurde sie nach französischer Schablone geübt. Der Rokokostil umfasst für unseren Fall die Zeit vom ersten bis zum letzten Viertel des vorigen Jahrhunderts und fällt zusammen mit der Herrschaft Louis XV.

Die Kunst jener Zeit ist lustig und leicht, tändelnd und ausschweifend, vielfach auch hohl und nichtssagend; sie ist der Spiegel ihrer Zeit. Der streng architektonisch gegliederte Bau löst sich auf in dekoratives Rahmenwerk, in zwangloses Geschnörkel. Der langweiligen Symmetrie wird der Dienst gekündigt. Schrankenlos wird auf dekorative Wirkung gearbeitet. Das Schmiedewerk des Rokoko erreicht den Höhepunkt der technischen Durchführung; es wird ein duftiges Gewebe, ein zierliches Gespinnst, welches kaum mehr an die Starrheit des Materials erinnert und den Beweis für dessen ausgesprochene Bildsamkeit liefert. In dieser Beziehung lässt das Rokoko alles bis dahin Dagewesene weit hinter sich.

Das Verwendungsgebiet ist ähnlich wie zur Barockzeit. Es werden gemacht: grosse Prunk-

Fig. 173.
Treppengitterfüllung im Rokokostil.

thore für Kirchen, Schlösser und Parkanlagen, Balkon- und Balustradengitter, Treppengeländer, aber auch Wirtsschilder, Innungszeichen, Oberlichtgitter, Turm- und Grabkreuze etc.

Dagegen ist das Beschläge immer kleiner und unbedeutender geworden; es versteckt sich mehr und mehr und wird aus Bronze und Messing gebildet, wenigstens wo es sich um eine reichere Ausstattung handelt. Ein gleiches gilt für Leuchter und Wandarme im Innern, über-

Fig. 174.
Rokoko-Oberlichtgitter vom Zeughaus zu Kassel nach L. Hotzfeld. 1766.

haupt für das Kleingerät. Das Eisen ist nicht mehr vornehm genug; der Proletarier der Metalle wird nur noch zugelassen, wo man ihn nicht wohl entbehren kann. Auch die Fenstervergitterungen werden seltener; sie sind auf Fenstervorsetzer zusammengeschrumpft.

In Hinsicht auf die veränderte Formgebung ist zunächst zu bemerken, dass der Uebergang vom Barockstil zum Rokoko ebenfalls nicht gewaltsam, sondern allmählich erfolgt, indem die Barockgitter immer mehr an Eigentümlichkeiten des Rokoko aufnehmen. Als solche sind zu nennen: die nicht immer, aber oft vorhandene Aufgabe der Symmetrie (Fig. 172 und 173); die auffallende Umgehung der geraden Linie und Beschränkung derselben auf das unumgänglich Notwendige; das Vermeiden geometrischer Musterungen (ausgenommen sind als Ueberbleibsel der

Fig. 175.
Rokoko-Oberlichtgitter aus dem Kloster Ottobeuren bei Memmingen. Nach M. Kindl.

vorangegangenen Zeit: Stabkreuzungen als Flachmuster [Fig. 174] und perspektivische Architekturandeutungen in den Thüren); kühnes, willkürliches Blatt- und Schnörkelwerk mit gewellten

Fig. 176.
Einzelheiten des Rokokostils.

und gekrausten Ansätzen und Anhängseln (Fig. 175), naturalistische Blumen, Guirlanden, gefaltete Bänder und Tücher; die Rückkehr zu weniger schweren Eisensorten; die vielfach auftretende

Furchung der Blätter zum Zwecke grösserer Belebung (Fig. 176d); kleine kartuschenartige Schildchen auf dem Bund oder an dessen Stelle (Fig. 176c); der eigentümliche in die Länge gezogene Blattschnitt des Akanthus und die kühn umgeworfenen Blattenden (Fig. 176a).

In Figur 177 geben wir noch eine unsymmetrische Rokokofüllung und in Figur 178 eine solche mit Beibehaltung der Symmetrie. Das grosse Thor, Fig. 179, zeigt im ganzen Aufbau noch die Erinnerungen des Barockstils, gehört aber in Bezug auf die Einzelheiten auch schon dem Rokoko an.

Nennen wir die Schmiedekunst des Rokoko die höfische, die fürstliche. Die Schlösser, Bauten und Parkanlagen der weltlichen und geistlichen Fürsten sind die Hauptorte ihrer Bethätigung. Höchste Flottheit der Technik, das Zurücktreten des struktiven Gedankens hinter eine willkürliche, üppige Verzierungsweise, und der Rückzug vom Felde der Kleinkunst in den Dienst der monumentalen Architektur sind die hervorstechenden Seiten.

Fig. 177.
Rokokogitterfüllung aus Schönenberg b. Zürich.

Fig. 178.
Oberlichtgitter aus Innsbruck. Rokoko.

6. Der Stil Louis XVI. und das Empire.

Der Einfachheit halber sollen diese beiden Stile in einem abgemacht werden. Mit dem Rokoko war der Gipfel erreicht; man hatte alles ausgegeben. Alles drängte zur Ernüchterung, zur Vereinfachung, zur Rückkehr in alte Pfade. Viel Gutes ist dabei nicht zu Tage gekommen. Die Bewegung war keine urwüchsige; sie folgte dem Drange der Not. In der Baukunst verfiel man auf klassisch sein sollende, aber oft bloss langweilige Gebilde, und ähnlich war es mit der Kunstschlosserei. Antike Mäandermotive, Flecht- und Blumenbandmotive treten im Gitterwerk auf (Fig. 180). Das Blattwerk wird steif und kleinlich; gestriegelte Lorbeerguirlanden und Kränze mit vielfach gefälteten Bändern umrahmen glatte, elliptische Schilder; die Grabkreuze und Wirtshausschilder werden erschrecklich nüchtern; von weitem sehen sie ganz hübsch aus und lassen auf etwas Rechtes schliessen, aus der Nähe besehen lohnt sich gewöhnlich das Aufzeichnen nicht. Vom Beginn des Louis XVI.-Stils ab erlahmt die ganze Sache immer mehr, bis sie schliesslich auf dem philisterhaften Standpunkt anlangt, der die erste Hälfte des 19. Jahrhunderts im allgemeinen kennzeichnet.

Die Figur 181 zeigt ein hierher gehöriges Grabkreuz, das noch eine verhältnismässig gute Wirkung macht.

Fig. 179. Thor vom Schlosspark in Karlsruhe.

7. Die neuste Zeit.

Wir wollen zum Schluss unserer kurzen Stilbetrachtung auch noch ein paar Worte über das Heute zufügen. Was haben wir heute für einen Stil? Wer weiss es? Am einen Orte versucht man es mit der Gotik, am anderen mit der Renaissance, am dritten mit dem Barock- und Rokokostil. Auch der Stil Louis-XVI. und das Empire haben ihre Bewunderer und Nachahmer gefunden. Wir hätten also gleich in den dreissig Jahren, seit wir uns kunstgewerblich überhaupt wieder rühren, alle vorangegangenen Stile bereits verbraucht, ohne einen neuen Stil zu finden? Das ist wohl ein Irrtum. Unsere Zeit wird denjenigen, welche unsere Leistungen später ohne Voreingenommenheit betrachten, gewiss auch als Ganzes für sich mit bestimmten Eigentümlichkeiten erscheinen. Zu diesen Eigentümlichkeiten wird dann allerdings das Verquicken und Nebeneinanderhergehen

Fig. 180.
Einzelheiten. Uebergang vom Rokoko zum Stil-Louis XVI.

der mannigfaltigsten alten Formen in erster Reihe zählen. Betrachten wir unsere Erzeugnisse näher! Wird sie jemand, der einigermassen sich auskennt, mit früheren verwechseln, abgesehen von beabsichtigten Nachahmungen bis ins Kleinste? Gewiss nicht. Also, wir haben auch unseren Stil; wir stehen nur zu sehr inmitten desselben, als dass wir ihn unbefangen genug überblicken könnten. Auf dem Gebiete der Schlosserei wird heute viel gemacht; darunter ist vieles, was eine Kritik auf die Dauer nicht wird bestehen können. Was sich aber von früher für uns erhalten hat, oder was wir davon würdigen, ist aber auch nur das Beste aus jenen Zeiten. Von allen Kunsthandwerken hat, seit von einem Wiederaufleben die Rede ist, die Kunstschlosserei gewiss eine der ersten Rollen gespielt, und heute sitzen in Wien, Berlin, München, Frankfurt a. M. und vielen anderen Orten Meister, die allen Anforderungen gewachsen sind und die machen können, was je gemacht wurde, vorausgesetzt, dass es bestellt und bezahlt wird.

Wir leben im Stadium des Gärungsprozesses. Vieles wird sich noch klären müssen. Vor allem sollten wir nicht sklavisch Altes kopieren, bloss weil es alt ist. Wir sollten mehr selbständig werden und der eigenen Kraft vertrauen, was nicht ausschliesst, dass wir alles prüfen und das Beste behalten. Wir sollen alle Errungenschaften der heutigen Technik und fabrik-

Fig. 181.
Grabkreuz aus dem Anfang des 19. Jahrhunderts.
Aufgenommen von E. Crecelius.

mässigen Herstellung gebührend ausnützen, aber nicht auf Kosten des „Billig und Schlecht", sondern so, dass jeder klar Denkende sein Einverstanden dazu geben kann.

Der Meister von heute ist nicht unabhängig genug. In der Mehrzahl der Fälle macht nicht er, sondern ein Architekt oder anderer Künstler die Entwürfe. Der Schlosser ist der ausführende, aber nicht der künstlerisch verantwortliche Teil. Das sollte anders werden. Und nun stehen wir wieder am Ausgange unserer Betrachtung: Es ist für einen tüchtigen Kunstschlosser unumgänglich notwendig, dass er zeichnen kann, dass er Stilkenntnis hat und richtig sehen kann.

Fig. 182.
Gitterfüllung im Reichstagsgebäude zu Berlin. Von Paul Marcus daselbst.

Bezüglich der Leistungen der neuesten Zeit verweisen wir zunächst auf die weiter oben gebrachte Figur 97 und dann auf die hier eingereihten Abbildungen. Die Figur 182 bringt eine Gitterfüllung aus dem Reichstagsgebäude, von Paul Marcus in Berlin gefertigt. Die Figur 183 giebt ein Gitterthor, von E. Puls in Berlin für die Weltausstellung in Chicago 1893 ausgeführt. Die Figur 184 bildet ein Brüstungsgitter von der Tauchnitzbrücke in Leipzig ab, entworfen von P. Schuster und ausgeführt von H. Kayser daselbst, und schliesslich zeigt die Figur 185 die von Gebr. Armbrüster in Frankfurt a. M. hergestellten Gitter, welche den Haupteingang der deutschen Abteilung der Weltausstellung zu Chicago 1893 zierten.

Fig. 185. Haupteingang der deutschen Abteilung auf der Weltau-

Zu Seite 154.

icago 1893. Gitter von Gebr. Armbrüster in Frankfurt a. M.

VII. DIE SCHLÖSSER SAMT ZUBEHÖR.

(Tafel 5, 6 und 7.)

Mit den Schlössern möge die Reihe der in 14 Gruppen untergebrachten Schlosserarbeiten beginnen.

Nach dem Schlosse führt der Schlosser seinen Namen. Das war seinerzeit selbstverständlich, heute klingt es wie Ironie. Früher war die Anfertigung von Schlössern eine Hauptbeschäftigung des Schlossers; heute lohnt sich dieselbe in Anbetracht der fabrikmässigen Erzeugung kaum mehr. Soweit es sich nicht um besondere Fälle handelt, wird das Schloss fertig gekauft und dem Schlosser verbleibt das Anschlagen, die etwaige Abänderung und die Reparatur. Vergleicht man die Schlösser der früheren Jahrhunderte mit den unserigen, so zeigen sich wesentliche Unterschiede. Die alten Schlösser sind gross und eigenartig; sie zeigen häufig einen äusserst zusammengesetzten Mechanismus, der nicht immer im Verhältnis steht zu der wirklich erzielten Sicherheit gegen unbefugtes Oeffnen. Diesen Schlössern wurde fast durchweg eine künstlerische Ausstattung in Bezug auf das Aeussere zu Teil, so dass sie nicht allein zum Abschliessen, sondern auch zum Schmuck der Thüren und Möbel dienten. Im Gegensatz hierzu werden die modernen Schlösser möglichst klein und einfach gebaut. Das Aeussere ist von einer nicht zu überbietenden Schmucklosigkeit, soweit dasselbe überhaupt noch sichtbar gelassen wird. Der Schwerpunkt ist von der künstlerisch-formalen Seite auf die zwecklich-praktische verlegt worden. Dass es gut und sicher schliesse, ist alles, was man heutzutage von einem Schlosse zu verlangen pflegt.

Es liegt kein Grund vor, auf die früher üblichen Schlösser hier näher einzugehen, da sie nur geschichtlichen Wert haben. In Figur 95 wurde ein sehr schön durchgeführtes Renaissanceschloss abgebildet; hier sei ein weiteres Beispiel vorgeführt, an welchem gleichzeitig die Konstruktion zu ersehen ist (Fig. 186). Mehr oder weniger reiche Stücke ähnlicher Art finden sich in allen grösseren Kunstgewerbemuseen und erinnern an die Zeiten, in denen der Schlosser seinen Namen mit Fug und Recht führte.

Die Zahl der heute üblichen Schlösser ist keine geringe und immer werden noch neue Konstruktionen erfunden und patentiert. Man unterscheidet und benennt sie zum Teil nach der Art der Verwendung (z. B. Klavierschloss, Schiebthürschloss), zum Teil nach dem Bau (z. B. überbautes Schloss, Einsteckschloss), zum Teil nach den Hauptbestandteilen (z. B. Fallenschloss, Riegelschloss) und zum Teil nach den Erfindern oder nach den von diesen gewählten Bezeichnungen (z. B. Chubbschloss, Standardschloss, Protectorschloss etc.). Man unterscheidet ferner Rechts- und Linksschlösser, was mit der Drehungsart der Thüren im Zusammenhang steht.

Es soll hier versucht werden, eine allgemeine Uebersicht der gebräuchlichsten Formen zu

Fig. 183. Gitterthor von E. Puls in Berlin, gefertigt für die Weltausstellung in Chicago 1893.

geben, ohne näher auf die Einzelheiten einzugehen. Wollte man alle vorhandenen Formen gründlich erörtern, so würde dies ein Buch für sich beanspruchen.

1. Das Riegelschloss.

Der Verschluss erfolgt, wie der Name sagt, durch einen Riegel, der den Hauptbestandteil des Schlosses bildet. Die älteren Schlösser hatten sog. schiessende Riegel. Der Riegel wurde durch eine Feder so lang nach vorn geschoben, als nicht durch die Drehung des Schlüssels eine Rückschiebung und damit ein Aufheben des Verschlusses stattfand (vgl. Fig. 186). Man bezeichnet diese Schlösser auch als deutsche Schlösser, zum Unterschied von dem sog. französischen oder Touren-Schloss (erfunden von Freitag in Gera 1724), welches das gewöhnliche Riegelschloss von heute ist. Nach der Art des Riegelvorschubs, beziehungsweise der hierzu erforderlichen Schlüsseldrehung giebt es ein- und zweitourige Schlösser, ausserdem auch mehrtourige und halbtourige. Auf Tafel 5 ist ein eintouriges Riegelschloss dargestellt.

Das Riegelschloss besteht der Hauptsache nach aus dem Schlosskasten, dem Schliessriegel, der Zuhaltung und dem Schlüssel. Der Schlosskasten setzt sich zusammen aus dem Boden oder Schlossblech; den seitlichen Einfassungen, vorn Stulp, auf den drei anderen Seiten Umschweif genannt und der Schlossdecke, welche dem Schlossblech parallel und gegenüber liegt. Der Name „Umschweif" stammt aus der Zeit, da derselbe wirklich noch geschweift gefertigt wurde, wie dies die erwähnte Figur 95 zeigt. Der Schlosskasten ist aus starkem Schwarzblech (Schlossblech) gefertigt, dessen Dicke nach der Grösse des Schlosses schwankt; der Stulp ist umgekantet, der Umschweif wird vermittels der Umschweifstifte mit dem Schlossblech vernietet. Die Schlossdecke sitzt auf abgesetzten Stiften, den sog. Schenkelfüsschen auf und wird mit diesen durch Vernietung fest oder durch Verschraubung lösbar befestigt.

Im Schlosskasten liegt der Riegel. Er ist gewöhnlich nach vorn zum Riegelkopf verbreitert und verstärkt und greift mit diesem in einen entsprechenden Ausschnitt am Stulp (Stulpöffnung). Die weitere Führung erhält der Riegel durch den Riegelstift, der an dem Schlossblech aufsitzt und in einen Schlitz oder in eine Nute am hinteren Ende des Riegels eingreift. Auf der unteren Seite des Riegels befindet sich ein Ausschnitt als Angriff für den Schlüssel. Indem der Schlüsselbart in diese Toureneinfeilung eingreift und sich dreht, wird der Riegel vor-

Fig. 184. Brüstungsgitter von der Tauchnitzbrücke zu Leipzig, entworfen von P. Schuster und ausgeführt von H. Kayser daselbst.

158 VII. Die Schlösser samt Zubehör.

geschoben. Soll er zwei Touren vorgeschoben werden können, so sind auch zwei Toureneinfeilungen nötig.

Die Zuhaltung hat den Zweck, den Schliessriegel vor und nach jeder Tour festzuhalten. Sie ist durch den Zuhaltungsstift beweglich an dem Schlossblech befestigt, greift mit einem Zäpfchen in die Zuhaltungseinschnitte auf der oberen Seite des Riegels (zwei beim eintourigen, drei beim zweitourigen Schloss), endigt einerseits in die Zuhaltungsfeder, welche die Zuhaltung an den Riegel andrückt und andererseits in den Zuhaltungsbogen, welcher derart beschaffen sein muss, dass er durch die Umdrehung des Schlüssels so weit gehoben wird, dass das Zäpfchen sich aus den Zuhaltungseinschnitten auslöst. An Stelle des Zuhaltungsbogens kann man auch eine Zuhaltungsplatte verwenden, an welche die Feder angenietet wird oder man gestaltet die Zuhaltung als einarmigen Hebel, der durch eine besondere Feder angedrückt wird.

Der Schlüssel besteht aus dem Griff, auch Räute oder Raute genannt, dem Rohr und dem Bart. Der Griff ist gewöhnlich ringförmig, kann aber auch andere Formen haben, wie Figur 187 zeigt. Das Rohr ist ein cylindrischer Schaft, dessen Länge sich nach der Tiefe des Schlosses und der Dicke des Holzes richtet. Der Name „Rohr" kommt daher, weil die Schäfte älterer Schlüssel meistens hohl waren, während heute das Gegenteil der Fall ist. Schlüssel mit hohlem Rohr heissen deutsche oder weibliche, solche mit massivem Rohr französische oder männliche. Früher waren auch drei- und mehrkantige Rohrformen neben den runden im Gebrauch. „Gebohrte" Schlüssel hatten eine cylindrische Höhlung, „façonierte" oder „geschweifte" eine stern- oder

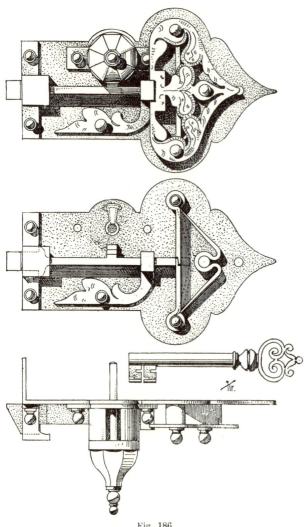

Fig. 186.
Altdeutsches Schloss. Schnappschloss.

andersförmige. Der Uebergang vom Griff zum Rohr heisst Gesenke; es kann ganz einfach sein oder ganz fortfallen, es kann jedoch auch reich verziert sein, wie Figur 94 zeigt. Die Schlüssel der Figur 188 haben die gewöhnliche Art der Gesenkbildung.

Der Bart kann verschieden behandelt sein. Betrachtet man seine Ausdehnung in der Richtung des Rohres als Länge, seine Ausladung vom Rohr ab als Höhe und die dritte Abmessung als Breite, so werden nach einer alten Schlosserregel der Länge und Höhe zwei Rohrdurchmesser gegeben, während die äusserste Breite am Eingriff dem Durchmesser gleichkommt. Jedoch ist diese Regel weder früher noch heute allgemein eingehalten. Von der Höhe des Bartes und der

Fig. 187.
Schlüsselgriffe.

Entfernung des Rohres vom Schliessriegel hängt die Schliesslänge ab, d. h. die Entfernung, um welche der Riegel bei einmaligem Umdrehen weitergeschoben wird. Als Regel gilt: die Ent-

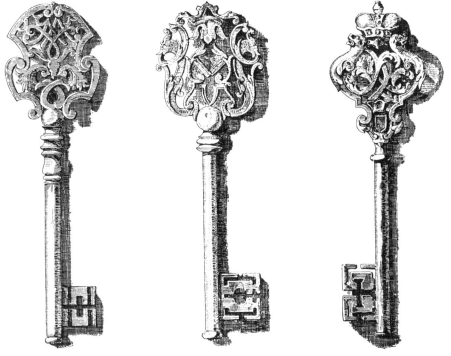

Fig. 188.
Schlüssel aus dem 17. und 18. Jahrhundert.

fernung des Schlüsselrohrs von der Unterkante des Riegels gleich der Rohrdicke zu nehmen, so dass der Bart ebenfalls um Rohrdicke in den Riegel eingreift und die Schliesslänge gleich der Barthöhe wird, wie es auf Tafel 5 veranschaulicht ist. Dass bei anderen Bartverhältnissen und bei geänderter Entfernung zwischen Rohr und Riegel sich auch die Schliesslänge ändert, ist selbstverständlich.

Seine Führung erhält der Schlüssel durch eine auf der Schlossdecke aufsitzende, cylindrische, einerseits offene Hülse (gewöhnlich auch Schlüsselrohr genannt). Ausserdem kann zur weiteren Führung das über den Bart hinaus verlängerte Ende des Schlüsselrohres, welches in ein Knöpfchen,

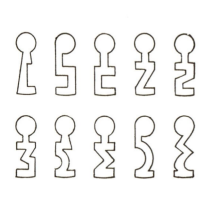
Fig. 189.
Schlüsselbartschweifungen.

Fig. 190.
Schlüsselschild in Kartuschenform.

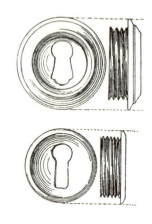
Fig. 191.
Schlüsselschilder aus Messing zum Einschrauben.

die Eichel, auszugehen pflegt, in ein kreisrundes Loch des Schlossbleches oder Schlossbodens eingreifen. Für Hohlschlüssel tritt an Stelle dieses Loches ein auf dem Schlossblech aufsitzender cylindrischer Dorn.

Wie schon erwähnt, fasst der Schlüsselbart den Riegel an der Toureneinfeilung oder dem

Fig. 192.
Schlüsselschild zum Aufschrauben.

Fig. 193.
Schlüsselschild für Friese mit verstellbarer Mittelpartie.

Angriff — nachdem er zuvor den Zuhaltungsbogen so weit in die Höhe gehoben hat, dass die Zuhaltung oben ausgelöst ist und der Riegel frei wird — und schiebt ihn so lange vorwärts, bis der Bart aus dem Riegel wieder heraustritt. Wie die Bewegung aufhört, hakt sich die Zuhaltung in den nächsten Riegeleinschnitt ein und stellt den Riegel wieder fest. Beim Zweitourenschloss wiederholt sich der Fall noch einmal in der nämlichen Weise. Beim Oeffnen des Schlosses, beim Zurückschliessen des Riegels wiederholt sich der Fall in umgekehrter Richtung. Aus dem Dargelegten geht hervor, dass die Sicherheit gegen unbefugtes Oeffnen in der Form des Bartes zu suchen ist; denn nimmt man ein starkes Blechstückchen, welches nach dem Umriss des Bartes

1. Das Riegelschloss.

endigt, so dass es die Zuhaltung heben und den Riegel bewegen kann, so ist das Schloss mittels desselben zu öffnen. Will man die Sicherheit gegen eine derartig leichte Herstellung eines Nachschlüssels erhöhen, so stehen folgende Mittel zu Gebote:

Man bringt auf dem Schlossblech ein sog. Reifchen an. Nun kann der Schlüssel nur eingeführt werden, wenn er einen diesem Reifchen entsprechenden Einschnitt am Bart hat. Man heisst dies Besatzung oder Reifchenbesatzung. Statt des einen Reifchens können auch zwei oder mehrere angeordnet werden, sie können senkrechten oder schrägen Einschnitten entsprechen etc., wobei die Sicherheit erhöht wird. Auch auf der Schlossdecke können Reifchen angebracht werden, die denen des Schlossbleches gegenüber stehen. Ferner kann zwischen Schlossblech und Schlossdecke auf zwei Schenkelfüsschen eine sog. Mittelbruchplatte mit weiteren Reifchen angebracht werden (vergl. das Zweitourenschloss auf Tafel 5), wobei die Sicherheit jedoch nicht wesentlich erhöht wird, indem ein sog. Hauptschlüssel, an dem die ganze Mittelpartie des Bartes weggefeilt ist (Tafel 5 rechts unten), die Mittelbrucheinrichtung gar nicht berührt. Man kann ausserdem dem Schlüsselbart eine geschweifte, gebogene oder gebrochene Querschnittsform geben, so dass er nur durch ebenso gestaltete Schlüssellöcher eingeführt werden kann. (Fig. 189.)

All diese Dinge bieten jedoch eine wesentliche Sicherung gegen die Herstellung von Nachschlüsseln nicht, wenigstens steht die erhöhte Sicherheit nicht im Verhältnis mit dem Mehraufwand an Arbeit bei Anfertigung des Schlosses. Man ist deswegen von den komplizierten Schweifungen, Besatzungen und Mittelbruchbildungen, wie sie die alten Schlüssel in der Regel zeigen, grösstenteils abgekommen. In Bezug auf Schweifungen bleibt man bei einfachen Formen, wie sie Figur 189 zeigt. Man hält ein Reifchen oder deren zwei meist für genügend und der Mittelbruch kommt nur in Betracht, wo man viele Thüren eines Hauses mit einem Hauptschlüssel will öffnen können, während im übrigen kein zu einem Schloss gehöriger Schlüssel ein anderes öffnet.

Das Riegelschloss in seiner einfachen Form wird in grösserer Abmessung nur für einfache Thüren, z. B. im Keller und auf dem Speicher angewendet. In kleinen Abmessungen ist es ein vielbenütztes Möbelschloss für Thüren und Schubladen. So, wie das Schloss beschrieben wurde, ist es ein sogenanntes Kastenschloss. Es wird angeschlagen,

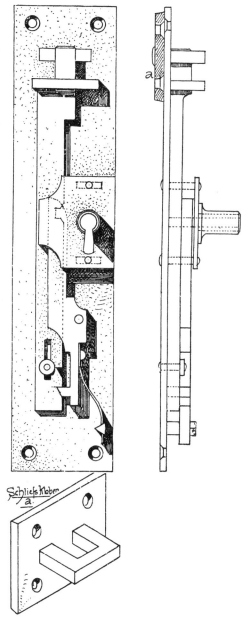

Fig. 194.
Stangenriegelschloss.

indem die Schlossdecke gegen das Holz zu liegen kommt. Das Schlüsselloch und der Stulp werden in das Holz eingelassen. Das Schloss wird mit vier durch die Ecken des Schlossbleches durchgreifenden Holzschrauben auf dem Holz befestigt.

Wird das Riegelschloss als Einlassschloss gebaut, so fällt der Umschweif fort, Stulp und Schlossblech werden in das Holz eingelassen und ebenso das Schlüsselloch; der Raum für die Schlosskonstruktion wird aus dem Holz ausgestemmt; das Schloss wird mit vier Schrauben befestigt. Auch auf dem Stulp kann eine weitere Verschraubung stattfinden.

Wird das Riegelschloss als Einsteckschloss gebaut, so fällt der Umschweif ebenfalls fort, die Schlossdecke wird so gross wie das Schlossblech, und der Stulp ist der allein nach dem Anschlagen sichtbare Teil. Er überragt in diesem Falle das Schloss nach allen Seiten und wird also nicht mehr durch Umstülpen des Schlossbleches erhalten, sondern ist ein Teil für sich. Der Raum für das Schloss wird inmitten der Holzstärke ausgestemmt, das Schlüsselloch eingelassen und die Verschraubung vom Stulp her bewerkstelligt. Dass ein solches Schloss eine möglichst geringe Tiefe haben muss, ist naheliegend und ebenso, dass in diesem Fall die Höhe des Bartes die Länge desselben zu übersteigen pflegt. Der Stulp wird dann häufig durch eine Messingplatte gedeckt. Für Möbelschlösser, die gleichzeitig für Thüren und Schubladen verwendet werden können, mit anderen Worten: wenn der Schliessriegel je nach Wunsch senkrechte oder horizontale Bewegung machen soll, sind runde Schlossdecken in Uebung, die sich um 90° versetzen lassen, so dass das Schlüsselloch in beiden Fällen in die übliche senkrechte Lage zu bringen ist. Oder es werden in der Schlossdecke zwei rechtwinkelig zu einander stehende Schlüssellöcher mit gemeinsamem Rohrloch ausgeschnitten. Von den früher üblichen, seitlich oder auf dem Kopf stehenden Schlüssellöchern ist man längst abgekommen.

Soll das Riegelschloss von beiden Seiten schliessbar sein, so ist auch auf dem Schlossblech ein vollständiges Schlüsselloch anzubringen. Für Hohlschlüssel ist des Dornes wegen dieser Vorgang nicht zulässig.

Es ist immer unschön, wenn das Schlüsselloch aus dem Holz ausgeschnitten wird, ohne eine Schutzvorrichtung oder Umrahmung zu erhalten. Wenn man das Metall vermeiden will, so werden kleine Rosetten aus Hartholz aufgesetzt, welche das Schlüsselloch sauber ausgesägt oder ausgestochen enthalten. Man kann auch sog. Schlüsselbüchsen aus Metall bündig in das Holz einlassen oder ein besonderes Schlüsselschild aus Metall anbringen. Insbesondere für Möbel werden allerlei Schlüsselschilder aus Messing fabrikmässig hergestellt. In den Figuren 190 bis 193 geben wir einige derartige Beispiele.

Um den Verschluss mittels des Riegelschlosses bewirken zu können, muss noch ein Teil vorhanden sein, in welchen der Riegel eingreift. Beim Kastenschloss für untergeordnete Thüren ist dies ein besonderer Schliesshaken oder Schliesskloben, welcher in die Thürverkleidung eingeschlagen oder besser, auf einer Platte befestigt, mit derselben verschraubt wird. Diese Vorrichtung wird bei Besprechung der zusammengesetzten Schlösser abgebildet werden (Fig. 196). Beim Einlassschloss und beim Einsteckschloss für Möbel wird, wo es sich um Doppelthüren handelt, für den Riegel eine entsprechende Oeffnung aus dem Holz ausgestemmt und bei besseren Arbeiten mit einem aufgeschraubten Schliessblech abgedeckt. Für Schubladen bleibt das letztere gewöhnlich fort.

Für einzelne Thüren, die an den Seiten der Möbel angeschlagen werden (Schreibtische, Spiegelschränke, Speiseschränke etc.) wird der Schliesshaken auf einer Platte befestigt und diese selbst bündig in die Schrankseiten eingelassen. Das Riegelschloss hat in diesem Fall dann keinen Stulp, in dem Schlossblech aber einen Ausschnitt, in welchen der Schliesshaken eingreift. Ein derartiges Schloss ist in Figur 194 abgebildet.

In Bezug auf den Riegelkopf ist noch zu erwähnen, dass derselbe für Möbelschlösser häufig auch cylindrisch gestaltet wird. Auch Riegel mit doppeltem Kopf sind in Anwendung, wobei dann das Schliessblech zwei Oeffnungen erhält etc.

2. Das Fallenschloss.

Es findet für sich allein wenig Anwendung. Vereinzelt ist es im Gebrauch für solche Thüren, die man gegen den Wind, gegen Haustiere etc. geschlossen wünscht ohne Anspruch auf

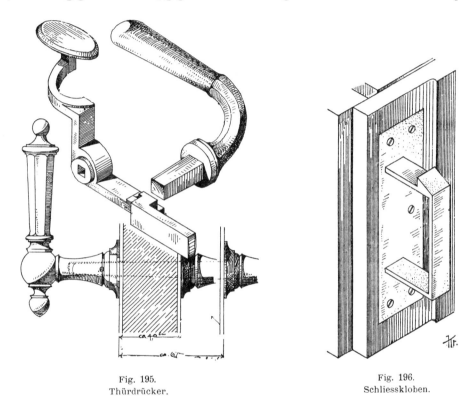

Fig. 195.
Thürdrücker.

Fig. 196.
Schliesskloben.

Sicherheit gegen unbefugtes Oeffnen durch Menschenhand. Nach seiner Anlage kann es diese Sicherheit nicht gewähren. Wenn dieses Schloss sofort in zweiter Linie gebracht wird, so geschieht es, um erst die einzelnen Teile der zusammengesetzten Schlösser zu geben, bevor diese selbst besprochen werden.

Das Fallenschloss besteht der Hauptsache nach aus dem Schlosskasten, der Falle und dem Thürdrücker.

Der Schlosskasten setzt sich zusammen wie beim Riegelschloss; auch kann wie dort die Abänderung zum Einlassen oder Einstecken getroffen werden.

Die Falle ist entweder hebend oder schiessend.

a) Die hebende Falle ist ein einarmiger Hebel. Ihr Schaft endigt einerseits in den verstärkten Fallenkopf, andererseits in die Nuss, welche den Drehpunkt bildet (Taf. 5, obere Partie des Zweitourenschlosses). Durch die Nuss, welche zwischen Schlossboden und Schlossdecke beweglich ist, und einen Ausschnitt im Stulp ist diese Falle geführt. Dieser Ausschnitt ist nach oben hin grösser als der Querschnitt des Fallenkopfes, um die Drehbewegung des letzteren zu ermöglichen. Durch eine über der Falle liegende Feder wird dieselbe im Ruhestand nach unten gedrückt. Das Heben der Falle geschieht durch den Drücker.

Der Drücker kann mit der Falle aus einem Stück gebildet sein. Gewöhnlich ist er ein Teil für sich, der mit einem vierkantigen Fortsatz in eine entsprechende Oeffnung inmitten der Nuss eingesteckt wird. Der Drücker soll eine handliche Form und Grösse haben, kann im übrigen aber verschieden gebildet sein, aus Eisen, Messing, Holz, Horn etc. Er kann einerseits oder beiderseits des Schlosses angebracht werden (vergl. Fig. 195). Der eine Drücker mit dem vierkantigen Stift wird durch die Nuss gesteckt (wo ein Entwenden des Drückers zu befürchten steht, von aussen her) und von der anderen Seite her wird der zweite Drücker aufgepasst und durch ein cylindrisches Stiftchen festgehalten, welches in eine Durchbohrung beider Teile eingreift. Das mühsame, sorgfältige Einpassen hat man neuerdings durch patentierte Verschraubungsweisen zu erleichtern versucht.

Will man den Fallenverschluss einigermassen sichern, so kann die Nuss inmitten einen drei- oder vierkantigen oder anders geformten Zapfen statt der Oeffnung erhalten. Der Thürdrücker fällt fort und als Schlüssel dient ein Stechschlüssel, die sog. Schlinge, bestehend aus dem Griff und einem kurzen cylindrischen Rohr, welches am freien Ende eine Oeffnung enthält, die jenem Zapfen entspricht. Wollte man die Oeffnung der Nuss beibehalten und den Schlüssel mit einem kantigen Schaft versehen, so könnte jedes vierkantig zugespitzte Holz als Nachschlüssel dienen. Sobald man an Stelle des Drückers einen Schlüssel setzt, so muss auch die Falle in ihrem aus dem Schloss vorstehenden Teile überbaut werden, da sie sonst auch von hier aus gehoben werden kann. Selbstredend kann man auch einerseits einen Drücker, andererseits eine Schlinge anordnen, wie es z. B. für Abortthüren gebräuchlich ist. So, wie

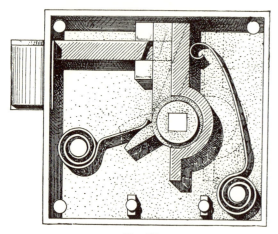

Fig. 197.
Schloss mit schiessender Falle.

das einfache Fallenschloss als Kastenschloss gewöhnlich verwendet wird, dient zum Einhaken der hebenden Falle ein in die Thürverkleidung eingeschlagener oder eingeschraubter Stift mit nasenartigem Ansatz nach oben, besser ein Schliesskloben mit einem solchen Ansatz (vergl. Fig. 196).

b) Die schiessende Falle ist eigentlich überhaupt keine Falle; sie entspricht vielmehr dem schiessenden Riegel der altdeutschen Schlösser, wobei an Stelle des Schlüssels ein Drücker getreten ist. Wie bei allen Schlössern sind auch hier die Einzelkonstruktionen nicht immer dieselben. Wir stellen in Figur 197 ein Beispiel dar, um an demselben das allgemeine Prinzip zu erläutern. Die Falle wird hier nicht gehoben, sondern geschoben. Sie ist geführt durch Fallenstifte, die an der Schlossdecke sitzen, und durch den Fallenkopf im Stulp. Von hinten her wird die Falle durch eine Feder nach vorn gedrückt. Der Fallenkopf ist wie die schiessenden Riegel der altdeutschen Schlösser vorn abgeschrägt. Wird die Thüre zugeschlagen, so gleitet die schräge Fläche über die Schliessblechkante, wobei die Falle zurückgeschoben wird, um sofort wieder nach vorn zu schiessen, sobald die Thüre vollständig geschlossen ist. Weil bei der Rückwärtsbewegung der Fallenkopf der schrägen Fläche wegen auf einer Seite die Führung verliert, so sichert man diese häufig dadurch, dass man den Kopf beiderseits absetzt, wie es Figur 197 zeigt und die Stulpöffnung dem entsprechend gestaltet. Die Nuss ist hier ein Teil für sich; sie hat nach oben einen hebelartigen Fortsatz, mit welchem sie in einen Ausschnitt der Falle eingreift oder gegen einen Vorsprung am Schafte derselben anliegt und beim Umdrehen die Falle nach rückwärts schiebt. Ausserdem hat die Nuss gewöhnlich einen zweiten, kleineren Fortsatz, die Nase, gegen welche wiederum eine in der Stärke dem Gewicht des Drückers angepasste Feder anliegt und diesem das Gleichgewicht hält. Unbedingt nötig ist diese zweite Feder nicht. Das Oeffnen der geschlossenen Falle geschieht durch Umdrehen der Nuss mittels des Drückers oder mittels eines Stechschlüssels, der sog. Schlinge. Auch hier können beiderseits Drücker angeordnet werden oder einerseits ein Drücker, andererseits eine Schlinge etc.

Die schiessende Falle greift beim Einsteckschloss gewöhnlich in die Oeffnung eines Schliessbleches ein, beim Kastenschloss dagegen in eine Schliesskappe oder in einen Schliesskloben. Die Schliesskappe ist ein prismatischer Kasten, der gewissermassen die Fortsetzung des Schlosses auf der Thürverkleidung bildet und das Zurückschieben der Falle vom Fallenkopf aus verhindert.

3. Der Nachtriegel.

Von einem eigentlichen Schloss kann hier nicht die Rede sein. Der Nachtriegel ist weiter nichts als eine besondere Form des gewöhnlichen Schubriegels. Er gewährt nur einseitigen Schutz, da er von der Seite aus, wo er angebracht wird, stets ohne weiteres geöffnet werden kann. Für sich allein ist er gewöhnlich nur in Anwendung, wo das Thürschloss keinen Nachtriegel hat und später einer gewünscht wird. Er hat dann in diesem Falle die Form eines prisma-

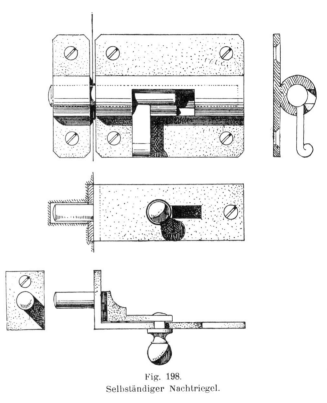

Fig. 198.
Selbständiger Nachtriegel.

tischen oder cylindrischen Schubriegels. Er wird in einer aufgeschraubten Hülse oder zwischen den zwei Ueberkloben einer aufgeschraubten Riegelplatte geführt und vermittels eines Knopfes oder Flansches von der Hand gefasst und geschoben. Mit dem schliessenden Ende greift der Nachtriegel in einen Schliesskloben ein. Der Riegel kann auf der Thür oder auf der Verkleidung angebracht werden und läuft in horizontaler Richtung. Man kann den Nachtriegel auch in das Holz einlassen. Die Riegelplatte erhält dann einen Schlitz, aus welchem der Riegelknopf vorsteht. Der Riegel selbst greift mit dem schliessenden Ende in ein ebenfalls eingelassenes Schliessblech ein (vergl. Fig. 198). Um das Eindringen von Staub durch den Schlitz zu verhindern, kann man denselben mit einer kleinen verschiebbaren Platte abdecken, auf welcher dann der Griff aufsitzt.

Welche Form der Nachtriegel im zusammengesetzten Schloss annimmt, zeigen die Tafeln 5 und 6. Allen Nachtriegeln sollte man eine Schleppfeder beigeben, damit nicht gelegentlich beim Zuschlagen der Thüre ein selbständiges Vorschiessen stattfindet.

Wie leicht ersichtlich ist, lassen sich durch die Vereinigung von Riegelschloss, Fallenschloss und Nachtriegel, unter Anwendung von hebenden oder schiessenden Fallen und den Bauarten als Kasten-, Einsteck- oder Einlassschloss schon ziemlich viele Arten von zusammengesetzten Schlössern erzielen. In Nachfolgendem sollen die gebräuchlichsten derselben besprochen werden.

4. Das Riegelschloss mit Nachtriegel und das Fallenschloss mit Nachtriegel.

Die Vereinigung des Nachtriegels mit dem Riegelschloss sowohl als seine Verbindung mit dem Fallenschloss liefert im allgemeinen nur Schlösser von untergeordneter Bedeutung. Sie werden meist als Kastenschlösser gebaut und besonders für Abortthüren verwendet. Das Riegelschloss ist für diesen Zweck dem Fallenschloss vorzuziehen, da der Verschluss mit dem Schlüssel mehr Sicherheit gewährt als derjenige mit der Schlinge.

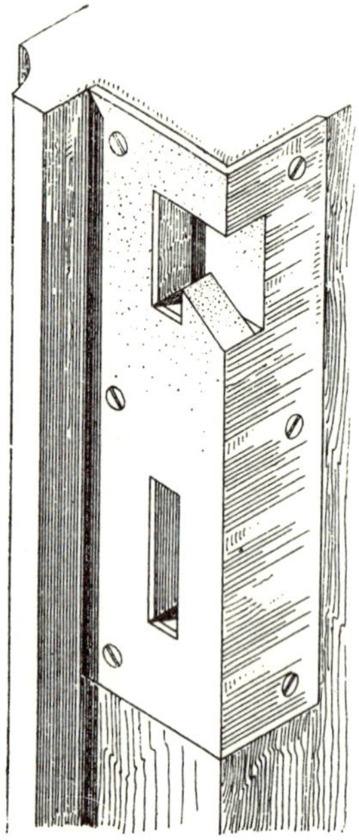

5. Das Riegelschloss mit hebender oder schiessender Falle.

Die Vereinigung des Riegelschlosses mit dem Fallenschloss kommt zur Anwendung, wo auf die Anbringung eines Nachtriegels kein Wert gelegt wird, wie dies u. a. in Anwendung auf Haus-, Keller- und Speicherthüren vorkommt. Ob eine hebende oder schiessende Falle verwendet wird, ist ziemlich einerlei. Die letztere ist neuerdings mehr verwendet als die erstere, obgleich die hebende Falle sich durch grössere Solidität auszeichnet. Diese Schlösser werden als Kasten- und als Einsteckschlösser gebaut. Auf Tafel 6 ist links oben ein Einsteckschloss mit hebender Falle abgebildet und Figur 199 giebt die Anordnung des dazu gehörigen Schliessbleches.

Fig. 199.
Schliessblech für ein Einsteckschloss mit hebender Falle.

6. Das Riegelschloss mit Falle und Nachtriegel.

Die Vereinigung des Riegelschlosses mit dem Fallenschloss und Nachtriegel gewährt den besten und vielseitigsten Verschluss, weshalb diese Zusammensetzung für bessere Thürschlösser eine ganz allgemeine Verbreitung gefunden hat. Dabei ist das Riegelschloss fast ausschliesslich zweitourig, weil die Schliesslänge des eintourigen sich hin und wieder als unzulänglich erweist, wenn das Holz der Thüren bedeutend schwindet. Die Falle kann hebend oder schiessend sein, das Schloss selbst ein Kastenschloss oder Einsteckschloss. Wir erwähnen besonders folgende Unterarten:

6. Das Riegelschloss mit Falle und Nachtriegel.

a) Das zweitourige Kastenschloss mit Ueberbau, hebender Falle und Nachtriegel.

Dieses Schloss ist auf Tafel 5 unten abgebildet und wird ohne weiteres verständlich sein. Der Schlosskasten ist über den Stulp hinaus weitergeführt und überdeckt Falle, Riegel und Nachtriegel, weshalb das Schloss ein überbautes genannt wird im Gegensatz zum sog. **Mauskastenschloss**, bei welchem dieser Ueberbau fehlt. Selbstredend greift der Ueberbau auch über den Schliesskloben weg, der in Fig. 200 dargestellt ist. Der untere Teil des Umschweifes hat einen Schlitz, in welchem der Griff des Nachtriegels beweglich ist. Gegen das Eindringen von Staub kann man den Schlitz mit einem ebenfalls verschiebbaren Plättchen innen oder aussen abdecken und zum gleichen Zwecke wird das Schlüsselloch mit einem **Vorhängerle** (oder einer **Eichel**)

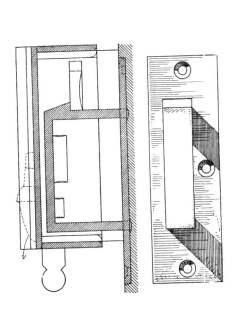

Fig. 200.
Schliesskloben für das überbaute Kastenschloss.

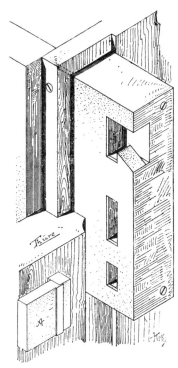

Fig. 201.
Schliessklappe für ein Schloss mit hebender Falle.

versehen (Fig. 200). Der Schlosskasten erhält gewöhnlich auf dem Schlossblech an der Stelle, wo innen der Stulp sitzt, eine senkrecht durchlaufende Leiste. Dieselbe hat nur dekorativen Zweck. Auf der dem Schloss entgegengesetzten Seite der Thüre wird gewöhnlich ein Messingschild eingelassen oder aufgelegt, welches das Schlüsselloch und die Drückeröffnung enthält. Zwischen Drücker und Schlüsselschild (und auch zwischen Drücker und Schlossblech) werden gerne durchlochte Rosetten eingeschoben.

Anstatt das Schloss in der genannten Weise zu überbauen, kann auch eine getrennte **Schlosskappe** auf der Thürverkleidung angebracht werden (Fig. 201). Dieselbe ist dann gewissermassen die Fortsetzung des Schlosskastens bei geschlossener Thüre, und das Schlossblech erhält am vorderen Ende eine Art Schlagleiste, welche die Fuge zwischen beiden Teilen abdeckt.

b) **Das zweitourige Kastenschloss mit schiessender Falle und Nachtriegel.**

Es unterscheidet sich vom vorigen nicht wesentlich. Es kann ebenfalls überbaut werden, hat jedoch gewöhnlich eine getrennte Schliessklappe, deren Fallenöffnung dann keine Nase hat, sondern ähnlich gestaltet ist wie die Oeffnungen für die beiden Riegel.

c) **Das zweitourige Einsteckschloss mit hebender Falle und Nachtriegel.**

Die Vorzüge der Einsteckschlösser bestehen hauptsächlich darin, dass die Thüren ein besseres Aussehen erhalten, weil die aufgesetzten Schlosskästen denselben, insbesondere den Doppelthüren nicht gerade zur Zierde gereichen, und ferner, dass der Schlüssel bedeutend kürzer sein kann. Wenn man die Schlüssel einer Hausthür mit Einsteckschloss und einer solchen mit Kastenschloss vergleicht, so wird dies sofort ersichtlich. Andererseits kann man das Einsteckschloss aber nur da anbringen, wo die Thüren im Holz stark genug sind, um durch den Raum für das Schloss im Friese nicht zu sehr geschwächt zu sein. Ein Kastenschloss kann man bei geschlossener Thüre, wenigstens von der einen Seite her, abschrauben; ein Einsteckschloss jedoch nicht.

Da das Schloss völlig im Holze steckt und nur der Stulp auf der Thürkante sichtbar ist, so werden beiderseits Schlüsselschilde nötig. Für die Drücker tritt nur insofern eine Aenderung ein, als der Drückerstift kürzer wird. Für den Nachtriegel dagegen wird eine andere Bewegungsvorrichtung nötig. Man kann im Schlüsselschild einen Schlitz anbringen, in welchem der vorstehende Riegelgriff sich hin und her schiebt. Da dies auf den schmalen Schlüsselschildern nicht gerade schön ist, so bringt man (vergl. Taf. 6, oben rechts) auf dem Nachtriegel ein Zäpfchen an, welches in eine drehbare Oese eingreift. Eine kleine Nuss bildet den Drehpunkt; die Drehung erfolgt durch einen runden Griff oder kleinen Kreuzdrücker, der in der Nuss befestigt ist. Da der Nachtriegel nun wohl durch die Stulpöffnung, aber nicht mehr durch den Griff geführt ist, so erhält er seine zweite Führung durch einen Schlitz oder eine Nute mit Führungsstift. Vielfach wird der Nachtriegel auch als sog. Einreiber gestaltet, ein dem Vorreiber ähnlicher, einarmiger Hebel.

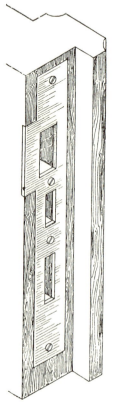

Fig. 202.
Schliessblech für ein Einsteckschloss mit schiessender Falle.

Auf Tafel 6, oben links, ist ein Einsteckschloss mit hebender Falle dargestellt. Käme der Nachtriegel von der Figur rechts hinzu, so hätten wir die Abbildung für das unter c) genannte Schloss. Das Schliessblech (Fig. 199) würde noch eine weitere Oeffnung für den Nachtriegel aufnehmen. Der hebenden Falle wegen muss das Schliessblech über die Thürkante umgestülpt werden, was für das folgende Schloss nicht nötig ist.

d) **Das zweitourige Einsteckschloss mit schiessender Falle und Nachtriegel.**

Es ist auf Tafel 6 rechts oben abgebildet und unterscheidet sich von dem vorigen nur durch die Falle und das Schliessblech. Das letztere ist in Figur 202 dargestellt. Wenn dasselbe nicht die ganze Holzstärke in Anspruch nimmt, so muss wenigstens das Schliessblech an derjenigen Stelle bis an die Kante vorgreifen, an welcher die Falle aufschlägt, weil die Holzkante auf die Dauer nicht widerstandsfähig genug wäre.

Das Einsteckschloss in dieser Form ist das gebräuchliche Schloss für Salon- und Doppelthüren.

Die gewöhnliche Rohrdicke für die letzt aufgeführten Schlösser beträgt 7 mm, die einfache Schliesslänge 14, die doppelte 28 mm. Die gewöhnliche Drückerhöhe vom Boden ab beträgt 1,10 m. Doch richtet man sich auch nach Querfriesen (damit die Zapfen nicht abgestemmt werden), trägt Kindern Rechnung etc. und ändert dieses Mass unter Umständen um einige Centimeter.

Das Anbringen von „blinden" Schlossschildern und blinden Drückern auf dem zweiten Flügel von Doppelthüren giebt denselben ein besseres, symmetrisches Aussehen, hat aber weiter keinen Zweck.

Nachdem hiermit die gewöhnlichen Schlossformen besprochen sind, sollen einige weitere für bestimmte Zwecke und nach neuerer Konstruktionsart aufgeführt werden.

7. Das Einsteckschloss für Schiebthüren mit Radriegel.

Für Schiebthüren ist selbstredend das Einsteckschloss das einzig richtige. Man liess früher des Thürgriffs und Schlüssels wegen die Thüre einige Centimeter aus dem Futter vorstehen. Neuerdings baut man Schlösser, welche ein vollständiges Einschieben ermöglichen. Ein derartiges Schloss ist auf Tafel 6 unten rechts abgebildet. Da ein gewöhnlicher, horizontal laufender Riegel eine Schiebthüre nicht schliessen würde, so ist an Stelle des Riegelkopfes ein Radriegel als einarmiger Hebel mit dem Riegelschaft verbunden, wie es die Abbildung zeigt. Bei offenem Schloss liegt das freie Ende des Radriegels bündig im Stulp; nach erfolgter Schlüsseldrehung hakt sich dasselbe nach unten gehend in die entsprechende Schliessblechöffnung ein, wie es die punktierten Linien andeuten. Damit der Schlüssel beim Einschieben der Thüre nicht abgezogen zu werden braucht, ist derselbe zum Umklappen eingerichtet (Figur links).

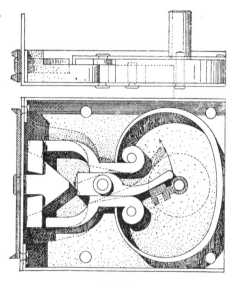

Fig. 203.
Schiebthürschloss mit Fangriegeln.

Im unteren Teil des Einsteckschlosses befindet sich die Vorrichtung, welche es ermöglicht, die völlig in den Schlitz geschobene Thüre wieder auszuziehen. Drückt man mit dem Finger von unten her auf den kleinen Riegel a am Stulp des Schlosses, so hebt sich der Hebel m hinten nach abwärts und löst den schiessenden Griff n aus, so dass die Handhabe vor den Stulp zu stehen kommt und die Thüre damit erfasst werden kann. Wird der Griff wieder zurückgeschoben, so hakt sein hinteres Ende den von einer Feder nach oben gedrückten Hebel m wieder von selbst ein, während gleichzeitig auch der Hebelarm k, welcher den schiessenden Griff nach vorn bewegt hat, wieder in seine ursprüngliche Lage zurückkehrt. Bei Doppelthüren erhält der zweite Flügel nur die soeben beschriebene Ausziehvorrichtung (nämliche Tafel, links unten), deren Stulp gleichzeitig Schliessblech für das gegenüberstehende Schloss ist.

Radriegel- oder Zirkelriegelschlösser werden übrigens auch mit entsprechender Aenderung für Möbelzwecke gebaut, z. B. für Arbeitstische und Cylinderbureaus.

8. Das Einsteckschloss für Schiebthüren mit Fangriegeln und Pfeilhaken.

In Figur 203 ist ein weiteres Schloss für Schiebthüren abgebildet. Der Schlüssel bewegt einen doppelarmigen Hebel. Dieser drückt hierbei die beiden als einarmige Hebel gebildeten Fangriegel so weit auseinander, dass der pfeilförmige Schliesshaken, der auf dem zweiten Thürflügel befestigt ist, frei wird. Die ringförmige Feder stellt die ursprüngliche Riegelstellung wieder her, sobald der Schlüssel losgelassen wird. Der Verschluss erfolgt von selbst, wenn die Thürflügel gegen einander stossen, da der Schliesshaken die Fangriegel auseinander drückt, bis sich dieselben einhaken.

In kleinerem Massstabe kann dieses Schloss auch für Koffer, Pulte etc. dienen an Stelle der Klavierschlösser und Jagdschlösser.

9. Das Baskülenschloss oder Stangenschloss.

Es ist ein Riegelschloss mit zwei sich nach entgegengesetzter Richtung bewegenden Riegeln von beliebiger Länge. Es ist in Anwendung für Zimmerthüren, hauptsächlich aber für die Thüren an Möbeln, wie Bücherschränke etc. Während das gewöhnliche Riegelschloss die Thüre nur an einer Stelle festhält, was für schmale und dabei hohe Thüren nicht sehr zweckmässig ist, so hält das Baskülenschloss die Thüre an zwei Stellen, am oberen und unteren Ende fest, wo dann entsprechende Schliesshaken oder Schliessbleche nötig fallen.

Auf Tafel 6 inmitten oben ist ein solches Schloss abgebildet. Der eine Riegel erhält die Toureneinfeilung und Zuhaltung und wird durch die Drehung des Schlüssels unmittelbar bewegt. Der zweite Riegel ist mit dem ersten durch einen zweiarmigen Hebel oder eine Scheibe verbunden, welche um die Mitte drehbar am Schlossblech befestigt sind. Wird der erste Riegel geschoben, so muss der zweite die Bewegung im entgegengesetzten Sinne mitmachen. Die Ausschnitte für die Stifte an den Riegelenden sind schlitzartig verbreitert, damit die Parallelführung der Riegel gesichert ist. Die Riegel können auch als Zahnstangen behandelt werden und durch ein dazwischen gesetztes kleines Zahnrad ihre Bewegung übertragen.

10. Das Baskülen- oder Stangenschloss mit drei Riegeln.

Will man die Thüre an drei Stellen, oben, unten, und in der Mitte zugleich festhalten, so wird dem vorhin beschriebenen Schloss ein Querriegel beigegeben. Die einfachste Konstruktion ergiebt sich, wenn man den Quer- und Längsriegel überplattet und die Sache so anordnet, dass der Schlüssel, nachdem er die Toureneinfeilung des Längsriegels passiert hat, auch diejenige des Querriegels erfasst. Auch kann man den dritten Riegel als Radriegel anordnen und vermittels Hebelbewegung mit dem Längsriegel verbinden.

11. Das Klavier- oder Springschloss.

Den ersten Namen führt es, weil es hauptsächlich an Klavieren zur Verwendung kommt. Es kann aber auch an anderen Möbeln mit Klappdeckeln, an Kassetten und Koffern, an Schiebthüren und Schubladen angebracht werden. Den Namen Springschloss führt es, weil die Riegel mit lebhafter Bewegung sich einhaken. Ein derartiges Schloss ist in C auf Tafel 7 abgebildet.

Vom gewöhnlichen eintourigen Riegelschloss unterscheidet es sich dadurch, dass der Riegelkopf als eine prismatische Hülse gebildet ist, in deren Schlitz zwei entsprechend ausgeschnittene Scheiben exzentrisch drehbar mit Stiften befestigt sind. Die Schliessblechöffnung ist so gross als die Hülse, hat aber hinter sich einen beiderseits verbreiterten Hohlraum im Holze. In geschlossenem Zustande greifen die einen Enden der ausgeschnittenen Scheiben über das Schliessblech weg in die genannten Hohlräume, wie es die Figur zeigt. Wird der Riegel durch den Schlüssel zurückgedreht, so schiebt die Schliessblechkante die Scheiben in die Hülse zurück, so dass diese die Schliessblechöffnung passieren kann. Ohne Zuhaltung wäre dieses Schloss also ohne Schlüssel zu öffnen, obgleich die Springriegel geschlossen nicht zugänglich sind. Der im Schlossinnern befindliche Schnabel der Scheiben muss so geschweift sein, dass beim Schliessen

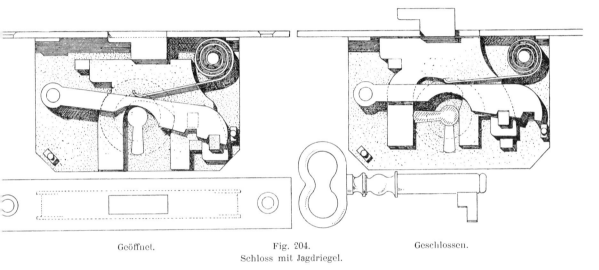

Geöffnet.   Fig. 204.   Geschlossen.
Schloss mit Jagdriegel.

die Scheiben sich sofort drehen, indem die Schnäbel sich an die Innenseite des Stulpes anlegen und ausweichen müssen.

12. Das Schloss mit Jadriegel.

Es ist für Koffer, Pulte, Schiebthüren etc. in Anwendung und in Figur 204 abgebildet. Die Form des Riegels ist von der gewöhnlichen abweichend. Der Riegelkopf ist seitwärts abgekröpft. An der dem Kopf entgegengesetzten Seite hat der Riegel eine eigentümliche, unsymmetrisch geschweifte Ausfeilung als Angriff für den Schlüssel. Wird der letztere in das Schloss gesteckt und umgedreht, so wird der Riegel zunächst gehoben und tritt aus der Stulpöffnung hervor; bei weiterer Umdrehung des Schlüssels wird der Riegel zur Seite geschoben und hängt sich in das Schliessblech ein. Beim Oeffnen des Schlosses erfolgt diese Doppelbewegung in umgekehrter Weise. Die abweichende Riegelgestaltung macht auch eine veränderte Zuhaltung nötig, wie es aus der Figur ersichtlich ist.

13. Das Hänge- oder Vorlegeschloss.

Dieses Schloss unterscheidet sich von den vorhergehenden vor allem dadurch, dass es nicht am Holz befestigt wird. Es hat meist ein scheibenförmiges Aeussere und einen beweglichen Bügel, mit welchem es angehängt oder vorgelegt wird. Es dient zum Verschlusse von untergeordneten Thüren, Eisenbahn-Güterwagenthüren, Tischschubladen, Koffern, Körben etc. Zum Anhängen sind an diesen Dingen zwei Oesen nötig; im einfachsten Fall können dies starke Ringschrauben sein, von denen die eine z. B. am Tischfuss, die andere unmittelbar daneben am Vorderstück der Schublade befestigt wird.

Schlossblech und Schlossdecke sind gleichgross und dem ganzen Rand entlang durch den Umschweif verbunden. Das Schloss hat nur zwei Oeffnungen, die eine für den Schlüssel, die andere für den Schliesshaken des beweglichen Bügels. Da das Schlüsselloch gewöhnlich durch ein Vorhängerle oder eine drehbare Leiste geschlossen werden kann, so ist das Schloss gegen Eindringen von Staub etc. genügend geschützt. Auf Tafel 7 sind zwei derartige Schlösser abgebildet, die das Konstruktionsprinzip veranschaulichen.

  a) Das Hängeschloss mit geradem Riegel, auch französisches Hängeschloss genannt (Taf. 7 D). Der Riegel hat die gewöhnliche Gestalt mit der Einfeilung für ein oder zwei Touren, zu der eine entsprechende Zuhaltung gehört. Da der Schliesshaken am freien Ende des Bügels klein ist, so kann der Riegelkopf auch nur klein sein und, da der obere Teil im Schloss für den Riegel beansprucht wird, so ist die Zuhaltung auf die untere Seite verlegt. Alles andere ist ohne weiteres verständlich;

  b) das Hängeschloss mit Radriegel (Taf. 7 E). Der Riegel hat die Form einer kreisförmigen Scheibe, die um den Mittelpunkt drehbar ist. Der Riegelkopf ist als besonderes Stück aufgenietet wie auf unserer Abbildung, oder er ist durch Ausschneiden der Scheibe mit dieser aus einem Stück gebildet. Die untere Seite der Scheibe enthält die Toureneinfeilung, während seitlich die Einschnitte für die Zuhaltung angebracht sind.

Die Einzelheiten der Konstruktion können verschiedentlich geändert werden, wie es ja auch einerlei ist, ob man dem Schloss die Form eines Kreises, eines Halbkreises, einer Raute etc. giebt und ob man den Bügel eckig oder rund, kantig oder wulstartig behandelt. Diese Schlösser haben fast ausnahmslos Hohlschlüssel und bei kleinen Abmessungen sind die Schlosskästen öfters aus Messingblech. Vielfach ist der Schliesshaken des Bügels, um Raum für einen stärkeren Riegelkopf zu gewinnen, einerseits offen; besser und sicherer ist jedoch eine rundum geschlossene Oeffnung ☐ (statt ⊏). Der Schliesshakenkopf wird meist nach der Spitze zu verjüngt und an den Kanten abgerundet, damit er sich bequem in die Oeffnung des Stulps bez. Umschweifs einhakt.

Neuerdings werden auch Hängeschlösser nach anderen Konstruktionssystemen gebaut, so das Mal- oder Buchstaben-Kombinationsschloss, das Hänge-Stechschloss u. a.

---

14. Die Chubb-Schlösser.

Wie bereits früher angedeutet wurde, geben die Reif- und Mittelbruchbesatzungen, die geschweiften Bärte bez. Schlüssellöcher und die gewöhnlichen Zuhaltungen nur eine bedingungsweise Sicherheit gegen unbefugtes Oeffnen der Schlösser. Durch ausdauerndes Probieren mit Nachschlüsseln und Drahthaken wird es stets gelingen, alle bis jetzt aufgeführten Schlösser zu öffnen.

14. Die Chubb-Schlösser.

Man war deshalb längst bemüht, neue Konstruktionen zu erfinden, welche eine erhöhte Sicherheit gewähren, die Herstellung von Nachschlüsseln erschweren und zum Oeffnen durch Probieren eine grosse Zeit beanspruchen. Die nach ihrem Erfinder benannten Chubb-Schlösser sind ein Ergebnis dieser Bemühungen.

Das System besteht, abgesehen von anderen nebensächlichen Aenderungen, darin, dass statt einer Zuhaltung deren mehrere verwendet werden (vergl. Figur 205). Dieselben werden, damit das Schloss nicht zu umfangreich und der Schlüsselbart nicht zu unförmlich wird, aus übereinandergelegten Messingplatten gebildet und einzeln mit schmalen Stahlfedern angedrückt. Die einzelnen Platten sind verschiedenartig durchlocht und mit diesen Oeffnungen, Fenster genannt, um einen Zapfen am Riegel verschiebbar. Der Schlüsselbart ist am äusseren Rande abgetreppt, so dass er mit jeder Stufe eine andere Zuhaltungsplatte angreift. Die Angriffsschweifungen auf der unteren Seite der Zuhaltungen müssen nun derart ausgefeilt sein, dass alle Zuhaltungen sich in der Weise heben, dass die Zuhaltungsöffnungen sich schliesslich in ihren einzelnen Teilen decken und den Riegel gemeinsam freigeben. Ist die eine Zuhaltung mit ihrem Fenster und der zugehörigen Angriffsschweifung konstruiert, so lassen sich die übrigen durch Verschiebung mit Pauspapier entsprechend aufzeichnen.

Es ist ohne weiteres ersichtlich, dass die Sicherheit eines derartigen Schlosses mit der Zahl der Zuhaltungen wächst und zwar nicht im gewöhnlichen Verhältnis, sondern progressiv zuehmend.

Das Chubb-Schloss kann ein- oder zweitourig sein, wonach die Fenster zwei- oder drei Verbreiterungen aufweisen. Das Chubb-System kann für die verschiedensten Arten der Riegelschlösser Verwendung

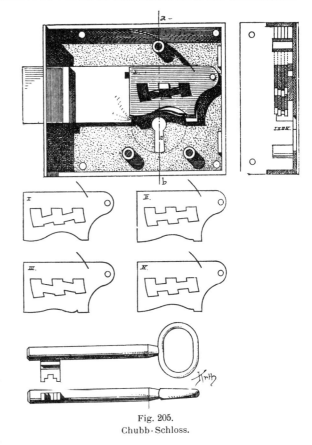

Fig. 205.
Chubb-Schloss.

finden. Es würde zu weit führen, alle erwähnten Schlösser noch einmal in Anpassung an dieses System wiederholen zu wollen. Ein findiger Schlosser wird die betreffenden Aenderungen auch ohne dies machen können.

In Bezug auf das Fallenschloss findet das System in der Weise Anwendung, dass man der schiessenden Falle eine Toureneinfeilung giebt, die Chubb-Zuhaltung mittels eines Schiebers zum Ausheben anordnet, die Falle einerseits durch einen Schlüssel, andererseits durch einen schiebbaren Drücker bewegt und die Falle mit Einschnitten versieht, in welche behufs ihrer Festlegung ein kleiner Hebel am hinteren Umschweif eingehakt werden kann (1 $\frac{1}{2}$ Tour-Drückerschloss zum Ausheben und Feststellen).

Das in Figur 206 abgebildete Standard-Schiebthürschloss ist in Bezug auf seine Zuhaltungen ein Chubb-Schloss. Wird es aufgeschlossen, so giebt der Riegel, welcher nach der Figur die

Hebelfalle festhält, die letztere frei, so dass sie vermittels des Drückers gehoben werden kann. Der Schlüssel hat nach der Abbildung kein cylindrisches Rohr, sondern ist flach aus Stahlblech hergestellt. Derartige Schlüssel, aus einem Stück oder zusammenlegbar, zeigt die Figur 207.

15. Das Stechschloss (Yaleschloss).

Das Stechschloss beruht auf dem nämlichen Prinzip der vermehrten Zuhaltungen. Seinen Namen hat es von dem Umstande, dass der Schlüssel die Form eines ausgeschnittenen Metallstreifens hat, welcher in das schlitzartige Schlüsselloch eingesteckt oder eingestochen wird. Der Schaft des Schlüssels ist in Wegfall gekommen, der Bart reicht gewissermassen bis zur Räute. Man hat also Raum für die Zuhaltungen gewonnen und braucht dieselben nicht als dünne Bleche zu gestalten und kann deren viele anbringen. Im übrigen kann die Konstruktion sehr verschieden sein. Wir bilden in B auf Tafel 7 ein hierher gehöriges Schloss ab, welches äusserlich die Form eines Cylinders mit prismatischem Ansatz hat. In der cylindrischen Hülse ist ein sog. Schliesscylinder durch den Schlüssel beweglich, sobald der letztere eingeführt wird. Der Schlüssel selbst bewegt also den Riegel nicht, sondern ein Zapfen oder Ansatz am Schliesscylinder, welcher in die Riegelangriffe eingreift (der Riegel ist auf der Darstellung fortgelassen). Die Zuhaltungen bestehen im vorliegenden Fall aus fünf cylindrischen Stiften, je aus zwei Stücken aufeinander sitzend. Die Teilung der Stifte muss der Schweifung des Schlüssels entsprechen, so dass, wenn der Schlüssel eingesteckt ist, die Teilung auf den Mantel des Schliesscylinders trifft und eine Umdrehung desselben möglich ist, wie es die Figur angiebt. Ein Schlüssel, der also nicht genau die beanspruchte Form hat, wird vergeblich eingeführt werden. Bei abgezogenem Schlüssel treiben die hinter den Zuhaltungsstiften liegenden Spiralfedern dieselben bis ans Ende der für sie vorhandenen Ausbohrungen vor und da die genannten Abtrennungen der Stifte nun nicht auf dem Mantel des Schliesscylinders liegen, ist das Schloss gesperrt. Der Schlüssel ist am hinteren Ende abgeschrägt, um nach dem Prinzip der schiefen Ebene die Stifte zu heben. Die Stifte sind kugelig abgerundet, um das Gleiten auf der Schlüsselschweifung zu erleichtern. Auf der Teilungsstelle müssen ebenfalls flache Rundungen vorhanden sein, um zufällige Sperrungen zu verhindern, wie überhaupt das ganze Schloss sehr genau gearbeitet sein muss, wenn es gut sein soll.

Fig. 206.
Amerikanisches Standard-Schiebthürschloss.

Die übrige Einrichtung bezüglich der Riegel, Touren etc. lehnt sich an das früher Erwähnte an und bietet nichts Neues.

16. Das Bramah-Schloss.

Das von dem Engländer Bramah erfundene Schloss gewährt eine grosse Sicherheit, beruht ebenfalls auf vermehrten Zuhaltungen und ist hauptsächlich für Kassenschränke in Anwendung, wobei es der grossen Tiefe der Thüren halber sehr solid gebaut werden kann und trotzdem nur einen kleinen Schlüssel beansprucht. In ähnlichem Sinne wird es auch für Hauseingangs-Thüren und Thore benützt.

Auf Tafel 7 ist in A das Wesentliche des Bramah-Schlosses abgebildet. Auch hier ist es nicht der Schlüssel, welcher den Riegel bewegt, sondern ein Schliesscylinder, welcher mit einem Zapfen (oder deren zwei) in die Angriffe des Riegels eingreift. Auf der rechten Seite ist dieser Zapfen auf der Abbildung ersichtlich; der Riegel und was dazu gehört ist fortgelassen.

In einem abgetreppten Umhüllungskörper aus Stahl oder Gusseisen ist der Schliesscylinder konzentrisch drehbar und durch die stählerne aus 2 Teilen gebildete Ringplatte y am Herausfallen verhindert, indem diese Platte in eine Nute des Schliesscylinders rundum eingreift.

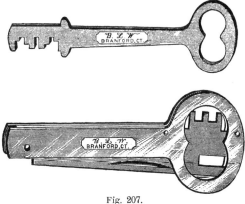

Fig. 207.
Chubb-Schlüssel aus Stahlblech.

Wäre der letztere frei drehbar, so könnte ihn der eingesteckte Schlüssel mit seinem Bartansatz sofort umdrehen und damit den Riegel bewegen. Nun hat aber der Schliesscylinder eine Anzahl radialer, von oben bis unten parallel zur Axe durchlaufender Schlitze und desgleichen die Platte y. In den Schlitzen stecken die Zuhaltungen als federnde Stahlplättchen (siehe a) und werden von einer um den Schlüsseldorn liegenden Spiralfeder stets nach oben gedrückt. Die Zuhaltungen haben in verschiedener Höhe Ausschnitte, welche der genannten Nut entsprechen. Der Schlüssel hat damit im Verhältnis stehende Radialeinschnitte von verschiedener Höhe am Ende seines Rohres. Wird der Schlüssel eingesteckt, so drückt er die Zuhaltungen nach unten und der Schliesscylinder kann sich im Umhüllungskörper drehen, während er vorher durch die Zuhaltungen und die Ringplatte gesperrt war.

---

17. Zwei neue Thürschlösser.

Zum Schlusse dieses Abschnittes möchten wir die allgemeine Aufmerksamkeit auf zwei neue Thürschlösser lenken, von denen besonders das eine berufen sein dürfte, einen siegreichen Wettbewerb mit den jetzt üblichen aufzunehmen. Beide sind von Otto Eisele in Karlsruhe erfunden; sie sind patentiert und werden von der Firma Nagel & Weber daselbst gefertigt und vertrieben.

Das Kastenschloss, in Figur 208 dargestellt, hat dem gewöhnlichen gegenüber den Vorteil, dass es bei gleicher Sicherheit ruhiger und leichter schliesst und dass ein Senken der Thüre die Schliessfähigkeit nicht beeinflusst. Das Prinzip ist folgendes: Falle, Riegel und Nachtriegel liegen völlig im Innern des Schlosskastens und beanspruchen keine Oeffnungen im Stulp. Der schliessende Teil für alle drei ist ein gabelförmiger Schliesskopf (Schnitt a—b), welcher an einer hinter dem Stulp drehbar im Schlosskasten befestigten Spindel angearbeitet ist. Die Spindel ist in der Mitte nasenartig verbreitert und hat oben und unten zwei weitere Nasen mit Schraubenflächen. Ist das Schloss offen, wie es die eine Figur zeigt, und die Thüre wird zugedrückt, so hakt sich der Schliesskopf von selbst in den Schliesshaken ein; gleichzeitig gleitet die Falle auf der oberen Nase in die Höhe und fällt hinter derselben herab (andere Figur). Damit ist das Schloss gesperrt, bis durch Heben der Falle der Schliesskopf wieder frei wird. Ist das Schloss durch die Falle gesperrt, so kann durch Vorschieben des Riegels mit dem Schlüssel das Schloss wiederholt gesperrt werden, so dass es mit der Falle nicht mehr zu öffnen ist, weil der Riegel a die Umdrehung der Spindel verhindert. Das Gleiche wiederholt sich für den Nachtriegel. Die Feder am unteren Ende, welche die Spindel zurückdreht, sobald sie frei wird, ist eine zweck-

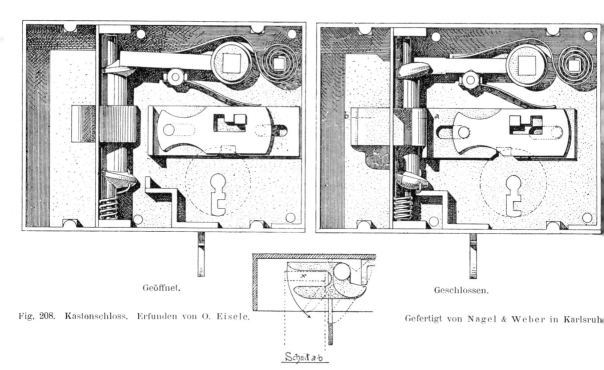

Geöffnet.   Geschlossen.

Fig. 208. Kastenschloss. Erfunden von O. Eisele.   Gefertigt von Nagel & Weber in Karlsruhe.

mässige aber nicht unbedingt nötige Zugabe, da beim Aufziehen der Thür die Spindel sich von selbst umlegt.

Es ist ohne weiteres verständlich, dass dieses Schloss auch mit Falle allein, mit Falle und Riegel allein, sowie mit Falle und Nachtriegel allein gebaut werden kann, wobei sich dann die Spindel entsprechend vereinfacht.

Das Einsteckschloss, in Figur 209 dargestellt, schliesst ebenfalls leicht und ruhig, auch hier schadet ein Senken der Thüre nicht, wenn das Loch im Schliessblech von vornherein grösser als unbedingt nötig gemacht wird.

Das Prinzip ist folgendes: Falle und Riegel sind in ein Stück vereinigt. Der Riegel ist ein Radriegel, der in einen starken Schliesskopf endigt, welcher in eigentümlicher Weise nach Art einer windschiefen Schraubenfläche abgeschrägt ist. Dieser Radriegel ist um einen starken Stift in der Nähe des Stulps beweglich. Ist das Schloss offen, so steht der Schliesskopf infolge seiner Schwere und ausserdem gedrückt durch den einen Arm der Doppelfeder aus dem Stulp vor. Wird die Thüre zugedrückt, so gleitet die Schraubenfläche des Schliesskopfes über die Schliessblechkante und schiebt den Riegel zurück, bis er sich in die Schliessblechöffnung einhaken kann. Das Schloss ist gesperrt und kann durch den Fallendrücker geöffnet werden, zu welchem Zwecke die Nuss als Winkel-Hebel gestaltet ist. Gegen den einen Arm drückt die Kontrefeder am oberen Ende, der andere ist als Angriff für einen Stift am Riegel gestaltet. Nun

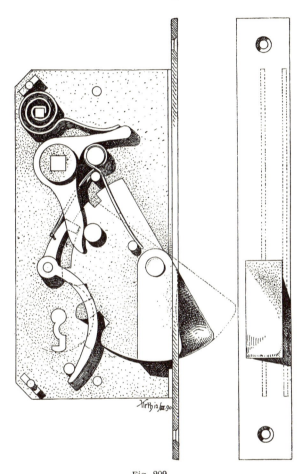

Fig. 209.
Einsteckschloss. Erfunden von O. Eisele, gefertigt von Nagel & Weber in Karlsruhe.

hat ausserdem der Radriegel eine Toureneinfeilung und eine Zuhaltung, so dass das mit der Falle oder durch Zudrücken der Thür geschlossene Schloss nochmals mittels des Schlüssels um eine Tour geschlossen werden kann, worauf es dann mit der Falle nicht mehr zu öffnen ist. Es ist ohne weiteres ersichtlich, dass auch diesem Schlosse ein Nachtriegel beigegeben werden kann, wenn es gewünscht wird.

Wir können diese gut gearbeiteten und dabei verhältnismässig billigen Thürschlösser nur bestens empfehlen.

VIII. DAS ÜBRIGE BESCHLÄGE.

(Tafel 8 bis mit 21.)

Das Wort Beschläge deckt einen weiten Begriff. Man versteht darunter alle diejenigen Vorrichtungen, welche einesteils zum vorübergehenden oder dauernden Festhalten einzelner Stücke, anderenteils aber zur gleichzeitigen Verzierung und Verschönerung oder auch dieser allein halber angebracht werden. Es sind hauptsächlich Thüren, Fenster, Läden und Möbel, welche für die Anbringung des Beschläges in Betracht kommen. Da die Unterlage im gewöhnlichen Falle Holz ist, so erfolgt die Befestigung der Beschläge durchschnittlich mittels Holzschrauben (metallene Schrauben für Holz) oder durch Aufnageln. Die Beschläge werden entweder bloss aufgesetzt oder bündig in das Holz eingelassen. Bei sauberer Arbeit sieht das letztere besser aus und gewährt eine grössere Festigkeit. Wo die Unterlage Metall ist, wie bei eisernen Thoren, Läden, Kassen etc., geschieht die Befestigung im allgemeinen durch Metallschrauben oder auch durch Vernietung.

Das Material, aus welchem die Beschläge gefertigt werden, ist in erster Linie Schmiedeisen, ausserdem kommen aber auch Stahl, Messing, Bronze und andere Legierungen zur Verwendung. Eine grosse Rolle spielt ferner der schmiedbare Eisenguss. Während in früheren Zeiten die Beschläge fast ausschliesslich Handarbeit waren, sind sie heute zum grossen Teil Fabrikerzeugnis. Schlossteile, Schlüssel, Drücker, Vorreiber, Ueberkloben und eine Menge anderer Dinge werden heute in schmiedbarem Guss, zum Teil auch in gestanztem oder gepresstem Schmiedeisen hergestellt. Wenn diese Dinge häufig nicht von besonderer Schönheit und Solidität sind, so sind sie doch andererseits ausserordentlich billig, so dass sich eine Anfertigung von der Hand nur ausnahmsweise lohnt.

So ist es gekommen, dass viele Beschlägteile eben fertig gekauft werden, wonach dann dem Schlosser nur das Anpassen, das Zusammensetzen und die Reparaturen verbleiben.

Die Schlösser, welche bereits im vorangegangenen Abschnitt abgehandelt wurden, sind nur eine besondere Abteilung des Beschläges. Aus dem verbleibenden Rest greifen wir das Wichtigste heraus, um es gruppenweise zu besprechen und wenden uns zunächst denjenigen Stücken zu, die ausser den Schlössern zum Verschliessen und Festhalten in bestimmten Lagen dienen. Es sind dies die verschiedenen Verschlüsse mittels Riegeln, Vorreibern, Rudern, Schwengeln, Baskülen und Espagnoletten.

1. Der Riegelverschluss.

a) Der **Schubriegel** oder **Schiebriegel** ist hauptsächlich in Anwendung für gewöhnliche Bauarbeiten und Möbel, besonders für Thüren. Je nach seinen Abmessungen wird er als **Kurz-** oder **Langriegel** (**Stangenriegel**) bezeichnet. Die gewöhnliche Form des Kurzriegels zeigt Tafel 8 oben links. Auf einem Stück Blech als Unterlage, zum Aufschrauben eingerichtet, bewegt sich in zwei der Platte aufgenieteten **Ueberkloben** der Riegel, welcher einerseits in einen Griff endigt und mit dem anderen Ende in einen **Schliesskloben**, in ein **Schliessblech** oder in eine entsprechend gestaltete Oeffnung in der Schwelle, im Futter etc. eingreift. Die Riegelbewegung wird begrenzt durch zwei ausserhalb der Ueberkloben angebrachte Vorsprünge oder **Nasen** am Riegel. Häufig muss einer zweckmässigen Schliessöffnung wegen der Riegel gekröpft werden, wie es die Figur rechts oben zeigt. Die untere Nase wird dann unnötig, auch die obere wird vielfach zu entbehren sein, da der Riegel durch den Griff am Durchfallen verhindert ist. Massgebend für die Riegellänge ist die praktische Handhabung, für die Stärke die Anforderung auf Festigkeit. Für Riegel in senkrechter Lage bringt man zwischen Riegel und Unterlagplatte, wo es nötig ist, eine **Blatt-** oder **Schleppfeder** an, so dass der Riegel sich selbständig in jeder Stellung halten kann, ohne herabzufallen. Für schwere, nach unten gehende Thorriegel ordnet man statt der Schleppfeder besser eine Aufhängevorrichtung an, wie sie auf Tafel 8 unten links dargestellt ist.

Für Zimmerthüren und Möbel giebt man dem Schubriegel eine bessere Ausstattung. Ein derartiger façonierter Riegel ist oben mitten dargestellt. Ist zu befürchten, dass der dünne Schaft eines solchen Riegels sich ausbiegen könnte, so wird er versteift durch Anbringung eines weiteren, mittleren Ueberklobens. Die Schubriegel werden sichtbar auf das Holz aufgesetzt; die Riegelplatten können bündig eingelassen oder aufgesetzt werden.

b) Der **Kantenriegel**, hauptsächlich in Anwendung für Zimmer- und Möbelthüren. Er hat seinen Namen daher, weil er gewöhnlich auf der Thürkante eingelassen wird. Er kann gerade so gut auch auf der Thürfläche eingelassen werden; das Einlassen auf der Kante hat aber den Vorteil, dass der Riegel bei geschlossener Thür nicht sichtbar ist und dann auch nicht geöffnet werden kann. Er unterscheidet sich vom Schubriegel dadurch, dass der Riegel nach innen in das Holz verlegt ist, in welchem der nötige Raum auszustemmen ist. Sichtbar von aussen ist nur die **Riegelplatte**, der **Riegelgriff**, welcher durch diese hindurchgreift, und der **Riegelkopf**, welcher durch eine Oeffnung im **Riegelstulp** geführt ist. Damit der Riegelkopf über die Kante nicht vorsteht, wird eine Vertiefung in der Riegelplatte und ein Zurückkröpfen des Riegels an dieser Stelle nötig (vergl. den gewöhnlichen Kantenriegel Tafel 8 rechts unten). Die Riegelplatte und der Griff sind gewöhnlich aus Messing. Beim Schliessen greift der Riegelkopf in ein entsprechendes Schliessblech ein. Eine **Blatt-** oder **Schleppfeder** hält den Riegel in seiner Lage.

Der **Spenglersche Kantenriegel** (Taf. 8 unten mitten) ist dahin abgeändert, dass der Griff des Riegels in die Platte zurückgeklappt werden kann. Da dies nur geschehen kann, wenn der Riegel geschlossen ist, so ergiebt sich gegenüber dem gewöhnlichen Kantenriegel der Vorteil, dass die dem Dienstpersonal eigene Unsitte vermieden wird, die Thüren mittels Schloss zu schliessen, die Kantenriegel aber offen zu lassen. In diesem Sinne ist diese Neuerung freudig zu begrüssen, während andererseits nicht verhehlt werden darf, dass bei leichtsinniger Behandlung der Fussboden beschädigt werden kann.

Die Kantenriegel sind meistens cylindrisch oder haben wenigstens solche Köpfe. Diese werden an den Enden abgerundet oder kegelförmig zugespitzt, um das Schliessen zu erleichtern. Nasen zur Begrenzung der Riegelbewegung sind nicht erforderlich, da sich diese durch die Grösse der Riegelgriffoffnung regelt.

2. Der Vorreiber- und Ruderverschluss.

Die Vorreiber und Ruder sind ein- oder zweiarmige Hebel, in den Drehpunkten am Ende oder in der Mitte befestigt, zum Verschliessen von Fenstern und kleinen Thüren etc. dienend.

a) Der einfache Vorreiber (einarmiger Hebel) ist der einfachste Fensterverschluss für kleinere Flügel. Er ist gewöhnlich aus Gusseisen und wird mit einer starken Holzschraube mit Rundkopf auf dem Futterrahmen, den Setzhölzern der Fenster etc. befestigt. Dem Vorsprung des Fensterflügels wird durch eine unterzulegende Hülse Rechnung getragen (Taf. 9 links oben). Vom Drehpunkt aus legt sich der Vorreiber über den Flügel und presst ihn fest. Um ein Beschädigen des Flügelholzes zu verhüten, bringt man sog. Streicheisen an, das sind gebogene, an den Enden zugespitzte Eisendrähte, welche mit den Spitzen in das Holz eingeschlagen werden und auf deren Bahn nun der Reiber läuft. Besser und solider als diese Drähte sind kleine, hälftig einzulassende und aufzuschraubende Eisenplättchen. Damit die Vorreiber in horizontaler Lage gegen selbständiges Auslösen geschützt sind, giebt man den Streicheisen am unteren Ende eine Nase. Figur A zeigt zwei mit einfachen Vorreibern versehene Fensterflügel.

b) Der doppelte Vorreiber (zweiarmiger Hebel), in Anwendung, wo zwei Flügel so nebeneinander liegen, dass sie mitsammen durch einen gemeinsamen Verschluss festgehalten werden können (Taf. 9 rechts oben). Er ist ebenfalls gewöhnlich aus Gusseisen und wird wie der einfache Vorreiber befestigt. Die Nasen der Streicheisen sind hier nicht nötig, da der Vorreiber in allen Lagen im Gleichgewicht ist. Figur B zeigt zwei Flügel, die mit gemeinsamem Vorreiber geschlossen sind.

c) Der Ruderverschluss (einarmiger Hebel), an Stelle der Vorreiber, hauptsächlich bei grösseren Abmessungen in Anwendung. Sollen zwei Flügel statt mit dem doppelten Vorreiber mittels Ruder geschlossen werden, so ist dieses auf dem einen Flügel drehbar befestigt und wird in einen Schliesskloben eingehängt, welcher auf dem Setzholz angebracht ist (Tafel 9 links unten). Das freie Ende des Ruders presst dann auch den zweiten Flügel fest. Auch hier fallen Streicheisen nötig. Auch an Stelle des einfachen Vorreibers kann der Ruderverschluss treten, wie der Verschluss für Schweineställe auf Tafel 8 zeigt. In diesem Fall wird das Ruder drehbar auf dem Flügel befestigt und hängt sich in zwei Schliesskloben ein, von denen der eine auf dem Flügel, der andere auf dem Setzholz oder Thürpfosten sitzt. Der Schliesskloben des Flügels kann bei genügender Höhe auch oben geschlossen sein.

Ausserdem heisst man die einarmigen Hebel zur Bewegung der verschiedenen Stangenverschlüsse auch Ruder (Taf. 9 rechts unten).

---

3. Der Baskülenverschluss.

Man versteht unter diesem Namen einen doppelten Riegelverschluss. Während der eine Riegel sich nach der einen Seite bewegt, läuft der andere gleichzeitig nach der entgegengesetzten. Wir haben im vorhergegangenen Abschnitt, Artikel 9, das Baskülenschloss beschrieben. Während dort ein Schlüssel die Bewegung hervorruft, so thut es hier ein Drücker, eine Olive oder ein Ruder; das übrige ist das gleiche. Auch hier kann die Uebersetzung durch eine drehbare Scheibe oder durch ein Zahnrad erfolgen. Das letztere ermöglicht die Parallelführung der Riegel. Bei Anwendung der Scheibe muss man, wenn die geringe Abweichung von der Parallelführung vermieden werden soll, zu dem beim Baskülenschloss erwähnten Ausweg greifen oder den Stangenriegeln ein bewegliches Gelenk geben (vergl. Taf. 10 rechts, woselbst ein Scheibenbaskülenverschluss abgebildet ist, während die linke Seite den Zahnradverschluss darstellt).

Der Baskülenverschluss ist hauptsächlich in Anwendung für Thüren und Fenster, wobei der Drehpunkt auf einer passenden Höhe anzuordnen ist, die Riegelstangen in genügender Weise durch Ueberkloben gefasst werden und mit ihren Enden in entsprechende Schliesskloben oder Schliessbleche eingreifen.

Der Ruderverschluss für Thore auf Tafel 9 ist auch nichts anderes als eine vereinfachte Scheibenbasküle; hier ist die Scheibe am Ruder selbst angebracht (vergl. auch C, D und F).

Wie der Baskülenverschluss für Fenster verwendet wird zeigt Tafel 10. Der Scheibenverschluss läuft ruhiger als der meist rasselnde Zahnradverschluss. Beiden Systemen ist auf der Tafel die Einrichtung gegeben, dass auf der Höhe des Drehpunktes ein dritter seitlicher Verschluss stattfindet. Zu diesem Zwecke erhält die eine Riegelstange eine seitliche Nase, welche sich mit derselben hebt und senkt und dabei in einen Schliesskloben auf dem Setzholz sich aus und einhängt. Auf gleiche Weise kann man für sehr hohe Flügel auch noch weitere Nasen und Kloben anbringen. Die Baskülverschlüsse werden meist sichtbar aufgesetzt. Für Ueberkloben, Scheibenkasten, Oliven etc. sind gegossene, zum Teil sehr hübsche Stücke im Handel. (W. Möbes in Berlin, Prinzenstrasse 96, L. Becker in Offenbach a. M. u. a.)

---

4. Der Schwengelverschluss.

Dieser Verschluss ist auf Tafel 11 links dargestellt. Er findet die nämliche Verwendung wie der Baskülenverschluss. An Stelle von zwei sich entgegengesetzt bewegenden Riegelstangen haben wir hier nur eine, der ganzen Länge nach durchlaufend. Als Angriff für die Bewegung dient ein Zahnstangenansatz, in welchen ein mit einem einarmigen Hebel verbundenes Zahnrädchen eingreift. Wird dieser Hebel, Schwengel genannt, abwärts gedreht, so hebt sich die Stange, um sich bei entgegengesetzter Bewegung wieder zu senken. Bringt man an der Riegelstange eine seitliche Nase an, so kann der Verschluss gleichzeitig oben, unten und inmitten erfolgen. So wie das Beispiel gezeichnet ist, erfolgt der Verschluss unten und inmitten auf gewöhnliche Weise, wie beim Baskülenverschluss. Dagegen muss am oberen Ende ein gabelförmiger Schliesskloben angebracht werden, in welchen die einer Krücke gestaltete Schliessstange sich einhakt. Selbstredend könnte man die Anordnung auch umgekehrt treffen. Der Schwengelverschluss ist für schwere Fenster und Thüren bestens zu empfehlen. Für Magazinthore und ähnliches macht man den Schwengel bis zu 50 cm lang.

---

5. Der Espagnolettenverschluss.

Dieser auf Tafel 11, rechte Seite, abgebildete Verschluss eignet sich ebenfalls für Fenster und Thüren. Er hat auch nur eine Triebstange, die als Rundeisen durchgeführt wird, während Baskülen- und Schwengelverschlüsse gewöhnlich halbrunde Triebstangen haben. Diese Aenderung ergiebt sich, weil hier die Riegelstange um die eigene Axe gedreht wird. Die Stange wird durch Ueberkloben gegen das Ausbiegen gefasst und ist an den Enden in seitliche Widerhaken ausgeschmiedet, welche in entsprechende Schliesskloben eingreifen, wie es Schnitt a-b zeigt. Die Umdrehung und der Verschluss an beiden Enden geschieht vermittels eines Ruders. Auf der Figur ist die Anordnung so getroffen, dass das Ruder für sich nochmals um seinen Befestigungspunkt drehbar ist, so dass es wie eine Falle in einen seitlichen Schliesskloben eingreift, wobei dann im ganzen ein Verschluss an drei Stellen erfolgt. Während beim Baskülen- und Schwengelverschluss nur eine Hebelbewegung erforderlich ist, sind es hier deren zwei. Soll der Verschluss geöffnet werden, so wird der Hebel erst gehoben und dann dem Oeffnenden entgegengedreht. Beim Schliessen geht es umgekehrt.

6. Steinschrauben und Bankeisen.

Zum Festhalten und zur bleibenden, nicht beweglichen Verbindung einzelner Teile dienen hauptsächlich Steinschrauben, Bankeisen, Eckwinkel und Scheinbänder.

a) Die Steinschraube dient hauptsächlich zur Befestigung der Futterrahmen von Thüren und Fenstern aus Holz. Sie endigt einerseits in eine Mutterschraube, anderseits ist sie verbreitert, „gestaucht", mit Nasen oder Widerhaken versehen, damit sie nach dem Verbleien oder dem Verkeilen und Einkitten in den Stein festeren Halt hat. Wir werden auf die Art der Befestigung anlässlich der Thüren und Thore zurückkommen. Figur 210 zeigt die Steinschraube mit und ohne Kröpfung. Die Form b wird gewählt, wenn der Gewändeanschlag breit genug ist für die Befestigung. Ist dies nicht der Fall, so kommt die Form a zur Verwendung. Die Mutter der Steinschraube wird gewöhnlich in das Holz versenkt, so dass sie mit demselben bündig ist. Die Figur 211 zeigt eine Steinschraube zur Befestigung von Vorhanghaltern, die den für gewöhnlich üblichen Stiften weitaus vorzuziehen ist. Ueber die Endigungen von Steinschrauben vergleiche auch die Figur 100.

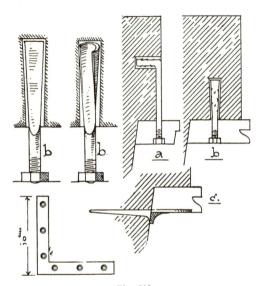

Fig. 210.
Steinschrauben, Bankeisen und Eckwinkel.

b) Das Bankeisen findet ähnliche Verwendung wie die Steinschraube, ist aber weniger sicher als diese. Es dient ausser zur Befestigung der Futterrahmen auch zum Aufmachen von Schäften u. dergl. Es endigt einerseits in eine Spitze, mit der es in die Mauerfuge eingeschlagen wird, anderseits in eine runde oder längliche Platte, welche in das Holz eingelassen oder auf dasselbe aufgesetzt wird. Dieser Teil ist durchlocht und wird mit dem Holz durch Schrauben oder Nägel verbunden. Die beiden Enden des Bankeisens sind gewöhnlich durch eine Nase, auf welche die Hammerschläge erfolgen, abgeteilt (vergl. Fig. 210 c).

7. Eckwinkel und Scheinbänder.

Der Eckwinkel dient zur Verstärkung von Holzverbindungen, besonders der Rahmen- und Frieshölzer der Fenster und Thüren. Diese Eckwinkel, auch Scheinhaken genannt, werden bei kleinen Abmessungen aus starkem Schwarzblech gefertigt, in das Holz bündig eingelassen und mit demselben verschraubt. Ein derartiger Eckwinkel ist in Figur 210 dargestellt.

Einen ähnlichen Zweck haben die sog. Scheinbänder, welche zur Verstärkung der Holzverbindung gespundeter Thüren etc. aufgesetzt werden. Man nützt diese Verstärkungen gerne in dekorativem Sinne aus und giebt ihnen das Aussehen von Lang- und Kreuzbändern, daher der Name.

Diejenigen Beschlägteile, welche zur Befestigung und Bewegung, aber nicht zum Verschliessen dienen, heisst man im allgemeinen Bänder. In Anwendung auf Fenster, Thüren und Läden geben sie dem beweglichen Flügel eine feste Drehaxe und bestehen aus zwei Teilen, dem am Gewände oder Futter befestigten Teil und dem beweglichen, am Flügel befestigten, dem eigentlichen Band. Beide Teile können sehr verschieden behandelt werden, wie die Bänder überhaupt eine grosse Mannigfaltigkeit aufweisen.

8. Der Kloben in Stein, der Spitzkloben, der Stützkloben, der Kloben auf Platte.

Sehen wir vorläufig von Scharnier- und ähnlichen aus zwei Lappen gebildeten Bändern ab, so nennt man den am Gewände oder dem Futter befestigten Teil Kloben. Als Drehachse dient der Dorn, auch Kegel oder Stift genannt, welcher gewöhnlich mit dem Kloben vernietet ist.

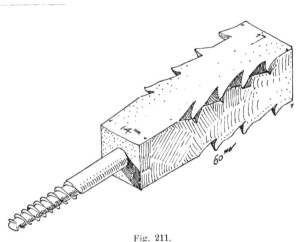

Fig. 211.
Steinschraube zur Befestigung von Vorhanghaltern, vorgeschlagen von Bauinspektor Kredell in Baden-Baden.

a) Der Kloben in Stein hat einen kräftigen, mit Widerhaken versehenen Ansatz, mit dem er in den Stein eingelassen wird nach Art der Steinschraube oder wie er auf Tafel 12 dargestellt ist.

b) Der Spitzkloben ist nach hinten zugespitzt, mit oder ohne Widerhaken und dient vornehmlich zur Befestigung in Holz. Er ist ebenfalls auf Tafel 12 abgebildet.

c) Besser als der Spitzkloben ist der Kloben auf Platte (Taf. 12). Der Kloben ist mit der Platte vernietet; die Platte wird bündig in das Holz eingelassen und mit vier Schrauben befestigt.

d) Der Stützkloben ist eine Art Mittelding. Die Befestigung geschieht an zwei Stellen (Taf. 12). Dieser Kloben ist im allgemeinen auch der geeignetste als Kloben auf Eisen, wenn derselbe nicht direkt mit der Unterlage vernietet werden soll.

Das eigentliche Band, der Bandlappen wird aus starkem Schwarzblech oder aus Schmiedeisen gefertigt, welches mit dem einen Ende um einen entsprechenden, provisorischen Dorn herumgewunden wird. Die herumgebogene Hülse heisst man Gewinde. Wird der Bandlappen auf den Dorn gestülpt, so legt er sich auf dem Kloben auf; die Dornspitze steht oben vor und man sagt: Das Band läuft auf dem Gewinde. Schraubt oder nietet man einen Stift in das obere Ende des Gewindes, so dass der Dorn des Klobens an diesen Stift stösst, während zwischen Gewinde und Kloben ein gewisser Abstand verbleibt, so läuft das Band auf dem Dorn. Dabei entsteht weniger Reibung und Bewegungswiderstand, als wenn das Band auf dem Gewinde läuft.

9. Das Lang- und Kurzband.

Der Bandlappen oder Bandstreifen wird mit Nägeln oder besser mit Holzschrauben und noch besser mit Mutterschrauben auf dem Holz befestigt, wie es Tafel 12 angiebt. Das Langband (über 30 cm lang) wird hauptsächlich für Latten- und Riementhüren, sowie für Läden verwendet, überhaupt für solche Flügel, welche in ihren einzelnen Teilen durch das Band noch fester zusammengehalten werden sollen (Taf. 12A).

Das Kurzband (unter 30 cm lang) unterscheidet sich vom vorigen nur durch die Abmessung und ist für leichtere Flügel in Anwendung.

Diese Zungenbänder werden meist nicht eingelassen, sondern aufgesetzt und häufig dekorativ gestaltet, wie sich später zeigen wird.

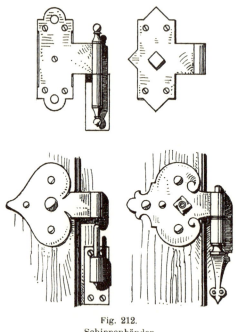

Fig. 212.
Schippenbänder.

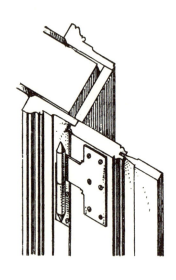

Fig. 213.
Anschlag des Schippenbandes.

10. Das Schippenband.

Der Bandlappen dieses für einfache Thüren und Läden häufig benützten Beschläges ist glatt mit gebrochenen Kanten (Taf. 12) oder er nimmt Formen an, wie die in Figur 212 dargestellten, nach welchen das Band seinen Namen führt. Der Kloben ist Stein-, Spitz-, Platten- oder Stützkloben. Das Band läuft auf Gewinde oder Dorn. Die Befestigung geschieht mit Holzschrauben, bei schweren Thüren ausserdem mit einer Mutterschraube. Das Band wird angeschlagen, wie Figur 213 und Tafel 12 zeigen.

In früheren Zeiten hat das Schippenband vielfach eine reiche Ausstattung erfahren. Verzinnte derartige Bänder an Thüren und Kästen waren ein beliebter Aufputz. Auf diese Zier-Formen wird noch zurückzukommen sein.

11. Das Winkelband.

Es ist gewissermassen eine Vereinigung des Schippenbandes mit dem Eckwinkel. Der Bandlappen wird rechtwinkelig abgebogen und greift über die Ecken der Thüren, Fenster und Läden weg, für welche dieses Beschläge sich gleich gut eignet. Das Band wird aufgelegt oder eingelassen, mit Holzschrauben und einer Mutterschraube befestigt.

Das Winkelband in seiner einfachen Form ist auf Tafel 13 abgebildet und in Bezug auf die Figuren A, B und C dieses Blattes für Laden, Fenster und Thor benützt. Ausserdem zeigt die Figur 214 im Text die Art des Anschlagens.

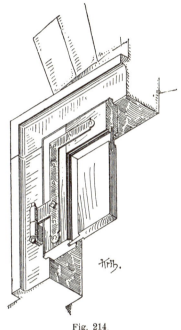

Fig. 214.
Anschlag des Winkelbandes.

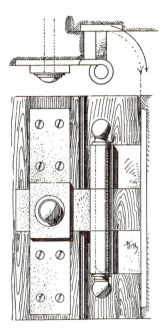

Fig. 215.
Kreuzband.

Für oft sich wiederholende Fälle, z. B. für Fensterläden, schafft sich der Schlosser am besten eine Art Lehre, d. h. ein beschlagenes Eckstück, welches, an Ort und Stelle gehalten, dann den richtigen Platz für den einzulassenden Kloben angiebt.

---

12. Das Kreuzband.

Es ist hauptsächlich für schwere Thore und Thüren im Gebrauch. Es stellt gewissermassen eine Vereinigung des Schippenbandes mit dem Lang- oder Kurzband vor. In seiner einfachsten Form zeigt es Tafel 13, welche auch die verschiedenen Arten der Verbindung der das Kreuz bildenden Teile vorführt. Der eigentliche Bandlappen wird in das Holz eingelassen. Das diesen kreuzende Eisen wird aufgesetzt, mit jenem vernietet und ausserdem durch eine gemeinsame Mutterschraube festgehalten. Man kann auch die beiden Lappen übereinanderweg kröpfen

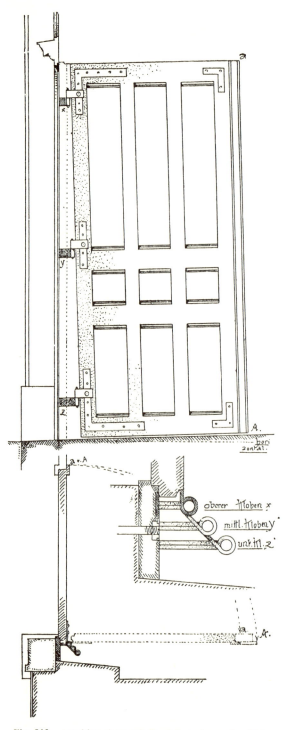

Fig. 216. Anschlag einer schräg sich austragenden Thüre.

oder auf dem einen Leistchen aufnieten oder aufschweissen und so ein solides Lager für den anderen Teil schaffen. Dass für derartige schwere Bänder auch der Kloben eine stärkere Durchbildung erfahren muss, ist selbstredend.

Wie das Kreuzband angeschlagen wird zeigt auch die Figur 215 im Texte.

Das Kreuzband kann auch mit dem Winkelband vereinigt werden (vergl. Fig. 216).

Diese Figur veranschaulicht die Art der Klobenbildung beziehungsweise deren Anschlag, wenn der Boden nach der Richtung hin, in welcher die Thüre sich aufschlägt, ansteigt. Wenn in diesem Fall die Thüre auf dem Boden sich nicht sperren soll, wenn ferner in geschlossenem Zustande unterhalb der Thüre keine Spalte entstehen und auch keine hervorstehende Schwelle angebracht werden soll, was beides misslich wäre, so ordnet man die Kloben in der angegebenen Weise an, wobei die Thüre sich dann schräg heraus trägt, um wieder in senkrechter Ebene zu stehen, wenn eine Drehung um 90° erfolgt ist.

Während die bis jetzt besprochenen Bänder aus Band und Kloben bestehen, so giebt es auch solche, bei denen der Kloben fehlt und ein zweiter Bandlappen zur Befestigung am Futter dient. Hierher zählen das Fischband, das Scharnierband, das Zapfenband etc.

13. Das Fischband.

Es ist heutzutage das meist verwendete Band für Bauschreinereiarbeiten. Da unsere Zeit die Beschläge gerne versteckt, so verdankt es die Bevorzugung dem Umstande, dass von dem ganzen Band nur der aus Kegel und Gewinde bestehende fischförmige Körper sichtbar bleibt, nach welchem es den Namen hat. (Nach Anderen stammt die Bezeichnung von dem französchen „Fiche".) Das Fischband besteht aus zwei fast gleichen Lappen, von denen der eine mit dem von unten eingeschobenen, mit ihm verschweissten oder vernieteten Kegel versehen wird, so dass er nach oben über den Lappen vorsteht. Der zweite Lappen besitzt ebenfalls einen von oben eingeschobenen, vernieteten, kürzeren Kegel, welcher auf den ersteren aufgesetzt wird, so dass das Band auf dem Dorn läuft (vergl. Taf. 14). Der Kegel des oberen Lappens kann auch fortbleiben, so dass das Band auf dem Gewinde läuft, was aber weniger gut ist, weil im Gebrauch eine rasche Abnutzung stattfindet und die Thür sich senkt, wobei man dann durch Einlegen von Eisenringen Abhilfe zu schaffen sucht.

Das Fischband ist hauptsächlich für Thüren und Fenster im Gebrauch. Entweder werden

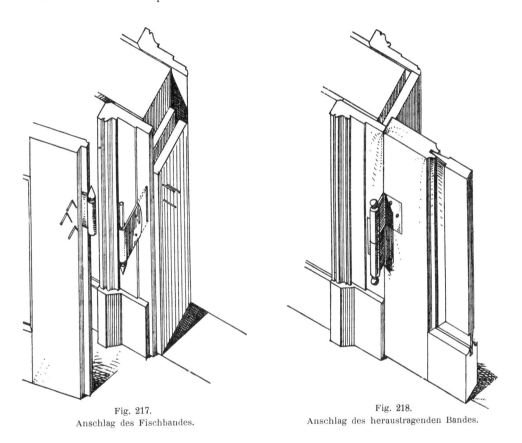

Fig. 217.
Anschlag des Fischbandes.

Fig. 218.
Anschlag des heraustragenden Bandes.

beide Lappen in das Holz eingestemmt oder der eine wird bloss eingelassen und aufgeschraubt, wie dies in den Querschnitten auf Tafel 14 veranschaulicht ist. Das Blech der Lappen hat für Fenster eine Stärke von 2 bis 3 mm, für Thüren eine solche von 3 bis 4 mm. Der Durchmesser des Fisches ist für Fenster durchschnittlich 12 mm, für Thüren 18 mm. Hohe Fensterflügel erhalten je drei Bänder, ebenso Thürflügel, die über 2,10 m hoch sind. Ist für den einzelnen das Einhängen von Thür- und Fensterflügeln an und für sich schon schwierig, so wird bei Verwendung von drei Bändern der Fall noch mehr erschwert. Während dem einen Dorn die Aufmerksamkeit zugewendet wird, verschiebt sich die Sache an den anderen etc., bis das Einhängen schliesslich durch Zufall gelingt. Vor vielen Jahren bereits wurde in der Leipziger Illustrierten Zeitung vorgeschlagen, die Dornlängen der zwei oder drei Bänder eines Flügels ungleich lang zu machen, so dass das Einhängen erst am einen Ende und nachher am anderen erfolgen kann. Es ist bedauerlich, dass dieses einfache Mittel sich bis jetzt nicht eingeführt hat und die zusammengehörigen Bänder nicht schon mit ungleichen Kegeln geliefert werden.

Figur 217 zeigt das Einstemmen und Befestigen des Bandes in Anwendung auf eine Thüre.

---

14. Das heraustragende Band (Aufsatzband).

Wenn die Verkleidung einer mit Fischbändern beschlagenen Thüre stark ausladend profiliert ist, so ist es nicht möglich, die Thüre so weit zu öffnen, dass sie sich an die Wand legt. Wenn dies angestrebt wird, so müssen Bänder verwendet werden, deren Drehpunkt einige Centimeter von der Thüre absteht (Fig. 218). Man bezeichnet solche Bänder in Süddeutschland mit anderen als Aufsätzbänder, weil der obere Bandteil auf dem unteren „aufsitzt". Zweckmässiger wäre allerdings eine Bezeichnung, welche andeutet, dass das Band ein völliges Heraustragen der Thüre ermöglicht.

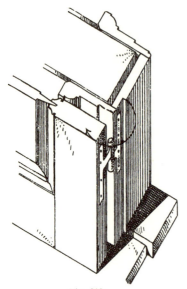

Fig. 219.
Anschlag des Paumellebandes.

15. Das Spenglersche Exaktband.

Es ist dies ein patentiertes, gutes und starkes Band, nicht aus Blechen, sondern aus dem Vollen gearbeitet. Die Gewinde sind gebohrt und laufen auf Stahlringen geräuschlos. Die Knöpfe sind behufs Zuführung von Schmieröl und als Oelfänger zum Wegnehmen eingerichtet. Das Band wird auch als Steigband geliefert. Das Gewinde wird dann im Inneren zum wirklichen schraubenförmigen Gewinde. Beim Oeffnen der Thür steigt der Flügel und fällt von selbst wieder zu. Das Aeussere ist auf Tafel 14 dargestellt.

---

16. Das Paumelleband.

Dieses ebenfalls auf Tafel 14 dargestellte Band ist auch aus dem Vollen gearbeitet und läuft auf eingelegten Bronzeringen. Es wird auf den Kanten der Flügel und Futter angeschlagen, eingelassen und aufgeschraubt (vergl. Fig. 219). Es gestattet, wie das gewöhnliche Aufsatzband, ein volles Herumtragen der Thüre und ist sehr zu empfehlen.

Man kann das Paumelleband, wie auch das Fisch- und Aufsatzband auch umgekehrt anschlagen, mit nach unten gerichtetem Dorn. Das Einhängen wäre gerade so bequem oder unbequem, das Einschmieren dagegen wäre erleichtert; bis jetzt ist dies aber nicht gebräuchlich.

17. Das Scharnierband.

Es ist eines der meist verwendeten Bänder, insbesondere für Möbel, Koffer etc. In der Bauschreinerei wird es dagegen wenig benützt, ausnahmsweise für Klapptische, Thüren inmitten des Futters, die nicht ausgehängt werden können, horizontal angeschlagene Fensterflügel an Glasabschlüssen etc. Es wird in Eisen und in Messing gearbeitet und fast nur fabrikmässig hergestellt.

Das Scharnierband besteht aus zwei, meist gleichen Lappen mit festem oder losem

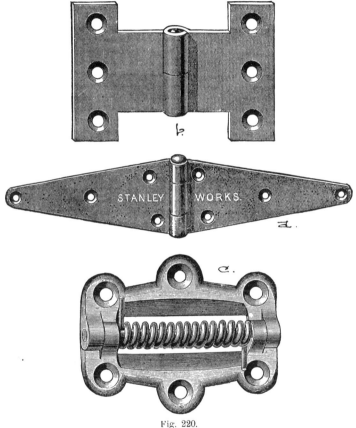

Fig. 220.
Amerikanische Scharnierbänder.

Dorn. Die abwechselnd ausgekerbten Lappen werden um den Dorn gewunden, wie es die Figur unten links auf Tafel 15 zeigt, so dass dann beide Teile aus doppeltem Blech bestehen. Die Zahl der Kerbungen ist willkürlich; die sog. Klavierscharniere werden nach dem laufenden Meter verkauft und nach Bedarf abgeschnitten.

Besser und solider sind auch hier die aus dem Vollen gearbeiteten Scharniere, wie das Spenglersche Exakt-Scharnierband mit Stahlringen und wegnehmbaren Knöpfen (Taf. 15).

Das Scharnierband kann, wie die Tafel zeigt, so eingerichtet werden, dass eine Bewegung der Lappen um 90, 180 oder 270° ermöglicht ist. Für gewöhnlich sind die einzulassenden und aufzuschraubenden Lappen einfach viereckig, was aber nicht ausschliesst, dass auch reich verzierte und ausgeschnittene Beschläge dieser Art gefertigt werden können.

Die Figur 220 zeigt drei amerikanische Scharnierbänder. Nach a sind die Lappen langgezogen. Charakteristisch ist die unregelmässige Anbringung der Schraubenlöcher im Interesse erhöhter Festigkeit. Die Lappen des Bandes b, auf den Kanten angeschlagen, geben demselben die Wirkung eines Paumellebandes im kleinen. Das Beispiel c ist mit einer Zuwerfungsfeder versehen.

18. Das Zapfenband.

Das Zapfenband, auch Stift- oder Dornband genannt, ist in Anwendung für Pendel- und Windfangthüren, wobei es eine Bewegung der Thüre nach beiden Seiten gestattet, und für gewisse

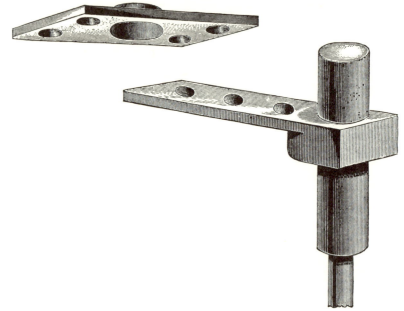

Fig. 221.
Amerikanisches Zapfenband.

Möbelteile. Es wird an der unteren und oberen Flügelkante angeschlagen. Das Band besteht aus zwei nach dem Drehpunkt zu verstärkten, schmalen Lappen, deren einer den Dorn enthält, welcher in das Dornloch des anderen einpasst (Taf. 15 Mitte). Es ist wichtig, dass das Auflager des unteren Bandes in Ordnung ist, weil auf diesem das Gewicht der Thüre ruht. Für schwere Thüren und Thore gestaltet man den einen Lappen mit dem Dorn als Kantenwinkel und den anderen als Pfanne (Taf. 15 links oben und A).

Ein amerikanisches Zapfenband, dessen Dornfortsatz in eine Ausbohrung eingesteckt wird, zeigt die Figur 221.

Aehnlich erfolgt auch der Anschlag eiserner Thüren und Thore. Hierbei kann der in die Pfanne eingreifende Dorn an der Thüre angearbeitet sein (Taf. 15 rechts unten). Die weitere

18. Das Zapfenband.

Fig. 222.
Renaissance-Langbänder aus der Thomaskirche zu Leipzig. Aufgenommen von H. Kratz daselbst.

Fig. 223.
Zierband der Barockzeit im Kunstgewerbemuseum zu Karlsruhe. Aufgenommen von J. Kirchhoffer.

Fig. 224. Einfache Zierbeschläge aus der Umgebung des Bodensees.

Führung dieser Thüren wird dann durch ein Halsband (oder deren mehrere) erzielt. Ein solches Halsband ist ebenfalls dargestellt und aus der Zeichnung ohne weiteres verständlich.

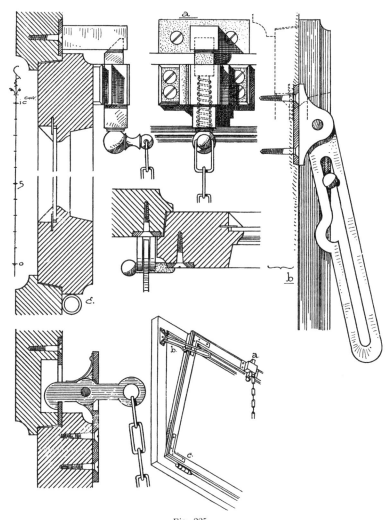

Fig. 225.
Federfallen und Scheren für Lüftungsflügel.

In der Möbelschreinerei sind ausser den aufgeführten Bändern noch weitere Formen für bestimmte Zwecke, für Spieltische, Sekretäre, spanische Wände etc. im Gebrauch. Da sie alle fabrikmässig erzeugt werden, möge es bei der blossen Erwähnung verbleiben.

19. Zierbänder.

Wie bereits erwähnt, haben die Bänder ausser ihrer zwecklichen Bedeutung vielfach auch dekorative Bestimmung. Sie sollen der Thüre, dem Möbel zur Zierde gereichen. Die Bandlappen werden in diesem Sinne reicher gestaltet, verzweigt, ausgeschnitten, mit hübschen Nägeln und Rosetten befestigt etc. Ob die Anfertigung aus Blech oder Schmiedeisen erfolgt, richtet sich nach der Grösse und gewünschten Stärke. In früheren Zeiten wurde in Bezug auf die Zierbänder ein gewisser Luxus entfaltet und unsere Museen haben zum Teil ganz hervorragende Arbeiten dieses Gebietes gesammelt. Ausserdem begegnen wir ihnen nicht selten beim Betreten alter Bauwerke. Die Figur 222 bildet zwei Langbänder aus der Thomaskirche in Leipzig ab. Die Figur 223 bringt ein Mittelding von Schippen- und Kreuzband und die Figur 224 führt ausser einem Thürklopfer verschiedene Zierbänder aus der Umgebung des Bodensees vor. Reiche, aus dem Stück geschmiedete und geschweisste Bänder, wie sie das Mittelalter verwendet hat und wie wir in

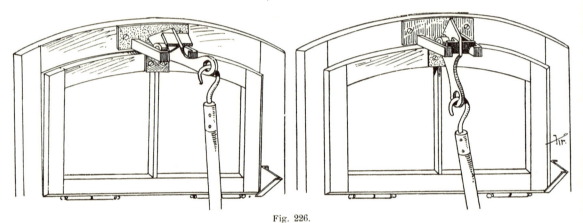

Fig. 226.
Klappfensterverschluss von A. Marasky in Erfurt.

Figur 146 ein Beispiel von der Kathedrale in Lüttich gegeben haben, werden heute kaum mehr ausgeführt. Dagegen werden die Thüren von Kirchen und öffentlichen Gebäuden anderer Art nicht selten mit Zierbeschlägen versehen, wie wir sie auf den Tafeln 16 bis mit 21 dargestellt haben. Es sind auf diesen Tafeln die Lang- und Kurzbänder, die Winkel- und Kreuzbänder, sowie die Schippenbänder besonders berücksichtigt. Da die konstruktive Seite bereits besprochen wurde, so ist hier nichts mehr beizufügen. Für das Mobiliar werden die Zierbeschläge heutzutage meist nicht in Eisen, sondern in Messing oder Bronze gefertigt. Eine bekannte Firma hierfür ist: D. La Porte, Söhne in Barmen.

Es erübrigt noch, zur Vervollständigung der Beschläge auf die verschiedenen Einrichtungen zum Oeffnen, Schliessen und Festhalten von Läden und Lüftungsflügeln, zum Zuwerfen von Thüren etc. einzugehen. Diese zum grossen Teil patentierten Beschläge sind so mannigfaltig, dass nur auf die wichtigsten Bezug genommen werden kann.

20. Aufstellvorrichtungen für obere Fensterflügel; Federfallen und Scheren.

Der Verschluss der oberen, seitlich angeschlagenen Fensterflügel erfolgt meistens mittels Vorreibern. Da diese nur mit Leitern oder Stangen zu erreichen sind, so bleiben dann die Fenster gewöhnlich zu. Weil man aber gerade die oberen Flügel gerne zur Ventilierung benützt, so gestaltet man neuerdings die obere Fensterpartie auch als quer durchlaufenden Lüftungsflügel und schlägt ihn **oben** oder **unten** (am Kämpfer) mit Fisch- oder Scharnierbändern an, so dass er sich um etwa 30° von unten oder von oben in das Zimmer hereinstellen lässt (vergl. die Figuren 226 und 227).

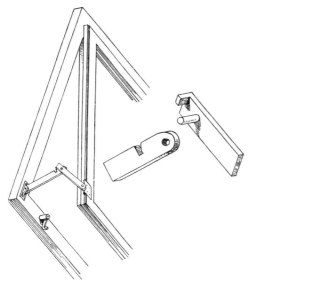
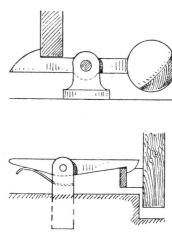

Fig. 227.
Klappfenster mit Kniehebel-Aufstellvorrichtung.

Fig. 228.
Festhaltungen für Thüren und Thore.

Fällt der Flügel von oben herab, so wird er bei offenem Fenster in seiner Lage erhalten durch eine **Schere**, welche inmitten der Länge eine Ausbuchtung hat (vergl. Fig. 225). Die letztere wird zum Einhaken benützt, wenn der Flügel nur um weniges geöffnet werden soll. Andernfalls legt sich der Stift in die untere Rundung der Schere. Geschlossen wird der Flügel durch eine **Federfalle** (nämliche Figur), welche sich in einen **Schliesskloben** oder ein **Schliessblech** einhakt, wie es die beiden Varianten zeigen. Das Oeffnen der Falle unter Aufhebung der Federwirkung geschieht durch Ziehen an einem an der Falle angehängten **Kettchen**. Da man zum Emporheben des Flügels aber immerhin noch eine Stange nötig hat und da ferner die Flügel durch Quellen sich häufig festklemmen, wobei dann das Ziehen am Kettchen die Falle wohl aushebt, aber den Flügel nicht öffnet, weil der Kräfteangriff unter einem kleinen Winkel erfolgt, so hat man nach einer besseren Vorrichtung gestrebt. Eine solche ist gefunden in dem Klappfensterverschluss von A. Marasky in Erfurt (Fig. 226). Der Verschlusshebel hat eine Nase, welche bei einer Bewegung des Hebels nach abwärts sich gegen den Futterrahmen stemmt und den Flügel aus dem Falz herauszwängt. Des Verschliessens halber erfolgt die Handhabung

196 VIII. Das übrige Beschläge.

dieses Verschlusses nicht mit einer Kette, sondern vermittels einer Stange, die am oberen Ende einen Haken hat. Also auch hierbei ist eine Stange erforderlich. (Dagegen kommt sie in Wegfall bei Verwendung des patentirten Fensterverschlusses von Seilnacht in Baden-Baden, bei dem das Oeffnen sowohl wie das Schliessen durch Ziehen an einer Schnur erfolgt.)

Trägt sich der Flügel von unten herein, so wird er geöffnet erhalten durch einen Kniehebel (Patent Leins, Fig. 227). Je nach der Stellung des Kniehebels ist das Fenster mehr oder weniger geöffnet. Der Verschluss erfolgt durch Federfallen oder Vorreiber, nachdem das Knie nach oben durchgedrückt ist, wobei wieder eine Stange benützt wird.

21. Festhaltungen für Thüren, Fenster und Läden.

a) Für Thüren und Thore nimmt die Vorrichtung zum Festhalten in geöffnetem Zustande Formen an, wie sie in Figur 228 dargestellt sind und sich von selbst erklären. Sie können am Boden oder entsprechend geändert an der Wand angebracht werden.

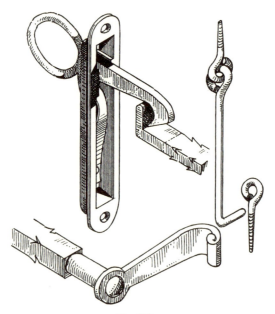

Fig. 229.
Festhaltungen für Fenster und Läden.

b) Für untere Fensterflügel ist bis jetzt die einfachste und billigste Festhaltung in offenem Zustande eine Ringschraube mit Einhängehaken, die am Flügel befestigt wird, während eine zweite Ringschraube am Futter angebracht wird oder umgekehrt. Sitzt der Haken am Flügel, so empfiehlt sich das Anbringen eines Stiftes zum Auflegen desselben beim Nichtgebrauch. Dieser einfache Einhängehaken ist in Figur 229 rechts dargestellt. Die verschiedenen patentirten Festhaltungen haben ihn noch nicht zu verdrängen vermocht. Einfach und gut ist übrigens der Fenstersteller von W. Kinzinger in Heidelberg, den die Figur 230 vorführt. Der Flügel steht fest, wenn das Knie gestreckt ist. Beim Schliessen wird es mit der Hand durchgedrückt.

c) Für **Läden** dienen zur Festhaltung: der gewöhnliche Riegel, die **Schlempe**, d. i. ein grosser Vorreiber, der auf Streicheisen mit Nase läuft, und die selbstthätig wirkende **Federfalle**. Sie ist in Figur 229 zusammen mit der Schlempe und mit dem Einhängehaken für Fenster abgebildet.

22. Zuwerfungen für Thüren und Thore.

Sie haben den Zweck, die Thüre selbstthätig zu schliessen, wenn sie offen stehen gelassen

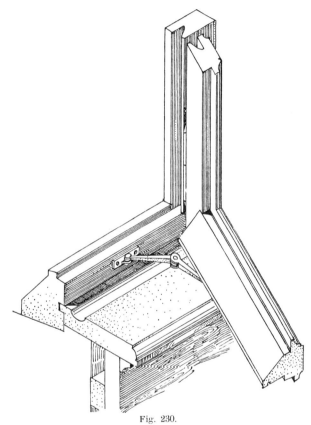

Fig. 230.
Fenstersteller von W. Kinzinger in Heidelberg.

wird. Es giebt zahlreiche patentierte und nicht patentierte Vorrichtungen dieser Art, von denen die wichtigsten genannt sein mögen:

a) Die älteste und einfachste Vorrichtung besteht darin, dass das untere Thürband mit seiner Drehaxe weiter von der Thüre absteht als das obere. Die nicht über 90° geöffnete Thüre strebt nach der Gleichgewichtslage durch Schwerpunktsverschiebung und schliesst sich, wenn sie gut geschmiert ist, von selbst. (Fig. 216.)

b) Eine ebenfalls alte und dabei solide Vorrichtung ist diejenige mit **Gegengewicht**. Wenn sie gut ausgeführt und mit Darmsaiten versehen ist, die auf abgedrehten Messingrollen laufen, so wird sie nicht versagen. Wo das Gewicht stört, kann es in einem in der Leibung anzubringenden Kasten versteckt werden. Eine Abänderung für eiserne Thüren im Freien besteht darin, dass drei Stangen das Gewicht beim Oeffnen heben, wie es in Figur 231 veranschaulicht wird.

c) Auf dem Prinzip des Hebens der Thüre auf einer schiefen Ebene, auf welcher das Herabgleiten von selbst erfolgt, beruhen u. a. die Bänder mit steigenden Lappen und Schraubengang, die bereits erwähnt worden sind, und das Anbringen einer bogenförmigen schiefen Ebene als Pfanne, auf welcher die Thür mit einer Rolle sich herausdreht und gleichzeitig hebt (Weickums Thürschliesser etc.).

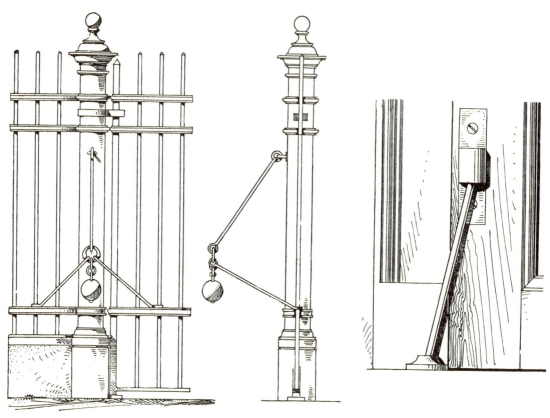

Fig. 231.
Gegengewichtzuwerfung für eiserne Thüren im Freien.

Fig. 232.
Strebespindelzuwerfung.

d) Aehnlich wirkend ist die bekannte und viel benützte Strebespindel (Fig. 232), ein schräg stehender Eisenstab zwischen zwei Pfannen, von denen die eine am hinteren Thürfries, die andere am Futter oder am Boden befestigt ist. Je weiter die Thüre offen ist, desto weniger wirkt diese Vorrichtung. Ausserdem fällt die Spindel gerne aus ihren Lagern, wenn keine Vorrichtung zum Nachschrauben beigegeben wird.

e) Die auf dem Prinzip des Federtriebs beruhenden Zuwerfungen haben den Vorteil, dass die Kraft am stärksten wirkt, wenn die Thüre ihre Schliessbewegung beginnt, während bei den auf Hebung der Thüre beruhenden Zuwerfungen das Gegenteil der Fall ist. Je nachdem die Thüre wirklich zugeworfen oder nur zugelehnt werden soll, wird also die Wahl zu treffen sein. Die Figur 233 zeigt links eine amerikanische Zuwerfungsfeder, in der Mitte die gewöhnliche deutsche Zuwerfungsfeder mit einer Anzahl Stahlstreifen im Innern und einem auf einer Rolle laufenden Hebel; rechts dagegen die englische Windfangfeder, welche im Boden versteckt wird. Alle Federzuwerfungen haben den Nachteil, dass die Federn leicht erlahmen, wenn die Thüren oft auf lange Zeit offen stehen müssen.

f) Der Hartungsche Thürschliesser und ähnliche Einrichtungen, welche ein geräuschloses Zuwerfen erstreben, nehmen den Luftdruck zu Hilfe. Durch unverständige Behandlung werden sie rasch verdorben.

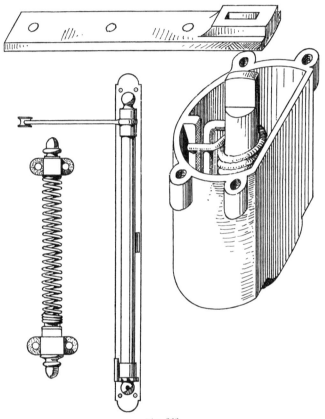

Fig. 233.
Zuwerfungen mit Federtrieb.

Für Pendel- und Windfangthüren müssen die Zuwerfungen so umgestaltet werden, dass sie nach beiden Seiten wirken, wozu sich diejenigen eignen, die auf dem Prinzip der schiefen Ebene oder des Federtriebes begründet sind. Ein derartiges Beispiel ist in Figur 233 rechts gegeben.

23. Thürklopfer.

Zu den Beschlägen der Thüren gehören auch die Thürklopfer. Sie sind jedoch heute eine weit seltenere Erscheinung als zur Zeit des Mittelalters und der Renaissance. Man zieht heute Glockenzüge und elektrische Klingelwerke entschieden diesen Spektakel machenden Geräten vor. Nur in derjenigen Form, in welcher sie gleichzeitig als Zuziehgriffe für die Thüren gelten können, werden sie auch heute an Stelle der sonst verwendeten Knöpfe noch hin und wieder angebracht, besonders an schweren Thüren für Kirchen und andere öffentliche Gebäude (Fig. 234 und 235).

Thürklopfer aus alter Zeit sind ausserdem abgebildet in den Figuren 137, 142, 150 bis 152, 154, 224 und 238.

24. Thürdrücker im alten Stile.

Auch in Bezug auf die Thürdrücker wurde früher ein grosser Aufwand gemacht. An Stelle unserer heutigen, einfachen aber praktischen Drücker finden wir zierlich durchbrochene und reich

Fig. 234.
Thürklopfer. Altertumssammlung in Basel.
Renaissance.

Fig. 235.
Thürklopfer.
Aufgenommen von F. Dietsche.

geschmiedete Arbeiten, die dann heute aus Vorliebe zum Alten auch gelegentlich wieder nachgebildet werden. Man kann nicht sagen, dass sich dieses gerade sehr empfiehlt; denn erstens ist das Eisen ein kaltes, unangenehmes Material zum Anfassen, das ausserdem gerne rostet, wenn es mit feuchten Händen in Berührung kommt und zweitens geben diese kunstgewerblich angehauchten Formen leicht Anlass zum Beschädigen der Kleider und der menschlichen Haut, was gewiss keine Annehmlichkeiten sind.

Das Bruchstück einer eisenbeschlagenen Thüre, Figur 238, zeigt einen schmiedeisernen Drücker der genannten Art.

IX. THORE UND THÜREN.

(Tafel 22 bis mit 34.)

In Bezug auf Thore und Thüren aus Schmiedeisen haben wir zu unterscheiden zwischen den durchbrochenen, als Gitter gebildeten Arten und den geschlossenen Formen. Ferner kommen in Betracht die über und über mit Eisen beschlagenen Holzthüren.

Das Mittelalter verwendet von diesen drei Arten fast nur die letztgenannte. Geschlossene eiserne Thüren konnte man damals nach Lage der Eisenerzeugung nicht wohl machen und zu offenen Gitterthüren lag wenig Veranlassung vor. Die Sitte, die gespundeten Holzthüren mit reichen Beschlägen zu überziehen, ging dann vielfach soweit, dass das Beschläge die Hauptsache wurde und dass schliesslich sämtliches Holz mit Eisen belegt war. Die Renaissancezeit und die folgenden Stile haben diese Einrichtung zum Teil beibehalten. Heute werden eisenbelegte Thüren wenig mehr gefertigt, da man sie lieber ganz aus Eisen macht. Wir bilden drei Thüren der erwähnten Art in den Figuren 236, 237 und 238 ab.

Erst zur Zeit der Renaissance werden die durchbrochenen Gitterthüren allgemeiner verwendet. In den Kirchen erhalten die Chor- und Kapellenabschlüsse, sowie die Kanzelstiegen Gitterthüren. In den übrigen öffentlichen Bauten und im Wohnhaus geben Stiegenhäuser, Vorräume und Erker Gelegenheit zur Anbringung und im Freien sind es hauptsächlich die Einfriedigungen von Brunnen, welche mit Thüren geschlossen werden. Das Gitterwerk sitzt gewöhnlich in einem rechteckigen Rahmen aus Flacheisen. Die Krönung der Thüre ist entweder an dieselbe angearbeitet oder sie sitzt am Sturz oder am Kämpfer fest, welche der Thüre als Anschlag dienen. In den Figuren 239 und 240 geben wir zwei Kanzelthüren aus der Renaissancezeit, die eine aus Villingen, die andere aus Thann i/E. Eine reiche, in sechs Einzelfelder geteilte Gitterthüre, die von der Franziskaner-Hofkirche in Innsbruck in die sog. „silberne Kapelle" führt, ist in Figur 241 abgebildet. Diese Gitterthüren wiederholen gewöhnlich das Motiv des Geländers, in welchem

Fig. 236.
Eisenbeschlagene Renaissancethüre.

202   IX. Thore und Thüren.

sie sitzen. Es wird auch gerne an der Thüre etwas mehr gethan, so dass dieselbe aus dem Uebrigen durch grösseren Reichtum und insbesondere durch die Krönung absticht und sich hervorhebt. Die alten Thürgitter sind wahre Fundgruben für gute Vorbilder, so dass wir es uns

Fig. 237. Thür am grünen Gewölbe in Dresden.

nicht versagen können, aus dem reichen, zur Verfügung stehenden Material noch einige heraus zu greifen. Die Figuren 242 und 243 sind Abbildungen von Renaissancethürgittern aus Prag. Die Beispiele 244 und 245 befinden sich im Museum zu Salzburg und Figur 246 zeigt ein schönes Thürgitter vom „Haus der Väter" in Hannover. Auch in Figur 159 haben wir bereits ein

Fig. 238. Einzelheiten einer eisenbeschlagenen Thüre aus der Barockzeit.

interessantes Gitter mit Thüre aus der Marienkirche in Berlin gebracht, welches hierher zählt. Die in den Gitterthüren angebrachten grossen Schlösser stören die Wirkung oft bedenklich, indem sie das Rankenwerk unschön verschneiden (vergl. Fig. 239). Besser macht sich die Sache, wenn auf der Höhe des Schlosses ein durchlaufender Querfries angebracht wird, von dem sich dann das Schloss abhebt und der gleichzeitig zur Befestigung von Zuziehringen und Thürbändern ausgenutzt werden kann (vergl. Fig. 240).

Das Hervorragendste in Bezug auf Thüren und Thore bringen jedoch die Barock- und Rokokozeit zu stande. Zu den genannten Anwendungen an Kanzeln, Chor- und Kapellenabschlüssen gesellen sich nunmehr die Prunkthore der Schlösser und Paläste, der Gärten und Parkanlagen, welche zu prächtigen und grossartigen Leistungen Veranlassung geben. Es ist im allgemeinen auch ein viel grösserer Massstab, in welchem diese Zeiten arbeiten. Die Thore bestehen meist aus zwei Flügeln, welche an steinernen Gewändepfosten angeschlagen werden. Die Thüre erhält eine breite, pilasterähnliche Schlagleiste, die häufig mit Punz- und Meisselornamenten, mit Sockel und Kapitäl geziert wird. Der Kämpfer läuft, als Anschlag dienend, fest durch und wird gerne nach oben geschweift. Ueber demselben wird eine reiche Krönung als Haupteffekt angeordnet, wenn es sich um Abschlüsse im Freien handelt. Wenn die Thüre in einem steinernen Thürbogen sitzt, so wird diese Krönung zu einem reichen Oberlicht (Fig. 247). Eine hin und wieder zu findende Spielerei besteht darin, dass die Flügelfüllungen perspektivische Architekturanordnungen in ihren Stäben nachahmen, so z. B. im Münster in Konstanz, im Theresianeum in Wien. Es soll damit offenbar die täuschende Vorstellung einer gewissen Grossräumigkeit erzeugt werden, wie ja die ganze Zeit mit allen Mitteln auf Prunk arbeitet. An den Garten- und Parkthoren kommt nicht selten das Motiv des römischen Triumphbogens zum Vorschein. Neben dem grösseren Hauptthor sitzen zu beiden Seiten kleinere einflügelige Thüren, für die Fussgänger bestimmt, während das zweiflügelige Mittelthor dem Wagenverkehr gehört. Diese grossen Thore sind jedoch gewöhnlich nicht unmittelbar an den Gewändepfosten angeschlagen, sondern die Thürflügel werden von festsitzenden Gitterstreifen eingefasst, wie dies an dem hübschen Parkthor ersichtlich ist, welches bereits weiter oben in Figur 179 gebracht wurde. Das Gleiche ist auch ersichtlich an der reichen Barockgitterthüre aus dem Leipziger Kunstgewerbemuseum, Figur 247. Aus dem Besitze der nämlichen Sammlung hat weiter oben schon die Figur 170 ein Barockgitterthor aus dem Jahre 1722 gebracht, dessen Kämpfer und Schlagleiste mit gepunzten Ornamenten versehen sind. Dem einfachen, etwas flachen Blattwerk ist in ähnlicher Weise nachgeholfen.

Fig. 239.
Kanzelthüre aus dem Münster in Villingen.
Renaissance.

Unsere heutigen Gitterthore, wie sie an Vorgärten und Grabeinfriedigungen allerwärts zu sehen sind, können im allgemeinen nur als bescheidene Leistungen gegenüber den genannten betrachtet werden. Man greift dabei gerne auf Renaissancemotive zurück, da diese sich in bescheidenerem Rahmen halten. Mehr ausnahmsweise kommen ja auch reichere Thorbildungen zur Ausführung, wobei die alten Prunkgitter der Barock- und Rokokozeit, die in allen grösseren Städten und in den Gärten und Parkanlagen der Fürstensitze noch heute an Ort und Stelle sind, als Vorbilder dienen. So zeigt die Figur 248 ein sehr hübsches, im Stile der Barockzeit von Prof. R. Weisse in Dresden entworfenes Beispiel eines schmiedeisernen Thürflügels. Nach alten Vorbildern wurden auch die Gitterthore der Figur 185 entworfen, während dasjenige der

Figur 183 mehr neuzeitiger Art ist. Wir schliessen diese geschichtliche Einleitung mit der Wiedergabe eines reichen modernen Gitterthores, das von Dir. Götz entworfen, von Schlosser Hammer in Karlsruhe auf Bestellung I. K. H. der Kronprinzessin von Schweden ausgeführt wurde (Fig. 249).

Fig. 240.
Kanzelthüre aus dem Münster in Thann i. E.
Renaissance.

Fig. 241.
Thüre aus der Hofkirche in Innsbruck.
Renaissance.

1. Gitterthore und Gitterthüren.

Es ist heute allgemein üblich, öffentliche Gärten und Anlagen, die Vorgärten städtischer Häuser und Landhäuser, sowie die Gräber auf Friedhöfen und andere Denkmäler mit Gittern einzufriedigen und diese sind es dann, welche zur Anbringung eiserner Thore Veranlassung geben.

206 IX. Thore und Thüren.

Man behält dann gewöhnlich das Motiv des Gitters auch für die Thore bei, so wie es ist, oder indem man durch einige weitere Zuthaten die Thore etwas reicher gestaltet, als das Gitter selbst. Zu diesen Zuthaten gehören zunächst die aus praktischen Gründen anzubringenden Streben. Die Thorflügel haben die Neigung, sich infolge ihres Gewichtes „einzusacken", d. h. sich an den dem

 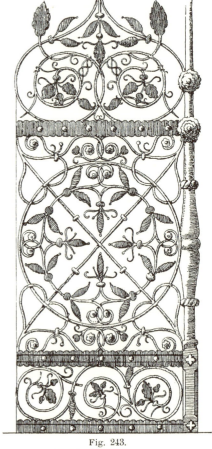

Fig. 242. Fig. 243.
Thürgitter aus Prag. Renaissance. Aufgenommen von M. Bischof.

Drehpunkt entgegengesetzten Teilen nach unten zu senken. Diesem Missstand wird am wirksamsten vorgebeugt, indem man ein starkes Eisen von der unteren Thürangel zum gegenüberliegenden Obereck führt und den Flügel damit abstrebt. Bei Doppelflügeln bildet sich dann ein gleichschenkliges Dreieck, welches von den senkrechten Stäben durchschnitten wird. Wo reiche Rankenornamente angebracht werden, die dann unschön und störend durch die schrägen Linien zerschnitten würden, kann man bei der Ausschmückung überhaupt von diesen Linien ausgehen und die Verzierung darnach einrichten, wie es sehr hübsch durchgeführt ist in dem Gitterthor, welches in Figur 250 zur Abbildung gelangt und welches 1873 auf der Weltausstellung in Wien Gegenstand der Bewunderung war.

Da das Eisen in Beziehung auf Zug noch sicherer ist, als auf rückwirkende Festigkeit, so kann man diese Streben auch umgekehrt anordnen und statt eines stehenden ein hängendes

Fig. 244.   Fig. 245.
Thürgitter im Museum zu Salzburg. Aufgenommen von F. Paukert.

Dreieck bilden, wie es auf Tafel 29 beliebt wurde. Man sucht auch dadurch auf bessere Linien zu kommen, dass man beides vereinigt, wobei sich dann Absteifungen in Form des Andreaskreuzes bilden (vergl. Taf. 22, linke Figur). Auch setzt man gerne aus den gleichen Gründen an Stelle der geraden Linie die gebogene, wie es die Tafeln 23 und 24 zeigen. Gut gearbeitete Thore, welche an und für sich viele Querverbindungen aufweisen, senken sich übrigens auch ohne diese Mittel nicht und besonders dann nicht, wenn die untere Partie geschlossen angelegt wird, so dass die aufgenieteten Bleche wesentlich zur Versteifung beitragen (vergl. Taf. 30 und Fig. 251).

Damit diese Blechverkleidungen nicht zu nackt und kahl erscheinen, werden sie mit Rosetten und Verdoppelungen geschmückt, wie das auf verschiedenen Tafeln ersichtlich ist.

Fig. 246.
Thüre vom „Haus der Väter" in Hannover.

Die Höhe der Thore richtet sich meist nach derjenigen der übrigen Gitter, sie kann auch grösser, aber nicht wohl geringer angenommen werden. Die Breite richtet sich nach dem beanspruchten Raum. Durchgangsweiten für Vorgartenthore unter 1,20 m schliesst man gewöhnlich einflügelig, grössere mit Doppelflügeln ab. Uebrigens richtet sich dies nach der Grösse der Thüren überhaupt, wie beispielsweise niedrige Grabgitter auch ganz schmale Thüren erhalten können.

1. Gitterthore und Gitterthüren.

Fig. 247.
Gitterthor im Kunstgewerbemuseum in Leipzig. Barock. 1751.

Fig. 248. Thürgitter, entworfen von Professor R. Weisse in Dresden.

Fig. 249. Modernes Gitterthor. Entworfen von Dir. H. Götz in Karlsruhe.

IX. Thore und Thüren.

Für gewöhnlich sitzen die Thorflügel zwischen steinernen Gewändepfosten, an welchen sie angeschlagen werden. Die Drehaxe für den Thürflügel bildet ein starkes Vierkanteisen von 30×30 bis 60×60 mm Stärke. Die Befestigung geschieht am oberen Ende mittels eines **Halsbandes**, am unteren Ende mittels **Zapfen auf Pfanne** oder mittels **Pfanne auf Dorn** (vergl. die Figuren 253 und 254). Beide, Halsband und Pfanne, sitzen an demselben Stein, dem Pfosten. Früher legte man vielfach die Pfanne in die Steinschwelle, um nicht die ganze Last dem Pfosten zuzumuten und setzte ferner die Schwelle 1 bis 2 cm in den Pfosten ein, um den angenommenen Abstand zwischen beiden Bändern genau festzuhalten. Das hatte aber zur Folge, dass die Schwelle, wenn der Pfosten sich senkte, dessen Last sie nun auch zu tragen hatte, über kurz oder lang durchbrechen musste, selbst wenn sie Winters über beim Gefrieren des Bodens Stand

Fig. 250.
Gitterthor von Barnards, Bishop & Banards in Norwich. Wiener Weltausstellung.

hielt. Dieser Missstand veranlasste eine Aenderung der Konstruktion. Heute befestigt man Halsband wie Pfanne an dem Pfosten, fertigt aber, wenn man vorsichtig ist, die ohne Belastung bleibende Schwelle trotzdem aus drei Teilen, aus zwei seitlichen Schwellenteilen und einem mittleren Quader, der das Anschlageisen aufnimmt. Für hohe und breite Thore ordnet man, um das „Schlingern" derselben zu verhüten, auch zwei und mehr Halsbänder an (Fig. 252). Wie die Halsbänder und die zweckmässigerweise zu verstählenden Zapfenlager beschaffen sind, ist in Figur 254 so klar dargstellt, dass eine weitere Beschreibung unnötig wird. Die gleiche Figur zeigt ausserdem, wie das übrige Eisenwerk des Thores mit dem die Drehaxe bildenden Quadrateisen in Verbindung gebracht wird.

Kleinere Thorflügel kann man auch mit Bändern beschlagen, deren Gewinde auf Kegel und Kloben laufen. Die Kloben werden in die Gewände eingebleit, indem man vermittels eines Lehmmantels einen entsprechenden Giesskanal bildet, wie es aus Figur 256 ersichtlich ist.

Die Mittelpartie zweiflügeliger Thore wird gewöhnlich gebildet, indem man die Flügel in Winkeleisen endigen lässt, welche sich beim Schliessen aufeinander legen, wie es der

Schnitt a-b, Figur 255 zeigt. In dem sich zwischen den beiden Winkeleisen bildenden Raum wird dann der Thürriegel untergebracht. Es ist zweckmässig, den Riegel rechtwinklig als Griff umzubiegen und für diesen Griff eine Oeffnung in das Winkeleisen zu schneiden. Der zweite Flügel kann dann nur völlig geschlossen werden, wenn der Riegel des ersten Flügels im Schliesskloben eingehakt ist, was seine Vorteile für die Erhaltung des Thores hat und das unbefugte Oeffnen der Thüre durch sog. Durchdrücken verhütet. Der auf der Steinschwelle eingebleite

Fig. 251.
Moderne Gitterthüre in gotischem Stil.

Schliesskloben erhält einen nasenförmigen Ansatz, welcher dem ersten Flügel als Anschlag dient. Der Anschlag für den zweiten Flügel ist dann durch das Winkeleisen des ersten gegeben. Dies ist alles in Figur 255 veranschaulicht. Selbstredend kann man den Anschlag auch anders bilden, indem man wie bei den hölzernen Thüren an dem einen Flügel oder an jedem eine Schlagleiste anordnet, wozu sich besonders das Mannstaedt'sche Ziereisen empfiehlt, das überhaupt an diesen Thoren Verwendung finden kann. Die genannte Firma lässt u. a. speziell für Gitterthore geeignete Rahmen- und Schlagleistenprofile walzen. Für einflügelige Thore wird das Winkeleisen überflüssig; an seine Stelle tritt ein Flacheisen oder, wo der Schlosser nur seinen

214 IX. Thore und Thüren.

Vorteil im Auge hat, ein Quadrateisen. Der untere Anschlag ist ähnlich wie beim Zweiflügelthor; einen weiteren Anschlag bietet das Schloss (ein Fallen- oder Riegelschloss). Für seine Anbringung ist die gewöhnliche Drückerhöhe mit 1,10 m massgebend. Vielfach ist man aber auf

Fig. 252.
Gitterthor vom Friedhof in Kenzingen.

eine grössere oder geringere Höhe angewiesen, damit das Schloss sich ordentlich der Thür bez. der Zeichnung anpasst. Da die Schlösser an Gitterthüren meistens unschön wirken und insbesondere an Doppelthüren, so bringt man an letzteren nicht selten auch auf dem anderen Flügel der Symmetrie halber ein sog. blindes Schloss an, d. h. einen Schlosskasten ohne Inneneinrichtung (siehe Taf. 24). Für schwere Thore trifft man gelegentlich die Einrichtung, dass das

1. Gitterthore und Gitterthüren. 215

untere freie Ende des Flügels mit einer Rolle versehen wird, welche auf einer im Boden eingelassenen Laufschiene läuft, was allerdings ein gutes Mittel gegen die Einsenkung ist, aber die

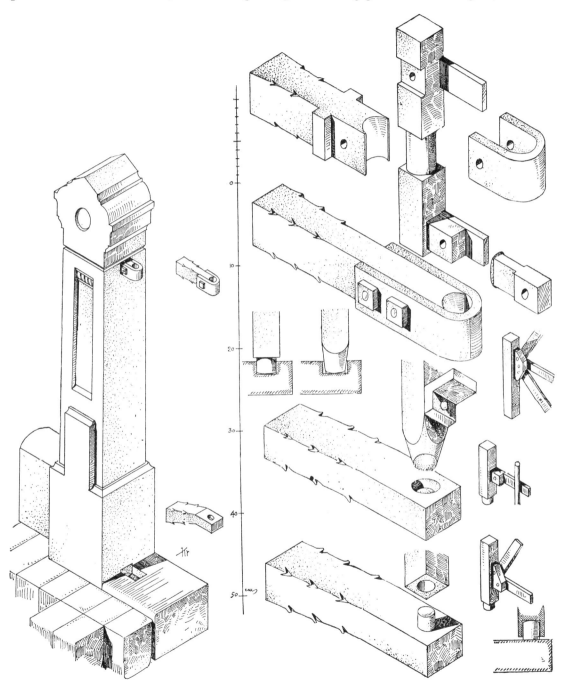

Fig. 253. Gewändepfosten mit Halsband und Zapfenlager.   Fig. 254. Einzelheiten der Thürbildung und Thürbefestigung.

IX. Thore und Thüren.

Bewegung des Thores sehr hindert, wenn die Senkung trotzdem eintritt. Den feststehenden Flügel hoher Doppelthore ohne festen Kämpfer strebt man auch wohl gegen innen durch eine auslösbare Schrägstrebe (Spreizstange) aus Rundeisen ab. Sie hat den Nachteil, dass sie gewöhnlich im Wege ist, wenn das Thor geöffnet ist. Ueber die Zuwerfungen der Thore wurde bereits im vorigen Abschnitt das Nötige erwähnt.

Man giebt den Gitterthoren gerne einen Aufsatz bei, um die Thorpartie aus dem Uebrigen abzuheben und vorherrschen zu lassen. Bei einflügeligen Thüren hat dies gar keine Schwierigkeit (vgl. Taf. 23). Man bildet diese Krönung unter Zuhilfenahme der Stäbe des Gitters oder bringt selbständige Ausschmückungen an, wie sie von einfacher Art auf Tafel 31 dargestellt und in reicherer Form in den Figuren 242 und 243 gegeben sind. Bei Doppelthüren wird dieser Aufsatz gewöhnlich für beide Flügel gemeinsam angelegt (Fig. 252). In geschlossenem Zustande ist die Sache in Ordnung; bei geöffneter Thüre aber findet eine Halbierung statt. Für hohe Thore und wenn die übrigen Verhältnisse es gestatten, lässt man dann besser einen

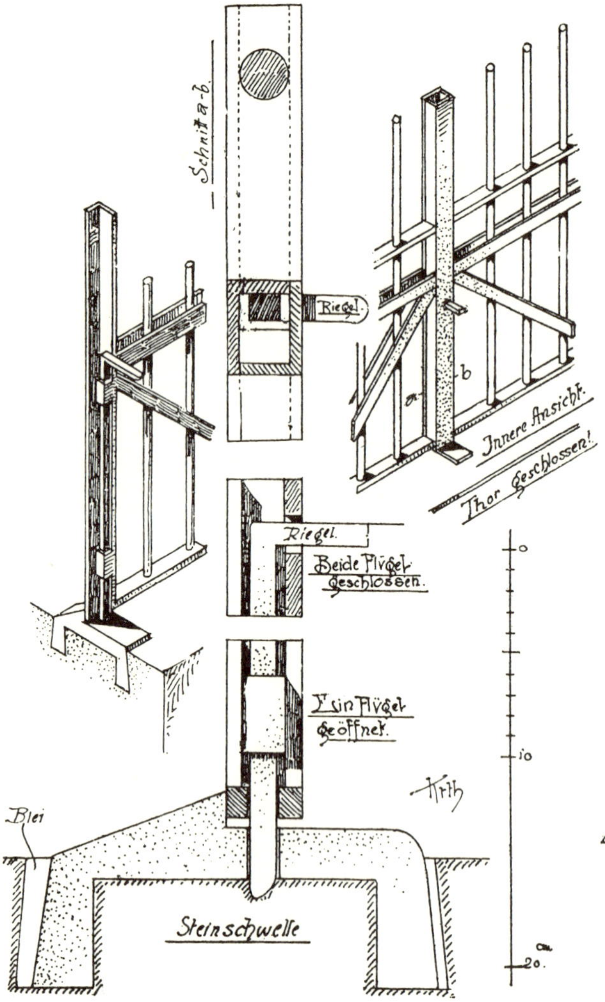

Fig. 255.
Einzelheiten des Anschlags eines zweiflügeligen Gitterthores.

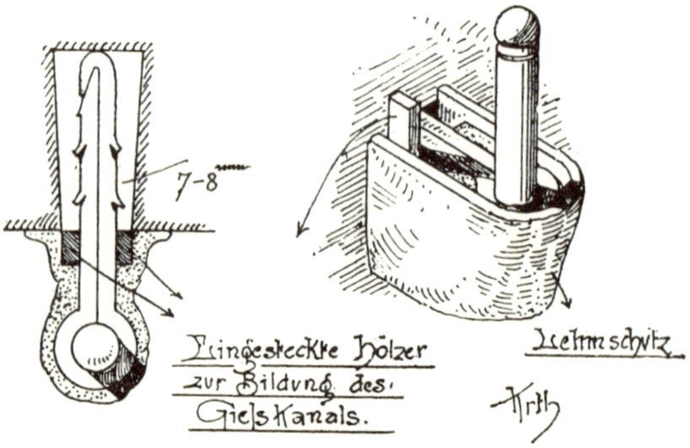

Fig. 256.
Das Einbleien von Gewändekloben.

festen Kämpfer quer durchlaufen, welcher den Flügeln als Anschlag dient und den Aufsatz trägt. Einen festen Aufsatz dieser Art zeigt Figur 259.

Wenn die Gitterthore nicht zwischen Gewändepfosten, sondern innerhalb eigentlicher Thorbogen anzubringen sind, so ändern sich die beschriebenen Vorgänge nicht wesentlich. An Stelle der festen Krönungen treten dann die sog. Oberlichtgitter, wenn überhaupt ein Kämpfer vorhanden ist (Fig. 247). Andernfalls gestaltet sich die Sache nach Figur 248 und 251.

2. Geschlossene Thüren und Thore.

Mit dem heute zur Verfügung stehenden Eisenmaterial lassen sich unschwer geschlossene Thüren und Thore bilden. Sie haben, besonders im Freien, den hölzernen gegenüber eine grössere

Fig. 257. Thüraufsatz. Barockmotiv.

Fig. 258. Thüraufsatz. Barockmotiv.

Dauer und gleichzeitig eine grössere Festigkeit und Sicherheit. Andererseits steht das bedeutende Gewicht solcher Thüren einer allgemeineren Verwendung im Wege. Für Magazine und ähnliche

Zweckbauten ist das Wellenblech ein neuerdings gerne verwendetes Material. Soll die Thüre auch gleichzeitig hübsch sein, wie es für Hausthüren und Thorfahrten passt, so ist in dem mehr besprochenen Mannstaedtschen Ziereisen ein vorzügliches Material gegeben. Wir möchten den Versuchen mit diesem Material in Anwendung auf eiserne Thüren ganz besonders das Wort reden und haben uns bemüht, die Tafeln 32, 43 und 34 so zu gestalten, dass sie als Vorbilder einen gewissen Anklang finden dürften. Die beigegebenen Schnitte zeigen die Verbindungen und die Nummern der verwendeten Ziereisen sind namhaft gemacht.

Was das Beschläge derartiger Thüren betrifft, so unterscheidet sich dasselbe von dem-

Fig. 259.
Aufsatz. Von Schlosser Bühler in Offenburg.

jenigen hölzerner Thüren nur dadurch, dass eben die Bänder, Schlösser, Riegel etc. anstatt mit Holzschrauben mit Metallschrauben oder durch Vernietung mit der Thür verbunden werden. Wenn diese Thüren sauber gearbeitet werden und einen passenden Anstrich erhalten, so können sie gewiss den hölzernen Thüren ebenbürtig zur Seite stehen.

Mit Hilfe des Mannstaedtschen Ziereisens lassen sich auch Thüren aus Holz und Eisen konstruieren, die dann weniger schwer ausfallen und die Vorteile beider Materialien vereinigen. Die wenig gefährdeten und beanspruchten Teile sind dann zweckmässiger Weise aus Holz, während die Umrahmungen und was unverändert Form halten soll, aus Eisen hergestellt werden. Die Figur 260 giebt ein hierher zu zählendes Beispiel aus dem Musterbuch der mehrerwähnten Firma.

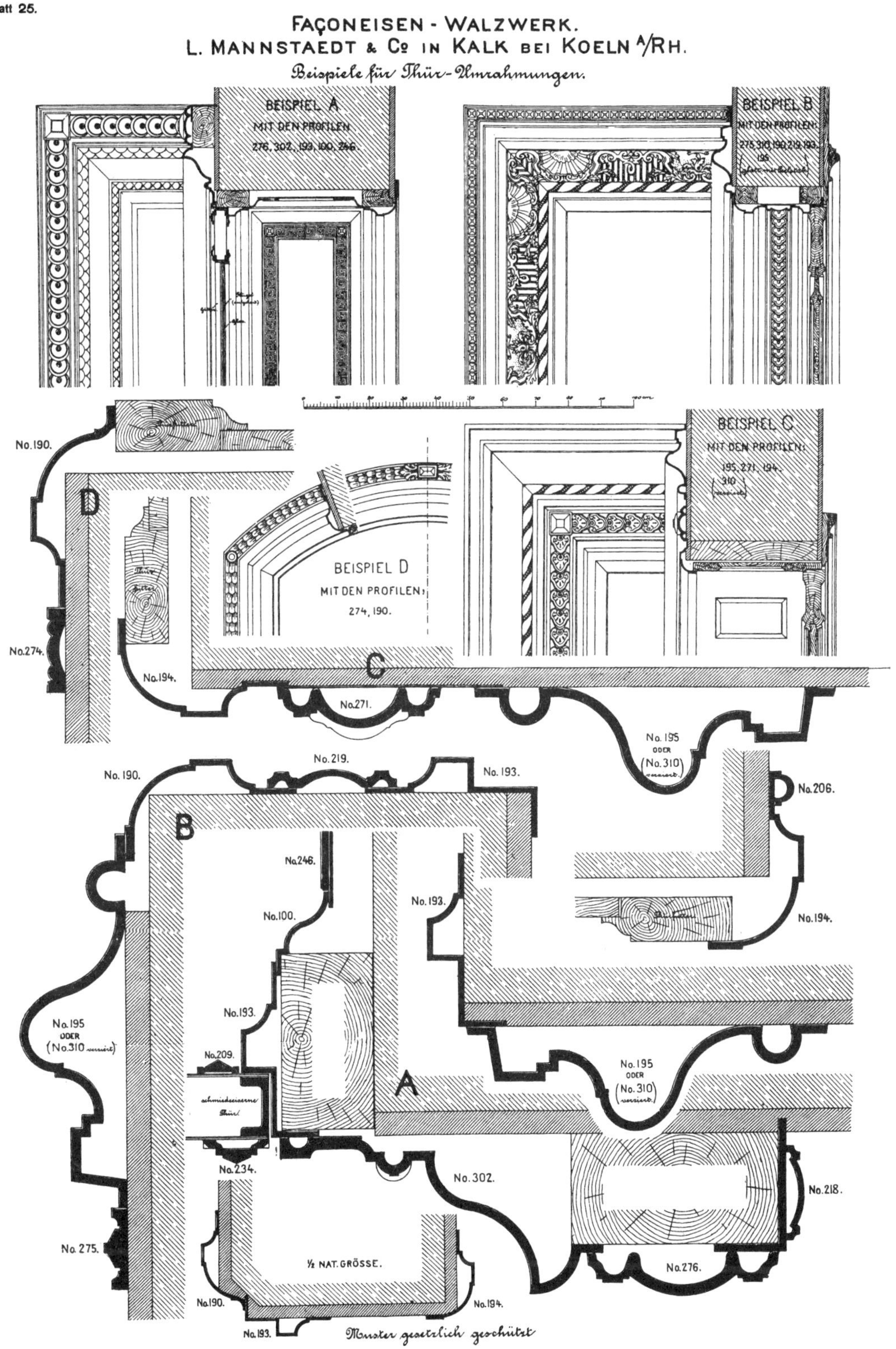

Fig. 260. Thürumrahmungsbeispiele aus dem Mannstaedtschen Musterbuch.

X. FENSTER, LÄDEN UND VORDÄCHER.

(Tafel 35 bis mit 38.)

1. Fenster.

Die eisernen Fenster haben den hölzernen gegenüber verschiedene Vorteile. Es findet kein Schwinden und Quellen statt, und die Rahmen und Sprossen nehmen weniger Licht weg. Dagegen sind als Nachteile zu verzeichnen, dass die Dichtung gegen Luftzug, Regen und Schnee schwieriger fällt als bei Holz und dass die Einfügung beweglicher Flügel und Lüftungsscheiben (aus dem genannten Grunde und wegen Schwächung der Steifigkeit der ganzen Konstruktion) sich ungünstiger erweist als bei Holz. In Erwägung dieser Vor- und Nachteile haben die eisernen Fenster die hölzernen bis jetzt im allgemeinen nicht zu verdrängen vermocht. Sie sind insbesondere in Anwendung für Dampfbäder, Schlachthäuser, Fabrikräume, Magazine, Werkstätten, eiserne Hallen, Treppenhäuser, Kirchen, Museen etc. Auch die Schaufenster konstruiert man neuerdings gerne aus Eisen.

Sehen wir von Fenstern aus Gusseisen ab, die ja auch gemacht werden, so dienen verschiedene Walzeisensorten der Konstruktion als Material und zwar hauptsächlich: Winkeleisen, T-Eisen, ⊏-Eisen und ganzes und halbes Fenster- oder Sprosseneisen. Die Formen dieser Eisen sind in Abschnitt I besprochen. Die Sprosseneisen werden auch mit Nuten geliefert. Die letzteren ermöglichen einen besseren Kittfalz und dienen wohl auch zur Einlage von Gummischnüren zur besseren Dichtung beweglicher Teile. Die Winkeleisen (gelegentlich auch ⊐-Eisen) dienen hauptsächlich zur Bildung der Futter- und Anschlagrahmen für Gewände, Bank und Sturz; die ⊏-Eisen und die T-Eisen werden besonders zur Bildung von Kämpfern und Setzeisen verwendet, während das halbe und ganze Sprosseneisen zur Befestigung der Scheiben dient. Den Bändern und dem übrigen Beschläge ist eine besondere Aufmerksamkeit zu widmen, der Schwere der Fenster wegen und in Anbetracht des geringen Raumes, der für ihre Befestigung verbleibt. Ein Gleiches gilt für die Befestigung der Futterrahmen am Stein. In dieser Beziehung sollte man nicht sparen und zur Vermeidung stark abgekröpfter Steinschrauben starke breitflanschige Winkeleisen verwenden.

Auf Tafel 35 bringen wir zwei kleinere eiserne Fenster zur Abbildung samt den zugehörigen Schnitten und Einzelheiten. Darnach kann es nicht schwer fallen, auch für grössere Fenster den richtigen Bau zu finden, da die Sache um so einfacher wird, je weniger bewegliche Teile vorhanden sind.

Die Figur links auf Tafel 35 zeigt ein zweiflügeliges Fenster im gewöhnlichen Sinne, d. h. mit senkrechter Drehaxe, dessen Konstruktion ohne weiteres verständlich sein dürfte. Der

Verschluss ist, vom gewöhnlichen Vorreiberverschluss abweichend, als eine Art Einreiber gestaltet (Fig. 261 links oben). Am linken Flügel sitzt ein Schliesshaken, welcher durch einen Ausschnitt der Schlagleiste des rechten Flügels durchgreift, an welcher der Einreiber befestigt ist.

Die Figur rechts auf Tafel 35 stellt ein Drehfenster dar. Der Flügel ist um eine horizontale Axe auf halber Höhe drehbar. Wird er im untern Teil hinausgeschoben, so legt sich der obere einwärts. Der Flügel ist in jeder Lage im Gleichgewicht. Um ihn gegen zufälliges

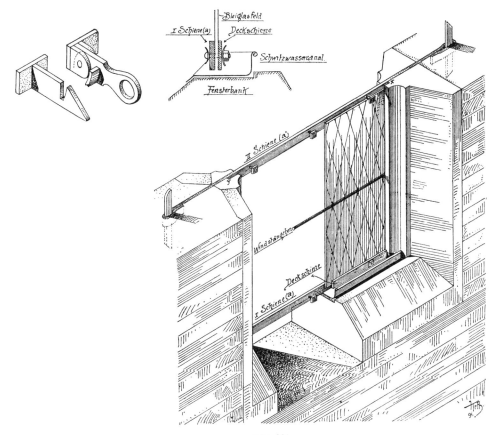

Fig. 261.
Verschluss eines eisernen Flügelfensters und Befestigung von Bleiverglasungen.

Zuwerfen zu schützen, besonders aber, um das Oeffnen zu erleichtern, giebt man ihm oben ein Uebergewicht bei und befestigt ihn unten an einem Kettchen, welches durch eine Rolle geführt ist, wie es die Figur zeigt.

Die nächstliegende Konstruktion ist derart, dass man sowohl den Futterrahmen, als den Fensterrahmen aus Winkeleisen bildet. Der Fensterrahmen sitzt dann direkt im Futterrahmen und ein Falz ist nicht vorhanden. Auf der Figur ist bloss die untere Hälfte derart beschaffen (Schnitt g—h), während der obere Teil des Fensterrahmens (Schnitt e—f) Falz und Anschlag hat. Man könnte die Konstruktion auch dahin abändern, dass auch der untere Teil Falz und Anschlag hätte und zwar auf der äusseren Seite des Fensters, weil sonst eine Drehung nicht

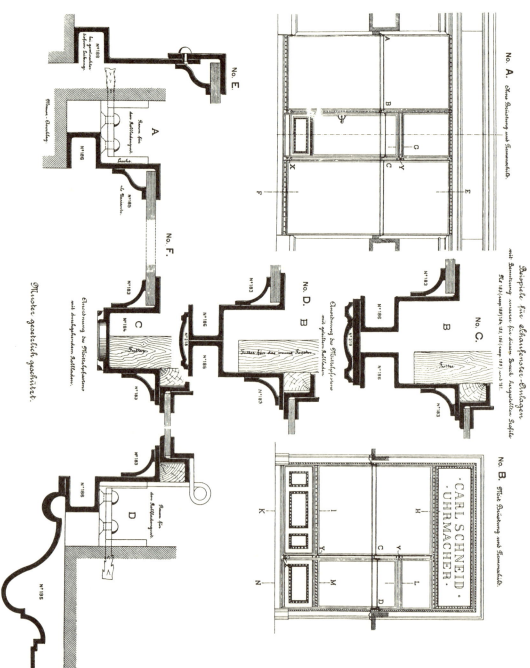

Fig. 262. Einzelheiten von Schaufensteranlagen in Mannstaedt-Eisen.

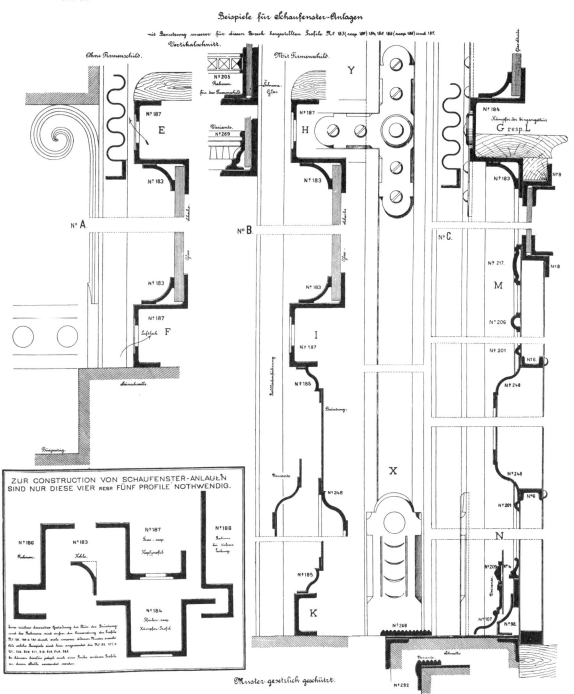

Fig. 263. Einzelheiten von Schaufensteranlagen in Mannstaedt-Eisen.

möglich wäre. Im übrigen erklärt sich auch diese Figur genügend durch die Abbildung der Einzelheiten.

Es bleibt noch zu erwähnen, dass auch Fenster aus Holz und Eisen gebaut werden. Futterrahmen und Fensterrahmen sind dann aus Holz, die Sprossenteilungen aus Eisen. Man benützt derartige Fenster gerne für Schulen und für Glasmalereien in Treppenhäusern, Wirtslokalen u. s. w., weil das Sprosseneisen wenig Licht wegnimmt. Für Kirchenfenster, die an Ort und Stelle bleiben, bildet man die Rahmen gewöhnlich aus Flacheisen, welches in entsprechende Nuten im Stein eingelassen wird. Aehnliche Querverbindungen und sog. Windfangeisen dienen zur Befestigung der verbleiten Glastafeln und zum Schutz und zur Versteifung des Ganzen (Fig. 261).

Ferner möge noch der eisernen Schiebfenster gedacht werden. Einzelne Scheiben und Flügel lassen sich in horizontallaufenden Führungen aus ⌷-Eisen unschwer zum Schieben einrichten, wenn kein besonderes Gewicht auf dichten Verschluss gelegt wird. Dass man aber auch eine Verschiebung in senkrechter Richtung erreichen kann, zeigt die von Stadtbaumeister W. Strieder in Karlsruhe am dortigen neuen Schlachthaus eingeführte Schiebfensterkonstruktion, welche nebst den zugehörigen Laden auf den Tafeln 36 und 37 abgebildet ist.

Wie die Ansicht auf Tafel 36 und der Längenschnitt auf Tafel 37 zeigt, besteht das Fenster, abgesehen von den einfassenden Friesen, aus drei Teilen. Die mittlere Partie ist fest, die obere und die untere sind senkrecht verschiebbar, die eine auf der äusseren, die andere auf der inneren Seite des Fensters. Die obere und untere Partie sind durch ein über eine Rolle laufendes Drahtseil verbunden. Wird das geschlossene Fenster geöffnet, so schieben sich die obere und untere Partie in entgegengesetzter Bewegung über die mittlere weg, bis diese schliesslich dreifach ist, während das obere und untere Feld offen stehen. Die beiden beweglichen Partien halten sich in jeder Lage im Gleichgewicht, so dass man nach Bedarf wenig oder mehr Luft zuführen kann. Im übrigen dürfte die Bauart aus den verschiedenen beigegebenen Schnitten zur Genüge erhellen.

Für die Schaufenster benützt man grosse Spiegelglasscheiben ohne Sprossenteilung. Wenn sie aus Eisen konstruiert werden sollen, so handelt es sich um die Herstellung einer festen Umrahmung für die grossen Scheiben und die bewegliche Umrahmung der Glasthüren, sowie deren Gestell kann dann auch aus Eisen sein. Auf diese Weise wird Platz und Licht gewonnen. Legt man Wert auf ein hübsches Aeussere, so verwendet man an Stelle des glatten Eisens wieder Mannstaedtsches Ziereisen. Die Figuren 262 und 263 zeigen die Anwendung, so dass eine weitere Beschreibung überflüssig sein dürfte.

---

2. Läden.

Eiserne Läden an Stelle der hölzernen sind in grösserem Umfange nur in Anwendung in der Form der fabrikmässig hergestellten Rollläden, die uns hier jedoch weiter nicht berühren. Für die Form des gewöhnlichen Ladens hat das Eisen mehr Nachteile als Vorteile, so dass die eisernen Läden, nachdem sie eine Zeit lang in Mode waren, nur noch für vereinzelte Zwecke in Uebung sind, so z. B. für Kellerlichter, wobei eine an den Kanten und in der Richtung der Diagonalen mit Flacheisen versteifte Eisenblechplatte den Laden vorstellt. Grosse Läden aus einem Stück werden leicht windschief und solche, die aus einzelnen Streifen zusammengesetzt werden, erst recht. Ein Laden der letzteren Art ist auf dem rechten Teil der Tafel 37 dargestellt. Nur unter der Voraussetzung einer ganz gediegenen Ausführung kann dieser Konstruktion das

Wort geredet werden. Die einzelnen Tafeln werden am besten völlig eben zugerichtet aus dem Eisenwerke bezogen und gar keiner Bearbeitung mit dem Hammer mehr ausgesetzt. Die zusammengefalteten Läden legen sich in eine nischenartige Vertiefung in der Leibung der Gewände (B und C) und können durch einen Einreiber festgehalten werden, welcher in einen Schliesshaken eingreift, der durch eine entsprechende Durchbohrung der Ladenteile hindurchgeführt ist (C).

Die einzelnen Streifen können auf den Kanten durch Flacheisen verstärkt und in der gewöhnlichen Weise durch Scharnierbänder unter sich verbunden werden (B). Oder man wählt stärkere Platten, lässt die Verstärkungen fort und schleift die Scharnierbänder bündig in das Blech ein, wie es in D veranschaulicht ist. Der zusammengefaltete Laden nimmt dann weniger Platz ein. Auch sog. verdoppelte Läden, d. h. Läden, welche im Rahmen aus Flacheisen gebildet und beiderseits mit Blech verkleidet wurden, hat man bisher ausgeführt.

Ein besonderes Augenmerk ist auf ein gutes Anschlagen zu verwenden. Ein starkes Winkeleisen, welches in dem einen Flansch genügend breit ist, um eine solide Befestigung mit im Gewände einzulassenden Mutterschrauben zu ermöglichen, ist das einzig Richtige. Dadurch ist man im stande, die an das Winkeleisen aufgeschraubten Läden abzuschrauben, jenes für sich selbständig im Senkel anzuschlagen, und den Laden wieder zu befestigen.

Die linke Seite der Tafel 37 giebt die vergrösserten Einzelheiten zu der auf Tafel 36 dargestellten Ladenkonstruktion am Karlsruher Schlachthause.

Der Laden besteht aus sechs Blechplatten, die je auf einem der Höhe nach mitten durchlaufenden Vierkanteisen befestigt sind. Diese Eisen endigen oben und unten in Zapfen und bilden die Drehaxen für die einzelnen Streifen. Geschlossen greifen die letzeren etwas übereinander. Geöffnet stehen sie senkrecht oder unter beliebigem Winkel zur Ebene des Fensters, so dass je nach Bedarf viel oder wenig Licht einfallen und das Sonnenlicht ganz nach Belieben abgeblendet werden kann. Ein sinnreiches und ziemlich zusammengesetztes Hebelsystem verbindet die einzelnen Teile, so dass beim Verschieben des Hauptarmes die einzelnen Platten sich gleichmässig in Drehung versetzen und umlegen. Längs des ganzen Gebäudes läuft auf der Höhe der Fensterbank ein horizontal geführtes Gasrohrgestänge durch, an welches die Haupthebelarme der einzelnen Fenster angeschlossen sind. Durch einen an beliebiger Stelle anzubringenden zweiarmigen Hebel (oder durch eine Kurbel mit Zahnrad- und Zahnstangenvorrichtung) lässt sich das ganze Gestänge in der Richtung seiner Längsaxe verschieben, wobei sich dann alle angeschlossenen Läden gleichmässig öffnen und schliessen. Sollte dies nicht erwünscht sein, so bedarf es nur einer einfachen Auslösevorrichtung für die betreffenden Haupthebelarme, von denen jeder für sich unmittelbar gehandhabt werden kann.

Das genannte Hebelsystem ist mit Worten schwer zu beschreiben. Es ist jedoch unten auf Tafel 36 in zwei verschiedenen Stellungen eingezeichnet.

3. Vordächer.

In der Einleitung dieses Buches wurde bereits betont, dass die Dachkonstruktionen in demselben nicht behandelt werden sollen. Für die Bauart eiserner Dachwerke, die einerseits möglichst leicht und billig, andererseits aber genügend fest und sicher sein sollen, ist der verantwortliche Architekt oder Ingenieur massgebend. Auch die Konstruktion der sog. Oberlichter ist nicht Sache des Schlossers. Anders liegt der Fall in Bezug auf die kleinen Vordächer, wie sie über Eingangsthüren angeordnet werden. Dies geschieht häufig, ohne dass ein Neubau vorliegt und die Anordnung und Ausführung kann wohl dem Schlosser zufallen.

Die kleinen Dächer haben entweder die Form eines gewöhnlichen oder eines nach beiden Seiten abgewalmten Pultdaches. Beide Formen sind auf Tafel 38 dargestellt. Als Sparren dienen T-Eisen, als Pfetten, auf welche jene lagern, kleine I-Eisen; die Firstpfette kann ein Winkeleisen vorstellen. Im Falz der Sparren liegen die Glastafeln und werden festgekittet. Gegen das Abrutschen schützen die an dem T-Eisen (y) angebrachten „Haften". Die Pfetten des Daches werden durch konsolenartige Träger gestützt, die genügend stark sein und an der Wand eine solide Befestigung erhalten müssen. Diese Träger werden dann im übrigen dekorativ ausgenützt, indem man sie als Gitter- und Rankenwerk gestaltet, etwa wie es die Tafel

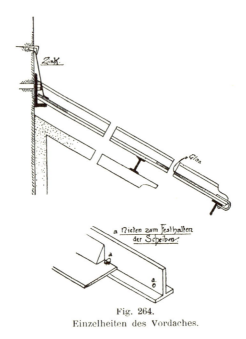

Fig. 264.
Einzelheiten des Vordaches.

zeigt. Die Anzahl der Sparren sowie die Stärke des Eisens richtet sich nach der Grösse und Ausladung des Vordaches.

Wie das Glas befestigt wird und wie das Vordach, da wo es an die Wand stösst mit Zink einzubinden ist, zeigt die Figur 264.

Selbstredend ist das gewöhnliche Pultdach viel einfacher in der Ausführung als das Walmdach mit seinen Gratsparren, gegen welche die übrigen Sparren sich verschneiden. Auch fällt für das gewöhnliche Pultdach der Verschnitt des Glases fort. Aus diesen Gründen ist dem Walmdach ein etwas breiteres Pultdach vorzuziehen.

XI. FENSTERVORSETZER UND BLUMENBÄNKE.
(Tafel 39 bis mit 42.)

1. Fenstervorsetzer.

Zwischen den Gewänden der Fenster, insbesondere wenn sie eine geringe Brüstungshöhe haben, bringt man häufig sog. Vorsetzer an. Sie sollen einesteils den Erwachsenen, wenn sie sich ins Fenster legen wollen, ein bequemeres Auflager für die Arme bieten, als die Fensterbank; andererseits soll der Gefahr vorgebeugt werden, dass Kinder zum Fenster hinausstürzen könnten. Die gewöhnlichste und wohl auch zweckmässigste Anordnung besteht darin, dass man auf der als passend erachteten Höhe eine querlaufende Eisenschiene (T-Eisen, Winkeleisen oder Flacheisen) beiderseits in die Gewände eingreifen lässt, verkeilt und verkittet und auf dieselbe eine Handleiste aus Holz aufschraubt, welche ähnlich beschaffen sein kann, wie die Handleisten der Treppengeländergitter. Als Unterstützung und hauptsächlich des besseren Aussehens wegen bringt man unter der Schiene einen Träger an, der etwa gestaltet wird, wie es die verschiedenen Beispiele auf Tafel 39 und 40 zeigen. Wenn dieser Teil wirklich eine Unterstützung sein soll, so lässt man das mittlere Eisen in die Fensterbank eingreifen und befestigt es dortselbst durch Einbleien oder Einkitten. Wenn die Leiste an und für sich genügend fest ist, so kann an Stelle des Trägers eine freie Endigung treten. Selbstredend kann man diese Dinge aus Rundeisen, Flacheisen oder Quadrateisen bilden, je nach Wunsch. Als zweckmässige Höhe der Leiste kann man vom Fussboden ab 1,15 oder 1,20 m annehmen, so dass der Vorsetzer selbst eine Höhe von 30 bis 40 cm erhält.

Als Fenstervorsetzer bezeichnet man wohl auch diejenigen Füllungsgitter, welche zwischen Stockgurte und Fensterbank Platz finden, wenn die Gewände bis zum Boden durchgeführt werden, wie dies an Bauten französischen Stils häufig der Fall ist, um schlankere Fensterverhältnisse zu erzielen. Bezüglich der Vorbilder für derartige Vorsetzer sei auf die weiter unten folgenden Füllungsgitter und Brüstungsgitter verwiesen.

2. Blumenbänke.

Es ist eine hübsche Sitte, die Fensterbänke mit Blumentöpfen zu besetzen. Dieselbe hat jedoch schon oft unliebsame Folgen insofern gehabt, als nicht genügend gesicherte Töpfe abgestürzt sind, wobei die Pflanzen zu Grunde gehen und sogar Menschenleben gefährdet werden können. An manchen Orten dringt daher die Polizei darauf, dass die Aufstellung nur stattfinden darf, wenn eine Sicherung durch Anbringung sog. Blumenbänke geschaffen wird. Auch wo dies nicht der Fall ist, sollte man des besseren Aussehens wegen dieselben anordnen und schon deshalb, weil mehr Töpfe untergebracht werden können.

Man kann diese Blumenbänke aus Holz, aus Eisen und Holz oder nur aus Eisen bauen. Die letzteren sind teurer in der Anfertigung, machen sich aber durch viel längere Dauer bezahlt.

Die Konstruktion kann sehr verschieden sein, wie auch die Grösse. Auf den Tafeln 41 und 42 ist eine Anzahl von Beispielen gegeben. Entweder benützt man die steinerne Fensterbank zum Aufstellen der Töpfe und bringt nur eine Sicherung durch vorgelegte Querstangen an. Wo es zu umständlich erscheint, die Stangen in den Gewänden einzulassen und wo der Mieter diese Dinge mitnehmen will, wenn er auszieht, da fasst man die Stangen durch Träger aus Bandeisen, die am Futterrahmen der Fenster oder Winterfenster festgeschraubt werden können. Macht man die Stangen in diesen Trägern verschiebbar, so passen die Sicherungen dann auch für verschiedene Fensterbreiten. Aus den Hauptfiguren der beiden Tafeln ist dieses System ersichtlich.

Oder man bildet wirkliche Blumenbänke, indem man zum Aufstellen ein Brett oder einen Lattenrost wählt, diesen durch Träger stützt und mit Stangen oder mit ornamentalem Gitterwerk einfriedigt. Die Randfiguren der beiden Tafeln geben hierfür genügende Vorbilder. Flacheisen, Rundeisen und Quadrateisen, nötigenfalls auch Winkeleisen dienen als Material, bei kleinen Abmessungen auch Bandeisen und starker Draht. Auch das Mannstaedtsche Eisen und ausgeschnittene Bleche können zur Verzierung dienen. Eine Hauptsache ist die genügende Befestigung des Ganzen an der Wand. Wo die Blumenbänke bleibend anzubringen sind, lässt man die umgebogenen Enden der Schienen, auf denen die Träger sitzen, am besten in den Gewänden, in der Bank oder in der Wand ein. Sollen die Bänke zum Wegnehmen sein, so werden sie — weil sie ihrer Schwere wegen nicht wohl am Futterrahmenholz der Fenster befestigt werden können — am besten aufgehängt. Man lässt die Trägerschienen nach oben in Oesen endigen und hängt sie mit diesen in entsprechende Kloben, welche in der Wand befestigt werden. Diese Art ist auf Tafel 41 unten links veranschaulicht.

Wenn wir diesen bescheidenen Dingen, wie es die Vorsetzer und Blumenbänke sind, unsere Aufmerksamkeit geschenkt haben, so geschah es, weil sie gewöhnlich in den Schlosserbüchern übergangen sind.

XII. GELÄNDERGITTER.

(Tafel 43 bis mit 56.)

Ein wichtiges Gebiet sind die Geländergitter, dem wir deshalb eine grössere Zahl von Tafeln und Figuren widmen. Geländergitter sind heute hauptsächlich in Anwendung zum Einfriedigen von Vorgärten, von Anlagen, von Denkmälern und Gräbern, als Brüstungsgitter für Balkone, Pavillons, Terrassen, Turmumgänge, Lichtschachte, Erker, Alkoven, Treppen etc. Darnach bilden wir einige Hauptgruppen.

1. Einfriedigungsgitter für Gärten, Anlagen etc.

Diese Gitter haben den Zweck des Abschlusses gegen unbefugtes Betreten durch Menschen und Tiere. Man giebt ihnen deshalb eine Höhe von durchschnittlich 1,2 bis 1,5 m und bringt zur Sicherung gegen Uebersteigen nach obenhin spitzige Endigungen an, die allerdings auch gleichzeitig den Zweck von verzierenden Krönungen haben. Die nächstliegende und auch zweckmässigste Form ist diejenige des Stabgitters, da es solid, billig und wirksam ist. Wenn ausser den Stäben keine anderen füllenden Teile verwendet werden, so sind dieselben eng genug zu stellen, um den Hunden das Durchschlüpfen zu verwehren, was einem Abstand von etwa 8 cm gleichkommt. Eine noch engere Stellung hat den Nachteil — abgesehen vom grossen Eisenverbrauch — dass diese Gitter bei durchfallender Sonne den Augen der Vorübergehenden wehe thun und den Einblick in die Gärten etc. stören.

Das Stabgitter ist eine alte Erfindung. Es ist schon im gotischen Stile häufig und meist aus Quadrateisen gebildet. Die Renaissance hat dann allerdings vielfach das reichere Rankengitter vorgezogen; die Barock- und Rokokozeit sind wieder auf das Stabgitter zurückgekommen, schon wegen dem grossen Umfange der einzufriedigenden Garten- und Parkanlagen und auch heute ist es weitaus am meisten verwendet.

Das gewöhnliche Material für die Stabgitter ist Rundeisen oder Quadrateisen. Das letztere ist mit einer Fläche oder mit einer Kante (über Eck) in Ansicht gestellt oder es wechseln die verschiedenen Eisenarten. Die Stärken, mit denen auch gewechselt werden kann, richten sich hauptsächlich nach der Höhe des Geländers, aber auch nach anderen Umständen. Sie bewegen sich durchschnittlich in den Grenzen von 12 bis 20 mm Durchmesser, beziehungsweise

Seite. Wenn Quadrateisen abwechselnd in gewöhnlicher Art und über Eck gestellt gereiht werden, so wählt man die beiden Stärken derart, dass im Querschnitt die Seite des einen der Diagonale des anderen entspricht. Demnach passen ungefähr zusammen die Stärken:

$$\frac{7}{10} \quad \frac{8}{12} \quad \frac{9}{13} \quad \frac{10}{14} \quad \frac{11}{16} \quad \frac{12}{17} \quad \frac{13}{19} \quad \frac{14}{20} \quad \frac{15}{21} \quad \frac{16}{23} \quad \frac{17}{24} \quad \frac{18}{25} \text{ mm.}$$

Die quadratischen Stäbe werden zur Verzierung gelegentlich in einzelnen Stellen gewunden (Tafel 43 bis 46). Die Spitzen werden gebildet, indem man die runden Stäbe kegelförmig, die quadratischen pyramidenförmig abdacht, oder indem man dieselben zu Flammen, zu Lanzenspitzen, zu Lilien oder Blättern ausschmiedet (vergl. Tafel 4), oder indem man besonders gefertigte Spitzen in der Form von Knöpfen, Lanzen, Pinienzapfen etc. aus gepresstem Schmiedeeisen oder aus schmiedbarem Guss aufzapft.

Die Längsverbindung der Stäbe kann auf verschiedene Weise erfolgen, insbesonders aber:

a) indem dieselben durch gebohrte oder durch Aufhauen erzeugte Löcher von Flacheisenschienen hindurchgreifen. Die Flacheisen müssen dick genug sein, um sich auch ohne Vorsteckstifte nicht einzusenken (durchschnittlich 8 bis 10 mm); sie müssen aber auch breit genug sein, um durch die Bohrung nicht zu sehr geschwächt zu werden (zum wenigsten 10 mm breiter als die Stabstärke beträgt);

b) indem die Stäbe auf hochkantig gestellte Flacheisen aufgenietet werden. Man wählt die Flacheisen in diesem Fall von einer Breite von 30 bis 50 mm, bei einer Dicke von wenigstens 10 mm;

c) indem die Stäbe zwischen je zwei Flacheisen zu liegen kommen, mit denen die Stäbe vernietet werden. Die Stärke der Flacheisen hat dann wenigstens 5 mm zu betragen.

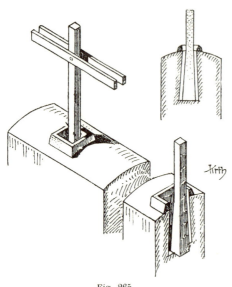

Fig. 265.
Einbleien der Geländerstäbe.

An Stelle der Flacheisen kann auch Gittereisen oder Hespeneisen treten, das sich sehr empfiehlt, weil es besser aussieht und bei gleichem Gewicht stärker ist, als Flacheisen (Fig. 8 und 9).

Auch die Mannstaedtschen Ziereisen lassen sich wohl verwerten, wie unsere Tafeln zeigen.

d) indem man die verschiedenen Arten gleichzeitig anwendet, wie dies bei den gebrachten Beispielen öfters der Fall ist, um eine Abwechselung zu erzielen.

Gewöhnlich benützt man zwei Längsverbindungen, eine in der Nähe der Spitzen, die andere in der Nähe des Sockels. Für hohe Gitter und wenn die Anordnung getroffen wird, im unteren Teil des Geländers kürzere Stäbe einzuschieben, treten an Stelle von zwei Längsverbindungen deren drei und mehr. Die Stäbe unten dichter (gewöhnlich in doppelter Zahl) zu stellen, als gegen obenhin, empfiehlt sich besonders als Schutz gegen Hunde und anderes Getier.

Man kann die einzelnen Stäbe am unteren Ende in die Sockelsteine einlassen und dort verbleien oder eincementieren.

1. Einfriedigungsgitter für Gärten, Anlagen etc.

Fig. 266. Konstruktion des Unterbaues eiserner Geländergitter.

232 XII. Geländergitter.

Man kann sich aber der Einfachheit halber auch auf das Einlassen der Hauptstäbe beschränken und die anderen nach unten zuspitzen oder anders endigen lassen. Wie aus Lehm ein Gussmantel gebildet wird, zeigt Figur 265 im Text.

Oder man ordnet auf den Sockelsteinen eine Grundschiene aus Flacheisen an und zapft die Stäbe in die Durchlochungen derselben ein. Wenn die Schiene stark genug ist und in den Steinpfosten ordentlich befestigt wird, so giebt dies genügenden Halt und sieht gut aus. Sind die Gitterfelder sehr lang, so muss die Grundschiene allerdings auch zwischen den Pfosten mit dem Stein verbunden werden. Wie lang die Felder von Pfosten zu Pfosten sein sollen, richtet sich nach der Höhe und Stärke des Geländers und nach zufälligen Umständen. Als durchschnittliche Pfostenentfernung kann man etwa 2 bis 2,5 m annehmen. Bei grösserem Abstand wird eine Zwischenstrebe erforderlich (Fig. 266). Dass die steinernen Pfosten in Bezug auf Grösse und Stil mit dem Gitter in Einklang stehen sollen, versteht sich eigentlich von selbst, soviel auch dagegen gesündigt wird. Wir haben unseren Abbildungen entsprechende Pfosten beigegeben und auch die Verbindung von Pfosten und Sockelsteinen ist aus denselben ersichtlich. Dass Pfosten und Sockelsteine gut zu fundieren sind, damit nicht schliesslich das Geländer die Steine halten muss, anstatt umgekehrt, ist ebenfalls leicht ersichtlich, obgleich auch hier das Gegenteil vorzukommen pflegt. Wie die Sache ordnungsgemäss zu machen ist, veranschaulicht die Figur 266. Dieselbe zeigt sowohl die Anordnung der Geländersockelsteine als auch diejenige einer Thürschwelle.

Fig. 267.
Geländergitter aus Rund- und Flacheisen.

Die eisernen Längsverbindungen werden gewöhnlich in die Seiten der Pfosten eingelassen. Besser ist jedoch, schon der etwaigen Ausbesserungen und Auswechslungen wegen, sog. Butzen, d. s. kurze, starke, hinten mit Steindollen versehene Quadrateisen, in die Pfosten einzulassen und an diesen die genau angepassten Felder festzuschrauben. Man kann auch die Pfosten auf ent-

1. Einfriedigungsgitter für Gärten, Anlagen etc. 233

sprechender Höhe mit Eisengurtungen umziehen und an diesen die Felder befestigen. Werden diese Gurtungen in Nuten am Stein gehalten, so fallen die Dübellöcher überhaupt weg.

In steinarmen Gegenden führt man die Pfosten wohl auch in Backsteinmauerwerk auf und giebt ihnen einen Sockel und eine Deckplatte aus Stein. Viel ist dabei nicht gespart und sehr schön sieht es auch nicht aus. Man wählt deshalb vielfach als Ersatz für die steinernen Pfosten solche aus Gusseisen. Die gusseisernen Pfosten sind gewöhnlich rund, säulen- oder kandelaberartig. Sie sind hohl, schliessen nach oben mit einem Knopf oder einer Vase ab und haben eine Dicke von 10 bis 20 cm. Sie werden auf steinerne Sockel aufgesetzt, wenn man nicht vorzieht, den in die Erde kommenden Teil an die Stücke anzugiessen, was jedenfalls solider ist. Die Befestigung der Gitterfelder an die gusseisernen Pfosten geschieht am besten, indem man in die letzteren ebenfalls sog. Butzen einschraubt oder die Pfosten mit Bandeisen umgurtet

Fig. 268.
Geländergitter von K. Dussault.

und die Butzen und Gurtungen mit dem Geländer verschraubt. Man kann auch passende Flanschen oder Zapfen an die Pfosten angiessen lassen und an diese die Geländer festmachen.

Da man neuerdings mit Recht der Verwendung von Gusseisen in Verbindung mit Schmiedeisen aus dem Wege zu gehen sucht, so werden jetzt auch hin und wieder die Pfosten aus Schmiedeisen gebildet. Man wählt hierfür Quadrateisen von 30 bis 50 mm Seite. Da diese Pfosten auch bei genügender Festigkeit etwas mager aussehen, so verbindet man gerne zwei derselben zu einem Doppelpfosten, wie es auf Tafel 45 ersichtlich ist. Werden die beiden Quadrateisen etwa im Abstand von 20 cm gestellt und erhält das schmale Zwischenfeld eine Versteifung durch ornamentale Zuthaten, so erzielt man neben grösserer Festigkeit auch eine gute Abwechslung und Wirkung.

Da Geländer mit schmiedeisernen Pfosten immer zum Schwanken und Federn geneigt sein werden, so strebt man die Pfosten gerne nach innen ab. Gerade oder auch geschweifte und geschwungene Streben aus starkem Eisen werden einerseits am Geländer festgeschraubt oder vernietet und andererseits in einen vom Geländersockel her durchgreifenden Binderstein oder in einen besonderen, im Boden eingesenkten Strebepfosten eingelassen (Fig. 266). Im Winkel laufenden Geländern kann man, sofern sie es nötig haben, ausserdem in den inneren Ecken eine weitere Versteifung durch Aufschrauben von Eckwinkeln zu teil werden lassen.

Nachdem hiermit die Konstruktion geschildert ist, erübrigt noch einiges über die kunstgewerbliche Ausstattung zu sagen. Ein Stabgitter ohne weitere Zuthaten kann naturgemäss keine reiche Wirkung machen. Alles, was man thun kann, beschränkt sich auf Wahrung guter Verhältnisse. Das Stabgitter kann aber sehr hübsch und beliebig reich gestaltet werden durch die

Fig. 269.
Grabgitter aus der Marienkirche in Danzig. Aufgenommen von M. Bischof.

Beifügung von Rankenwerk, Blättern, Rosetten etc. Zur Anbringung der letzteren wählt man mit Vorliebe die sich durch die Konstruktion ergebenden Nietstellen. Die Ranken bildet man meist aus schwächerem Eisen, als die Stäbe. Für Stäbe aus Quadrat- und Rundeisen wählt man Flacheisen von gleicher Breite bei einer Dicke von 3 bis 6 mm. Ausserdem bringt man auch Rundeisen-Stabgitter mit Zierraten aus schwächerem Rundeisen in Verbindung. Vielerlei Eisensorten für ein und dasselbe Geländer stören die einheitliche Wirkung. Nietköpfe, Bunde, Voluten, Spiralen, flachgeschmiedete oder getriebene Blätter bilden den weiteren Aufputz.

Im übrigen sei auf die zwölf Beispiele hingewiesen, welche auf den Tafeln 43, 44, 45 und 46 verzeichnet sind und den heutigen Anforderungen für bessere Geländergitter entsprechen dürften. Die Tafel 47 beschränkt sich auf die Vorführung der oberen Endigung von Stabgittern, die im untern Teil keine weitere Verzierung erhalten.

Weniger empfehlenswert zur Einfriedigung von Gärten und Anlagen sind die Füllungs- und Flacheisengitter ohne Stäbe und Längsverbindung, da sie stets in Bezug auf Festigkeit zu wünschen übrig lassen. Wohl anwendbar dagegen sind solche Geländer, welche gewissermassen die Mitte halten nach Art der in den Figuren 267 und 268 dargestellten Beispiele. Die Längsverbindungen und Stäbe sind hier beibehalten; die letzteren stehen aber so weit, dass ein ge-

Fig. 270.
Gitter aus der St. Ulrichskirche in Augsburg. Renaissance.

nügender Raum für abgepasste Füllungsornamente entsteht. Derartige Gitter eignen sich besonders zur Einfriedigung von Monumenten.

2. Grabgitter.

Fast allerwärts ist es Sitte geworden, reichere Grabanlagen mit schmiedeisernen Geländern einzufriedigen, nachdem man sich überzeugt hat, dass die gegossenen nichts taugen.

Je nach der Grösse des Grabes haben diese Gitter eine Höhe von 30 bis 100 cm, im Mittel von etwa 50 cm. Ein nacktes Stabgitter würde bei diesen kleinen Abmessungen wenig Wirkung haben. Die steinernen Pfosten werden für gewöhnlich ebenfalls entbehrlich. Man benützt deshalb quadratische Stäbe als Pföstchen, verbindet dieselben durch Flach- oder Gittereisen der Länge nach und füllt die entstehenden Felder mit Rankenwerk aus Flacheisen. Ebenso können runde Pföstchen mit Rundeisenfüllungen zur Anwendung gelangen. Die Pföstchen werden auf dem Steinsockel eingebleit oder in Grundschienen eingezapft und nach oben mit freien Endigungen in der Form von Blumen, Knöpfen, Lilien etc. versehen. Die Einteilung in quadratische oder

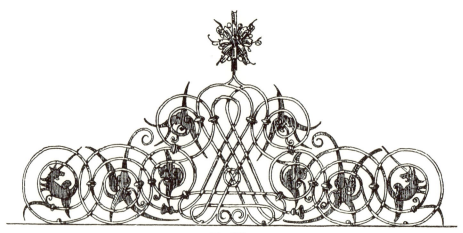

Fig. 271.
Gitterkrönung aus Danzig. Renaissance.

rechteckige Felder ergiebt sich aus der Grösse des Grabes. Ein Feld (oder ein Doppelfeld) wird gewöhnlich als Thüre ausgebildet.

Da des Einsinkens der Gräber halber die Sockelsteine gewöhnlich bald in Unordnung

Fig. 272.
Gitterkrönung aus Ulm. Renaissance.

geraten, so empfiehlt sich, dieselben durch eiserne Klammern zusammenzuhalten und jeden Stein mit der genannten Grundschiene zu befestigen. Ist das Geländer fest genug gebaut, so hält es in diesem Falle thatsächlich die Sockelpartie, statt umgekehrt.

Auf den Tafeln 48 und 49 geben wir acht verschiedene Beispiele derartiger Grabgitter. Im allgemeinen dürfte sich für die Ausführung Quadrateisen von 20 mm Seite und Flacheisen von 20 auf 4 oder 5 mm empfehlen.

Für kleine Gräber kann man Flacheisengitter ohne Pföstchen (die Eckpföstchen ausgenommen) anordnen oder sog. Drahtgitter (aus Draht von 8 mm Stärke) bilden. Selbstredend können diese Gitter den Sockel nicht in Ordnung halten.

Fig. 273.
Gitterkrönung. Motiv aus der Uebergangszeit vom Barocko zum Rokoko.

3. Chorabschlüsse und ähnliches.

Jene zum Teil geradezu grossartigen Geländeranlagen, wie sie in alten Kirchen als Chor- und Kapellenkranzabschlüsse so häufig zu finden sind, gehören heute der Geschichte. Die Kirche stellt derartige Aufgaben kaum mehr, weit eher noch die neuzeitige Profanarchitektur in Beziehung auf Bankgebäude, Börsen, Markthallen, Ausstellungen etc.

Die Kapellen- und Chorabschlüsse haben meist eine Höhe von 2 bis 3 m und mehr und zeigen einen grossen Reichtum an Formen. Die gotische Zeit bevorzugt das Stabgitter (Fig. 106), die Renaissancezeit das reichere Füllungsgitter (Fig. 118, 119, 158 und 159). Aber auch sie verwendet zum Teil noch das Stabgitter, wie Figur 269 darthut. Daneben erscheinen hauptsächlich in Italien auch Gitter, die gewissermassen ein endloses Muster haben und aus Vierpässen etc. zusammengestellt sind. Die Barock- und Rokokozeit verwenden wieder die Stab- und Füllungsgitter.

Fig. 274.
Drei Brüstungsgitter vom Schloss zu Schleissheim. Barock.

In den meisten Fällen erhalten diese Gitter krönende Abschlüsse (Fig. 269 und 270), in welche der Hauptschmuck verlegt zu werden pflegt. Solche Krönungen, die sich heute hauptsächlich als Thüraufsatz verwerten lassen, sind in den Figuren 271, 272 und 273 gegeben.

Wir wollten diese Dinge nicht unerwähnt lassen, weil sie eine reiche Fundgrube an guten Vorbildern sind.

Fig. 275.
Gitter im Schlosshof zu Dresden. Renaissance.

4. Brüstungsgitter.

Sie kommen zur Anwendung an Balkonen und Brücken, in Treppenhäusern, als Abschluss von Erkern und Alkoven, an Terrassen, eisernen Pavillons, in Theatern etc. Sie sind meistens

Fig. 276.
Modernes Brüstungsgitter.

Schutzgitter gegen das Herabfallen oder gegen unerwünschten Andrang. Sie haben Brüstungshöhe (80 bis 110 cm) und endigen nach oben nicht in Spitzen und Krönungen, sondern sind zum Auflegen der Arme mit Leisteneisen oder mit Holzleisten abgedeckt. Sie sind meistens als Füllungsgitter, seltener als Stabgitter veranlagt. Die Befestigung ist verschieden, je nachdem

Fig. 277. Brüstungs- und Treppengeländer im Reichstagsgebäude in Berlin. Von Paul Marcus daselbst.

Holz, Stein etc. in Betracht kommen, bietet aber nichts Neues von Belang. Im allgemeinen sind an den Stellen, wo die sich Anlehnenden mit den Kleidern das Gitter berühren, alle scharfen und spitzen Formen zu vermeiden. Die Brüstungsgeländer der Balkone baucht man aus ähnlichen Gründen und um den Füssen mehr Raum zu gewähren, in dem unteren Teil gerne aus (Taf. 52 und 53). Als Gerippe der Brüstungsgeländer dient Quadrateisen von etwa 20 mm Seite;

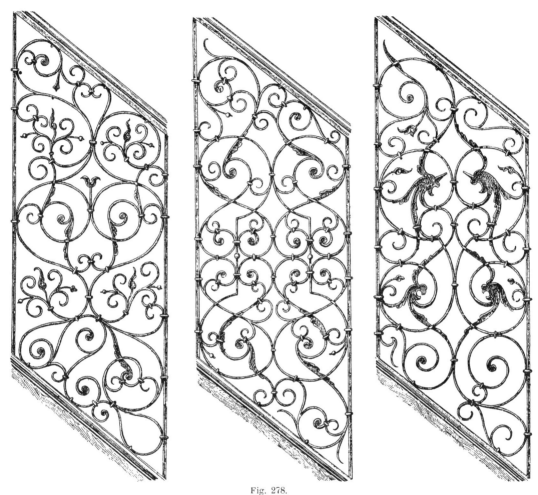

Fig. 278.
Kanzeltreppengitter aus der Kirche zu Hall in Tirol. Renaissance. Aufgenommen von F. Paukert.

die Füllungen werden aus Flacheisen oder aus Rundeisen hergestellt. Ob die Felder sich wiederholen oder ob das ganze Gitter als eine Füllung behandelt wird, hängt vom gegebenen Fall ab.

Im übrigen verweisen wir auf die Tafeln 50, 51, 52, 53 und 54, welche zusammen 18 verschiedene Beispiele bringen, und ausserdem auf die Figuren 274, 275 und 276 im Text, welche fünf weitere Beispiele geben.

242 XII. Geländergitter.

5. Treppengeländer.

Neben den steinernen und hölzernen Geländern, die dem Treppenlauf folgen, um den nötigen Schutz gegen das Herabfallen zu gewähren, treten schon zur Zeit der Renaissance solche aus Eisen auf und neben jenen sind sie bis heute in Uebung geblieben.

Fig. 279.
Geländerstab. Gotisches Motiv.

Fig. 280.
Geländerstab. Rokokomotiv.

Diese Treppengeländer sind eigentlich nichts anderes, als schiefgezogene, schräg in die Höhe laufende Brüstungsgitter (Fig. 277). Wo auf den Treppenpodesten und auf dem Austritt gewöhnliche Brüstungsgeländer hinzutreten, da wird thatsächlich vielfach das nämliche Motiv für das schräge Geländer entsprechend verzerrt, was aber in den seltensten Fällen gut aussieht. Deshalb hat schon die Renaissance die Felder in Form verschobener Quadrate oder Rechtecke mit selbständigen Mustern geziert, wie es die Figur 278 darthut. Insbesondere sind es die Kanzeln der Kirchen, welche zierliche Geländer dieser Art erhielten. Derartige Treppengeländer werden auch heute noch gemacht. Sie sind aber nicht die Regel. Da man neuerdings die steinernen Treppen gerne freitragend gestaltet, wobei also die Treppenzarge, die sonst dem Geländer als Auflager dient, in Wegfall kommt, so bildet man die Geländer derart, dass auf jedem Tritt ein eisernes Pföstchen aus Quadrateisen eingelassen und verbleit wird. Damit ergiebt sich das Gerippe des Geländers. Um Raum für die Treppenbreite zu gewinnen, ist es zweckmässiger, die Pföstchen unten umzubiegen und mit diesem Teil in die Stirnseite des Trittes einzulassen, wie es die sämtlichen Beispiele der Tafeln 55 und 56 zeigen. Oben werden die Stäbe unter sich durch eine Flacheisenschiene verbunden, in welche sie eingezapft und vernietet sind. Die Eisenschiene wird durch eine aufgeschraubte Handleiste aus Holz oder Eisen abgedeckt. Als Höhe von Trittoberkante bis Handleistenoberkante wählt man gewöhnlich 90 bis 100 cm.

Der zwischen den Pföstchen verbleibende Raum wird mit entsprechendem Füllungs- und Rankenornament aus schwächerem Eisen ausgefüllt, womit dann gleichzeitig eine Versteifung des Ganzen erzielt wird.

Ein anderer Fall ist der, dass man jeden Stab für sich ausbildet. Das Geländer bildet sich dann durch Reihung dieser Stäbe, ohne dass dieselben in ihrem Rankenwerk unter sich verbunden werden (Taf. 55 unten links). Immerhin aber erscheinen Längsverbindungen in der Form von Flach- oder Gittereisen, parallel zum Lauf, angezeigt, wie sie die sieben anderen Beispiele, zum Teil in mehrfacher Anordnung, aufweisen. Die auf den Tafeln gegebenen Beispiele bewegen sich im gewöhnlichen Rahmen. In den Figuren 279 und 280 bringen wir ausserdem zwei reicher verzierte Stäbe, der eine nach gotischem Motiv, der andere im Stile des Rokoko.

Wo zu Anfang und Ende des Treppenlaufes nicht steinerne oder gusseiserne Pfosten, die als Laternenträger ausgenützt werden können, Aufstellung finden, da sind dann stärkere Quadrateisen (von 30 bis 50 mm Seite) anzuordnen, um dem ganzen Geländer die nötige Festigkeit zu geben. Von Abstrebungen kann hier nicht wohl die Rede sein. Dagegen kann der Geländeranfang in ornamentalem Sinne besonders ausgezeichnet werden, indem man eine konsolenartige Ranke oder etwas Derartiges vorlegt.

Wo die Stäbe in die Trittköpfe eingreifen, bringt man gerne eine Rosette zur Abdeckung der Kittfuge oder Verbleiung an. Man vergesse aber nicht, diese Rosetten auch ordentlich zu befestigen.

Selbstredend kann man, wo das Treppengeländer aus getrennten Stäben besteht, auch die zugehörigen horizontalen Brüstungsgeländer aus Einzelstäben bilden. Die Geländerbildung mittels einzelner Stäbe stammt aus der Zeit, da die gegossenen Stäbe ihre Rolle spielten.

XIII. FÜLLUNGSGITTER.

(Tafel 57 bis mit 73.)

Hierher rechnen wir alle diejenigen Vergitterungen, welche bestimmt sind — sei es zum Zwecke des Schutzes oder der Verschönerung oder zu beiden Zwecken zugleich — die Lichtöffnungen der Fenster, Thore, Thüren und Läden abzuschliessen. Diese Gitter passen in bestimmt und allseitig begrenzte Rahmen; sie sind quadratisch, rechteckig, vieleckig, kreisrund,

Fig. 281.
Quadratische Füllungen. Renaissance.

Fig. 282.
Füllung vom Camposanto in Bologna.

elliptisch, halbkreisförmig, rautenförmig oder von beliebigen anderen Formen. Begreiflicherweise ist die rechteckige Gestalt vorherrschend. Derartige, bestimmt umrahmte oder „abgepasste" Gitter kommen allerdings auch in anderen Fällen zur Anwendung, so z. B., wie bereits ausgeführt wurde, für Garten-, Brüstungs- und Treppengeländer und andererseits kann auch ein Stabgitter oder ein endloses Muster zum Abschluss von Lichtöffnungen benutzt werden, wie verschiedene der zu diesem Abschnitte gehörigen Tafeln zeigen. Bekanntlich stellen aber die Ausnahmen die Regel fest, und als solche kann es immerhin gelten, dass die Lichtöffnungen eine Vergitterung erhalten, welche geradezu für die Form und Grösse derselben entworfen ist.

Das gilt wenigstens für unsere Verhältnisse. Die praktischen Amerikaner dagegen machen sich die Sache bequemer. Sie verwenden neben den abgepassten Füllungsgittern mindestens ebenso häufig Muster, die an und für sich endlos veranlagt sind, wie z. B. ein Tapetenmuster. Diese Gittermuster werden mit Hilfe besonderer Maschinen, also sozusagen fabrikmässig hergestellt. Sie sind dementsprechend nicht teuer und geben im allgemeinen eine gute Wirkung. Mit ihnen werden Glasabschlüsse, Gangthüren, Aufzugseingänge und ähnliche Dinge im Innern der Gebäude versehen. Man setzt im allgemeinen die Muster, auf die nötige Grösse zugerichtet, in eiserne Rahmen, ohne sich viel darum zu bekümmern, wie das Muster aufgeht. Das ist wie bei der Tapete mit ihrer Bordüre. Bei besseren Arbeiten wird jedoch auch eine sog. „Lösung" angestrebt, indem man die Muster ordentlich endigen lässt (durch Aufrollen der Einzelstäbe in

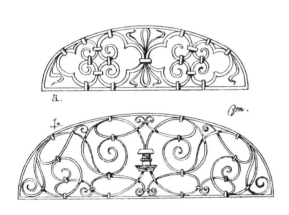
Fig. 283.
Oberlichtgitter. a. Aus Venedig. b. Aus Innsbruck.

Fig. 284.
Füllung aus S. Petronio in Bologna.

Voluten etc.). Die amerikanischen Gittermotive sind interessant und lehrreich, weshalb auf den Tafeln 57 und 58 einige Beispiele aufgezeichnet sind. Für geschlossene und stark gefüllte Muster wählt man Durchflechtungen von Bandeisen unter sich (Taf. 57d) oder von Bandeisen mit Stabeisen (Taf. 57c). Für offene Muster benützt man Rundeisengeflechte nach Tafel 58a bis d oder Flacheisenverbindungen nach Art der übrigen Beispiele. In langen Zügen mit gleicher Wiederholung umgebogenes Eisen wird durch Bünde zusammengefasst, wie es Tafel 57 in a und b, sowie Tafel 58 in e und f zeigt. Nach einer anderen Methode wird das Flacheisen abwechselnd um 90° gewunden und die flach aufeinander liegenden Partieen werden vernietet (Taf. 57e, f und g). Die aufgezeichneten Motive sind zum grössten Teil dem Musterbuch „The Winslow Bro's-Co. Artistic Metal Work. Chicago" entnommen.

Kehren wir nach dieser Abschweifung auf das Gebiet der amerikanischen Kunstschlosserei zu der einheimischen zurück, so müssen wir uns wieder der abgepassten Füllung zuwenden.

Gewöhnlich bildet ein Flacheisen, besser aber ein Winkeleisen, die Randeinfassung und mit diesem erfolgt die Befestigung am Holzwerk oder am Stein, sei es vermittels Holzschrauben, Steinschrauben, Ueberkloben oder auf andere Weise. In dem Rahmen des Flacheisens entwickelt sich ein mehr oder weniger reiches Rankenwerk aus Rund- oder Vierkanteisen mit oder

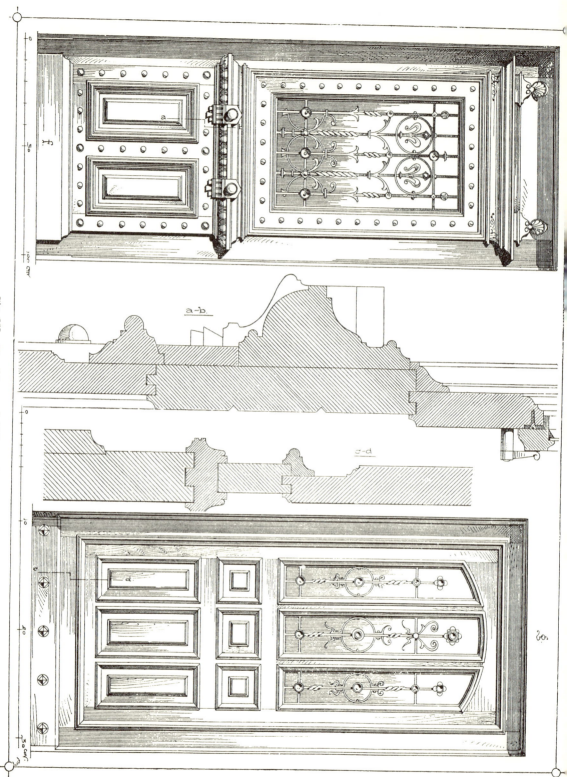

Fig. 285. Haustüren mit Füllungsgittern.

Fig. 286. Fenstergitter vom Schloss Zell an der Mosel. Renaissance.

248   XIII. Füllungsgitter.

ohne Zuhilfenahme von Blattwerk, Rosetten und anderem Aufputz. Die Befestigung der einzelnen Teile unter sich und mit dem einrahmenden Eisen geschieht dann je nach Art des Gitters durch Zusammenschweissen, durch Nietung, durch Anwendung des Bundes, der Durchschiebung etc.

Die Stärke des zu verwendenden Materials richtet sich hauptsächlich nach der Grösse der Füllungen.

Es soll hier nicht darauf eingegangen werden, nach welchen Grundsätzen die Verzierungen für die einzelnen Arten der Füllungsfiguren am besten erfolgen. Das ist Sache des entwerfenden Künstlers. Es möge in dieser Hinsicht die Andeutung genügen, dass für regelmässige Figuren, wie es das Quadrat und der Kreis sind, die Ornamente der Mehrzahl nach „zentral" angelegt werden, d. h. vom Mittelpunkt aus nach allen Seiten sich gleichmässig gestalten, während die Füllungen für Rechtecke, Halbkreise und andere symmetrische Figuren, gewöhnlich eine symmetrische Ausschmückung erfahren und dabei ein Oben und Unten haben. Einige Abbildungen mögen dies erläutern. Figur 281 giebt vier quadratische Füllungen gewöhnlicher Art und Figur 282 eine solche „über Eck". Figur 284 zeigt ein regelmässiges Achteck. Alle diese Beispiele sowie die in Figur 104 und 105 abgebildeten Kreisfüllungen sind zentral angelegt, während die in den Figuren

Fig. 287.
Seitenteile von Fenstergittern in Verona.

Fig. 288. Fenstergitter.

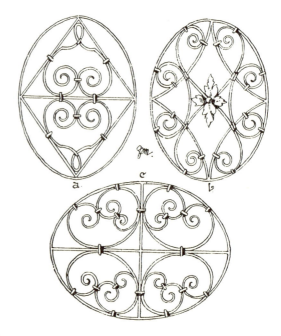

Fig. 289. Elliptische Fenstergitter aus Pisa, Verona und Venedig.

157 und 161 gebrachten Rechtecke und die Oberlichtgitter der Figur 283 eine symmetrische Anordnung zeigen.

Fig. 290. Fenstergitter vom neuen Schloss in Baden-Baden. Entworfen von Direktor Götz. Ausgeführt von Schlosser H. Hammer in Karlsruhe.

In unsymmetrischen Figuren, wie es die verschobenen Rechtecke sind, ist mit zentralen und symmetrischen Anordnungen schwer etwas zu machen und man muss sich dann anders helfen (vergl. die Treppengitterfüllung der Fig. 173).

Da die Füllungsgitter gewöhnlich nur von der einen Seite her (Strassenseite) ordentlich gesehen werden können, so pflegt man diese Seite insofern zu begünstigen, als die Blätter sich nach dorthin umlegen, die Voluten in jener Richtung sich ausrollen und Rosetten, Kartuschen u. a. nach dieser Seite hin aufgesetzt werden.

Wo die Füllungsgitter wirklich zum Schutze und nicht nur zur Ausschmückung dienen, müssen selbstredend die Gitter stark genug und derartig beschaffen sein, dass sie nicht durch-

Fig. 291.
Gitterfüllung nach Barockmotiven.

gebogen und eingedrückt werden können. Sie dürfen dann mit den Gewänden, Thürfriesen etc. auch nicht durch Aufschrauben in einer Weise verbunden werden, welche die Lösung der Schrauben ohne weiteres gestattet.

Nach diesen allgemein geltenden Vorbemerkungen wenden wir uns den Füllungen für bestimmte Zwecke zu.

1. Thürfüllungsgitter.

Die Hausthüren erhalten häufig Verglasungen, um den dahinter liegenden Gängen das nötige Licht zuzuführen. In den meisten Fällen erscheint es dann angezeigt, diese Verglasungen zum Schutze des Hauses zu vergittern. Einflügelige Thüren erhalten gewöhnlich ein Füllungs-

1. Thürfüllungsgitter.

gitter, gleichflügelige Doppelthüren deren zwei, und ungleichflügelige deren drei, wobei die mittlere dominiert. Die dreiteilige Vergitterung kommt aber auch für einfache Flügel in Anwendung. Im allgemeinen sind die Füllungen rechteckig oder unten rechtwinklig, oben aber durch Bogenlinien begrenzt (vergl. die Fig. 285). Die Friese der Lichtöffnungen sind nach der Aussenseite gewöhnlich mit profilierten Leisten umrahmt, hinter deren Falz sich die eisernen Füllungen legen, um mit dem Friesholz verschraubt zu werden (am besten von der Rückseite her, wie der Schnitt a-b zeigt, damit die Verschraubung von aussen nicht gelöst werden kann). Die Fenster sitzen unmittelbar hinter dem Gitter, dürfen es aber mit ihren Scheiben nicht berühren, da diese sonst gar leicht entzwei gehen und weil unliebsame Staubwinkel entstehen. Die Fensterflügel sind entweder zum Ausheben, wobei sie dann wie gewöhnliche Fenster angeschlagen werden oder im Falz

Fig. 292.
Gitterfüllung mit Rokokomotiv.

von Leisten auf der Innenseite der Thüre liegen und durch Vorreiber befestigt werden. Legt man auf das Ausheben keinen Wert, so kann man sie allseitig aufschrauben oder, was jedenfalls schon der Reinigung wegen zweckmässiger erscheint, mit Scharnierbändern anschlagen und anderseits mit Vorreibern befestigen.

Die Füllungsgitter, aus Flach-, Rund- oder Quadrateisen gebildet, füllen dann entweder die Lichtöffnung in gleichmässiger Verteilung, oder das Gitter ist unten, wo der Schutz am nötigsten fällt, dichter und zeigt nach obenhin die Motive von freien Endigungen (Taf. 59, oben mitten). Die zu Abschnitt XIII gehörigen Tafeln (speziell 59 bis 63) zeigen eine grössere Zahl von Füllungsgittern, die für Thüren geeignet sind.

2. Ladenfüllungsgitter.

In denjenigen Gegenden, wo der moderne Rollladen die früher allgemein üblichen Flügelläden noch nicht verdrängt hat, zeigen die Läden des Erdgeschosses, die nicht gern mit Jalousiebrettchen gebaut werden, in ihrem oberen Teil kleine Lichtöffnungen, welche dann häufig entsprechende Vergitterungen erhalten. Sei es nun, dass zu diesem Zwecke die oberen Füllungsbretter in gestemmten Läden fortfallen oder dass in glatten Läden kreis- oder rautenförmige Oeffnungen ausgeschnitten werden, so kann es sich nur um kleine Füllungen handeln, die ein bescheidenes, einfaches Muster erhalten.

Es sind acht verschiedene hierher zu rechnende Beispiele inmitten der Tafel 63 aufgezeichnet worden.

3. Fenstergitter.

Die Vergitterung der Fenster war in früheren Zeiten ganz allgemein üblich. In unseren mehr geordneten und sicheren Tagen ist man ziemlich davon abgekommen, hauptsächlich weil

Fig. 293.
Oberlichtgitter. Barock. Aufgenommen von A. Hotzfeld.

in den eisernen Rollläden ein gewisser Ersatz geschaffen worden ist. Schützen die Vergitterungen auch wohl gegen das Einsteigen, so schützen sie doch nicht gegen das Einwerfen der Fensterscheiben und gegen das Hineinsehen. Immerhin aber werden auch heute noch die Fenster der Erdgeschosse hin und wieder vergittert, besonders an öffentlichen Bauten, wie Museen, Postgebäuden, Bankhäusern u. a. m.

a) Gewöhnliche Fenstergitter. Gleichgiltig, ob ein abgepasstes Muster, ein endloses Flächenmuster oder ein Stabgitter beliebt wird, finden die Füllungen in einem Rahmen aus starkem Flacheisen Platz, welcher sich in die Leibung zwischen Gewänden, Bank und Sturz einschiebt und durch Steinschrauben befestigt wird, wenn man nicht der Einfachheit halber vorzieht, die Befestigung am Futterrahmenholz vorzunehmen, was allerdings weniger sicher ist.

Derartige Fenstergitter sind insbesondere in den rechteckigen Füllungen der Tafeln 64, 65 und 66 dargestellt.

b) Schalterfenstergitter. (Taf. 67.) Vergitterungen an den Schalterfenstern der Post- und Bahngebäude, Banken und Kassen sind keine seltene Erscheinung. Um den Verkehr der Beamten mit dem Publikum zu ermöglichen, müssen diese Gitter am unteren Ende eine entsprechend grosse Oeffnung frei lassen, welche als Rechteck oder Halbkreis ausgespart wird, wie es unsere Figuren zeigen. Im übrigen besteht ein besonderer Unterschied gegenüber den gewöhnlichen Fenstervergitterungen nicht.

c) **Vorgebaute Fenstergitter.** Da die gewöhnliche Fenstervergitterung einen freien Ueberblick über die Strasse nicht gestattet, ausserdem auch zur Aufstellung von Blumentöpfen keinen Raum gewährt, so hat man schon frühzeitig die Fenstervergitterungen vorgebaut.

Fig. 294.
Oberlichtgitter von der Villa Bergau in Nürnberg Renaissance.

Fig. 295.
Oberlichtgitter im bayerischen Nationalmuseum.

Die Renaissance bildet diese Gitter gewöhnlich aus Quadrat- oder Rundeisen. Senkrecht und horizontal laufende Stäbe kreuzen sich und sind durch einander hindurchgeschoben (Fig. 286) oder, was hübscher ist, zwei schräge Stabsysteme durchkreuzen sich, so dass über Eck stehende Quadrate oder Rauten entstehen (Fig. 112), welche dann an einzelnen Stellen passend verziert werden. Die Enden der Stäbe werden rechtwinklig umgebogen und von vorn in die Gewände, in die Bank und den Sturz oder in die Mauerfläche eingelassen.

Späterhin tritt diese Art von Gittern mehr zurück zu Gunsten von vorgebauten Gittern, die in ihrem unteren Teil ausgebaucht sind (Korbgitter). Dieser untere Teil wird dann bezüglich der ausschmückenden Zuthaten besonders begünstigt und hauptsächlich sind es die seitlichen Abschlüsse der Gitterkasten, welche eine hübsche Verzierung zu erhalten pflegen (Fig. 287). In dieser ausgebauchten Form werden auch heute hin und wieder Fenstervergitterungen gebaut, weshalb wir auf Tafel 68 vier Beispiele vorführen. Der Einfachheit halber lässt man gewöhnlich nicht die einzelnen Stäbe in Stein ein, sondern vernietet dieselben mit ihren Enden in einen starken Flacheisenrahmen, welcher für sich an einigen Stellen am Stein befestigt wird.

Fig. 296.
Gitterfüllung vom Dom zu Prag. Renaissance.

Grosse, im Rundbogen abschliessende Fensteröffnungen pflegen reichere Vergitterungen zu erhalten mit einer Ausnützung des Raumes, wie sie beispielsweise in Figur 165 gewählt wurde oder es wird auf der Höhe des Bogenansatzes ein Kämpfer durchgeführt und die beiden entstehenden Felder werden für sich behandelt (Fig. 290). Eine Rundbogenfenster-Vergitterung, wie sie etwa für eine kleinere Lichtöffnung an einem Gebäude mittelalterlichen Stils sich eignen dürfte, giebt die Figur 288.

Kreisrunde und elliptische Fensteröffnungen sind verhältnismässig selten, infolge dessen auch derartige Vergitterungen. Wo sie aber auftreten, eignen sie sich besonders gut für eine dekorative Ausstattung. In Bezug auf elliptische Fenstergitter vergleiche Figur 289 und Tafel 69 und 70. Kreisrunde Gitter, mit Benutzung von Barock- und Rokokomotiven entworfen, sind in den Figuren 291 und 292 vorgeführt.

d) **Kellerlichtgitter.** Auch die Kellerlichtöffnungen erhalten gewöhnlich eine Vergitterung, gleichgiltig ob dieselben mit Fenstern oder Läden versehen sind oder nicht. Für kleine Oeffnungen besteht die beste und solideste Vergitterung darin, dass man einige starke Stäbe aus Quadrat- oder Rundeisen von Gewände zu Gewände oder von Bank zu Sturz glatt durchlaufen lässt und dieselben schon beim Versetzen der Steine in entsprechende Löcher einpasst. Damit fällt das Einkitten fort. Grössere Kellerlichter werden aber auch in verzierender Weise vergittert. Die Füllungen sitzen dann in Rahmen von Flacheisen und werden wie andere Fenstervergitterungen befestigt.

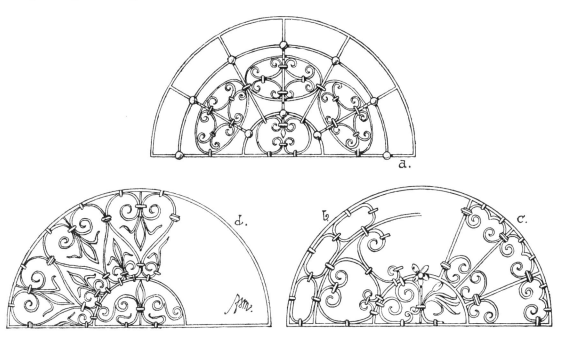

Fig. 297.
Oberlichtgitter. Renaissance.
a. S. Giovanni in monte in Bologna. b. Sa. Maria formosa in Venedig. c. Perugia. d. S. Antonio, Pisa.

4. Oberlichtgitter.

Es ist allgemein üblich, hohe Thüren und Thore durch einen festsitzenden Kämpfer aus Stein oder Holz in zwei Teile zu trennen. Der untere Teil verbleibt für die eigentliche Thüre, für die beweglichen Thürflügel, welche dann am Kämpfer anschlagen. Der obere Teil ist das sog. Oberlicht. Er wird gewöhnlich verglast (mit festen, wegnehmbaren oder beweglichen Flügeln) und nach aussen hin vergittert. Diese Oberlichtgitter haben allerdings auch den Zweck des Schutzes; meist aber ist die dekorative Wirkung der Hauptgrund für ihre Anbringung. An den Oberlichtgittern hat die Kunstschlosserei zu allen Zeiten mit Vorliebe ihre Leistungsfähigkeit darzulegen versucht. Wenn es die Beschränktheit des Raumes nicht verbieten würde, könnte man mit diesen Oberlichtgittern allein eine vollständige Entwickelungsgeschichte der Schmiedetechnik entrollen.

Fig. 298. Oberlichtgitter vom neuen Schloss in Baden. Entworfen von Direktor H. Götz, ausgeführt von Schlosser H. Hammer in Karlsruhe.

4. Oberlichtgitter.

Die Formen des Oberlichtes sind sehr mannigfaltig. Bei geradem Sturz und geradem Kämpfer bildet sich ein Rechteck, das auch gelegentlich zum Quadrat wird. Dieses, für ge-

Fig. 299.
Modernes Oberlichtgitter nach Barockmotiven.

wöhnlich liegende Rechteck erhält ein Füllungsornament mit ausgesprochenem Oben und Unten (Fig. 293) oder ein zweiaxig-symmetrisches, abgepasstes Muster (Tafel 71, oben rechts).

Fig. 300.
Modernes Oberlichtgitter nach Barockmotiven.

Auch Stabgitter mit sich wiederholenden Zwischenmotiven sind an der Tagesordnung (Taf. 71, oben links).

Bei geradem Kämpfer und einem Sturz im Stichbogen ergeben sich Formen wie diejenigen der Figuren 294 und 295.

Schliesst die Thür im Spitzbogen, so bildet derselbe zusammen mit einem geraden Kämpfer die Form der Figur 296.

Schliesst die Thür dagegen im Halbkreisbogen ab, so entsteht die viel verwendete Halb-

Fig. 301.
Modernes Oberlichtgitter nach Barockmotiven.

kreisfüllung, für die das Schlosserbuch hier und anderweitig zahlreiche Abbildungen eingereiht hat.

Fig. 302.
Oberlichtgitter von Schlossermeister Bühler in Offenburg.

Unwesentliche Ahänderungen dieser Form entstehen, wenn der Kämpfer sich in den Bogen nach oben hineinschiebt, so dass die Füllung kleiner als ein Halbkreis ausfällt oder wenn des besseren Aussehens halber die Füllung überhöht oder „gestelzt" wird.

Aehnliche Formen entstehen auch bei geradem Kämpfer und einem Thürabschluss im Korbbogen oder im elliptischen Bogen (Fig. 303). In diesem Falle ist fast nur ein Rankenwerk aus zwei symmetrischen Teilen verwendbar, während im Halbkreis auch eine Felderteilung durch

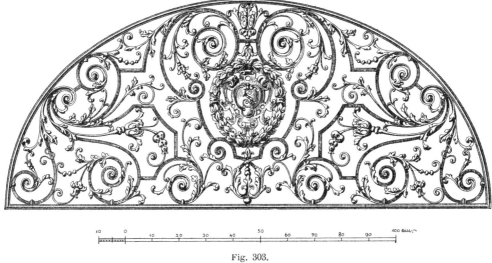

Fig. 303.
Oberlichtgitter von A. Lackner.

konzentrische Bögen mit strahlenförmig von der Mitte auslaufenden Stäben als naheliegende Musterung oder als Gerippe derselben zulässig erscheint (Fig. 297).

Fig. 304.
Oberlichtgitter von A. Lackner.

In den seltensten Fällen wird das Rankenwerk des Oberlichtes unmittelbar mit dem Stein verbunden. Fast immer wird wieder ein Flacheisenrahmen als Uebergang zwischen Gitter und Steinumrahmung angeordnet. Dies kann jedoch unterbleiben, wenn die Füllung die Lichtöffnung nicht vollständig ausfüllt und gewissermassen als freie Endigung in derselben schwebt (Fig. 298).

Auf den Tafeln 70 bis 73 bringen wir eine grössere Zahl von Oberlichtgittern, wie sie etwa den heutigen Anforderungen gerecht werden und ausserdem geben die Figuren 299 bis 304 einige reichere Beispiele dieser Art.

Schliesslich möchten wir anlässlich dieses Abschnittes an die Schlosser die Mahnung richten, alte Gitter von Belang, wie sie beim Abbruch alter Häuser in unserer bauthätigen Zeit nicht selten frei und überflüssig werden, nicht zum alten Eisen zu werfen, sondern für deren Unterbringung in Sammlungen oder ihre Wiederanbringung an passender Stelle des Neubaues ein Wort einzulegen. Es ist schon viel zu viel verloren gegangen, was des Aufhebens wert gewesen wäre.

XIV. WANDARME UND AUSHÄNGESCHILDER.

(Tafel 74 bis mit 78.)

Schmiedeiserne Wandarme finden sich schon vom Mittelalter ab zu den verschiedensten Zwecken in Anwendung, so z. B. als Kerzenträger, als Fackelhalter, als Handtuchhalter, als Träger für die Deckel von Taufsteinen etc. An dieser Stelle soll jedoch in erster Linie derjenigen Wandarme gedacht werden, welche zur Anbringung von Aushängeschildern dienen. Schon frühzeitig sind Schenken und Wirtshäuser und die Innungsstuben der einzelnen Gewerbe durch Aushängezeichen kenntlich gemacht worden und späterhin haben auch einzelne Gewerbetreibende,

Fig. 305.
Renaissancewandarm aus Innsbruck.

Fig. 306.
Wandarm aus Zürich. Barock.

insbesondere die Schlosser sich dieser Sitte angeschlossen. Zu den Zeiten, da nicht jedermann lesen konnte, schien es angebracht, allgemein verständliche Abzeichen auszuhängen, und so finden wir denn häufig die betreffenden Dinge plastisch nachgebildet oder in Blech ausgeschnitten und bemalt und vergoldet. An den Wirtshäusern begegnen wir Tieren und menschlichen Gestalten, Sternen, Sonnen, Kronen, Kannen etc.; an Handwerkshäusern finden wir Schlüssel, Stiefel, Bretzeln, Handwerkszeuge etc. Heute ist man von diesen bildlichen und sinnbildlichen Darstellungen ziemlich abgekommen und zieht es vor, ein Schriftschild auszuhängen, welches das Nötige besagt. Früher wurde mit den Aushängeschildern ein grosser Aufwand entfaltet, dann folgte eine wesentliche Ernüchterung und Vereinfachung, wogegen in allerneuester Zeit

262 XIV. Wandarme und Aushängeschilder.

wieder mehr in dieser Hinsicht gethan wird entsprechend dem Wiederaufblühen der Kunstschlosserei.

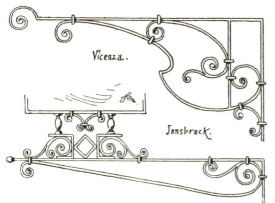

Fig. 307. Wandarmmotive aus Vicenza und Innsbruck.   Fig. 308. Wandarm aus Innsbruck.

Gewöhnlich bildet ein senkrecht zur Wand stehendes, starkes Rund- oder Quadrateisen den eigentlichen Wandarm, welcher an seinem freien Ende angehängt oder aufgesetzt die Ab-

Fig. 309. Wirtsschild im Renaissancestil. Entworfen von Direktor C. Schick.

zeichen oder Schilder trägt. Eine schräg ansteigende Strebe unterstützt den Hauptarm und das auf diese Weise entstehende Dreiecksfeld wird mit ornamentalem Rankenwerk ausgefüllt und versteift. Dies ist die meist verwendete ältere Form (siehe Figur 305 und 306). Oft und besonders für leichtere Wandarme nimmt der Träger auch geschweifte und konsolenartige Formen an (Fig. 307).

Häufig fällt auch die Strebe fort und das Rankenwerk allein bildet die Unterstützung. Gewöhnlich wird dann oberhalb des Armes noch eine schräg von der Wand nach unten laufende

Fig. 310.
Aushängeschild für eine Bäckerei.

Aufhängestange angeordnet (Fig. 309); für weit ausladende und schwere Schilder sind auch zwei Aufhängestangen gebräuchlich, die ein gleichschenkliges Dreieck bilden, dessen Grundlinie in der Wand zu suchen ist. Diese Befestigung ist sehr solid und schützt den Wandarm gleichzeitig gegen seitliches Schwanken infolge des Windangriffes. Die Aufhängestangen werden gerne zierlich gewunden und durch kleine Verzierungen in der Form von Blumen, Durchschiebungen etc.

geschmückt. An Stelle der geraden Aufhängestange kann auch ein geschweiftes Eisen treten, etwa nach Figur 310.

Fig. 311. Moderner Wandarm.

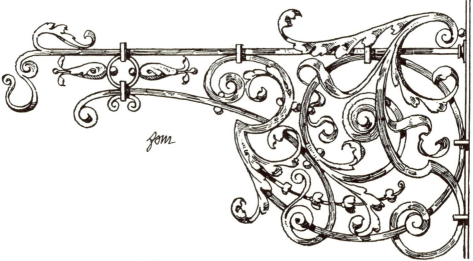

Fig. 312. Wandarm, im Barockstil entworfen.

Der Hauptarm selbst endigt nach vorn in einen Einhängehaken (Fig. 306 und 312) oder er wird durch eine hübsche Blume zur freien Endigung gestaltet (Fig. 305 und 309).

Nur für kleine und ganz leichte Wandarme bildet wohl auch ein einziges, kühn geschwungenes Eisen die ganze Ausstattung (Fig. 308).

Soll der Wandarm **drehbar beweglich** sein, was für Aushängeschilder meist nicht gewünscht wird, so läuft der untere Teil in einem Zapfenlager und der obere Teil erhält ein Halsband. Die beiden Kloben werden im Stein oder in der Wand befestigt. **Für feste Wandarme** bringt man des besseren Aussehens halber gewöhnlich eine **Wandschiene** aus breitem Flacheisen an und befestigt diese mit Steinschrauben in der Wand, während der Arm mit der Schiene vernietet oder verschraubt wird. Diese Schiene kann durch Aufrollen an den Enden oder anderweitig selbst wieder verziert werden (Fig. 311). Will man diese Schiene vermeiden, so erscheint

Fig. 313.
Wirtsschild.

es wenigstens angezeigt, diejenigen Stellen, wo die Eisen in die Wand greifen, mit durchlochten Rosetten oder „Manschetten" abzudecken.

Als Material für die Träger verwendet die Renaissance mit Vorliebe Rundeisen, die Barockzeit aber Vierkanteisen (Fig. 312). Blätter und andere Zuthaten werden aus Blech getrieben oder aus dem Stück geschmiedet.

Abzeichen, wie Schlüssel, Stiefel, Schiffe, Kronen, Kannen etc. werden gewöhnlich aus einzelnen Teilen getrieben und zusammengenietet (Fig. 309). Ein gleiches gilt für einfach geformte Tiere wie Fische, Schwäne u. a. Nur dünnleibige Gestalten, wie die Eidechse der Figur 313 werden wohl auch aus dem Stück geschmiedet. Menschliche Figuren, Engel, heraldische Adler, Löwen und andere reich geformte Figuren werden meist aus Blech in lebhaften Umrissen ausgeschnitten und entsprechend bemalt, wie bereits erwähnt. Für diese Dinge muss dann ein passender Rahmen geschaffen werden, in welchem sie unterkommen. Gewöhnlich hat er die Form von Ringen, Kränzen oder Kartuschen (Fig. 309, 310 und 314).

Die Schriftschilder werden aus Blechtafeln geschnitten und gewöhnlich am Rande durch aufgenietete Flacheisen oder kleine Winkel- oder T-Eisen verstärkt. Es gilt dies namentlich für einfache rechteckige Formen. Reichere Schildformen werden als Kartuschen behandelt, mit Voluten, Ranken und ausgerollten Teilen geschmückt (Fig. 315).

Fig. 314.
Kartusche zur Aufnahme eines Abzeichens.

Die Befestigung des Schildes mit dem Wandarm geschieht selten durch loses Einhängen. Um das Baumeln im Winde zu verhindern, wählt man meist eine feste Verbindung etwa nach Figur 311. Auch da, wo scheinbar durch Einhängeringe eine lose Verbindung erstrebt ist, empfiehlt es sich aus genanntem Grunde, die Verbindung thatsächlich durch Vernietung oder Verschraubung zur festen zu machen. Man kann auch das Schriftschild längs seiner Oberkante mit dem Haupteisen des Armes vernieten (Fig. 316). Dieses Beispiel zeigt auch hübsche Endigungen für die Wandschiene.

Auf den Tafeln 74 bis 78 bringen wir eine Anzahl von Wandarmen zur Abbildung, wie sie hauptsächlich unseren heutigen Anforderungen entsprechen dürften. Nebst den Figuren im Text wird hiermit ein genügendes Vorbildermaterial gegeben sein. Die Eisenstärken für die Ausführung richten sich in erster Reihe nach der für die Schilder und Arme gewählten Grösse, die für gewöhnlich eine Ausladung von 2,5 m nicht übersteigt.

Fig. 315.
Modernes Aushängeschild.

Ueber die Wandarme zu Beleuchtungszwecken wird weiter unten zu reden sein.

Ganz kleine Wandarme, wie sie zum Aufhängen von Blumenampeln und anderen Gefässen oder von Barbierbecken und ähnlichen Abzeichen dienen, gestaltet man nach Formen, wie sie die Figur 317 zusammenstellt.

XV. FIRSTKRÖNUNGEN, WETTERFAHNEN UND BLITZABLEITER.

(Tafel 79 bis mit 83).

Diese an und für sich verschiedenen Dinge mögen in demselben Abschnitt untergebracht werden, weil sie alle als krönende Abschlüsse der Dächer Verwendung finden, teils zum Zwecke der Verzierung, teils aus Gründen der Nützlichkeit.

1. Firstkrönungen.

Die in Frankreich weit mehr übliche Sitte, die Firstlinien der Dächer mit schmiedeisernen Krönungen zu versehen, steht bei uns ziemlich vereinzelt da, so dass wir uns kurz fassen können. Diese fortlaufenden Verzierungen haben nur dekorativen Zweck. In grossen Städten dienen sie gelegentlich auch zur Anbringung von Reklameschriften. Diese Krönungen haben das ungefähre Aussehen von Grabeinfriedigungen oder anderen niedrigen Geländern und es können die auf Tafel 79 dargestellten Firstkrönungen ganz wohl auch als Geländer gefertigt werden, während umgekehrt manches unter den weiter oben gebrachten Geländergittern auch als Firstkrönung dienen kann.

Die Ausführung dieser Krönungen bietet nichts Neues. Ihre Befestigung mit dem Dach erfolgt in der Weise, dass in passenden Abständen stärkere Quadrateisenpföstchen durch die Dachdeckung hindurchgreifen und an der Holzkonstruktion des Daches festgeschraubt werden, etwa wie es die Figur 318 im Text angiebt. Die gleiche Figur zeigt auch, wie das Unterteil des Quadrateisens mit einem Mantel aus Walzblei zu umgeben ist, um die Durchbohrungen der Dachfläche gegen das Eindringen von Regen- und Schneewasser abzudecken. Um dieses Verfahren nicht zu oft wiederholen zu müssen, können die kleineren Stäbe in eine Längsschiene oder ein ⊓-Eisen eingezapft werden, die von einem Pföstchen zum anderen laufen. Es können unter Umständen auch Schornsteine, Giebelaufsätze, Blitzableiter und Wetterfahnen zur Befestigung und Absteifung der Firstkrönungen benützt werden, je nach Art der Architektur und Dachanlage. Unter allen Umständen aber ist eine genügende Befestigung unbedingt notwendig, weil diese Dinge selten nachgesehen werden und beim etwaigen Herunterfallen Schaden und Unheil anrichten können.

2. Wind- oder Wetterfahnen.

Wie der Name sagt, sind dieselben bestimmt, die Windrichtung anzugeben und damit einen Schluss auf das Wetter zu gestatten. Was sie in dieser Hinsicht leisten, ist im allgemeinen ziemlich zweifelhaft und jedenfalls stehen der heutigen Zeit viel zuverlässigere Beobachtungs-

Fig. 316.
Aushängeschild von Architekt Crecelius.

arten zu Gebote. Dagegen gereichen die Wetterfahnen den Gebäuden zum Schmuck und dies ist wohl der Hauptgrund, weshalb sie besonders auf Zelt- und Turmdächern, sowie auf Giebelspitzen gerne angebracht werden und auch vom Mittelalter ab stets angebracht worden sind (Fig. 319).

Im allgemeinen besteht die Wetterfahne aus zwei Teilen, der Stange und der eigentlichen Fahne. Die erstere ist meist ein Rundeisen, welches nach oben in eine Spitze, eine Lilie oder Blume endigt, im übrigen Teil passend durch Ranken und übergeschobene Rotationsformen aus gedrücktem Zinkblech oder aus Gusseisen verziert wird. Um grössere Stangen leichter und weniger schwankend zu gestalten, benützt man neuerdings gerne auch eiserne Röhren, in welche die eigentliche Spitze eingeschraubt oder vernietet wird (vergl. Blitzableiter, Taf. 83). Auch bezüglich der Befestigung der Stange am Holzwerk des Daches kann jene Tafel als Anhalt dienen. Auch hier ist für ausreichende Befestigung und für ein ordentliches Abbinden mit Zink- oder Bleiblechen unter Hilfe von Verlötung zu sorgen. Kleine Wetterfahnen werden nach Figur 318 befestigt.

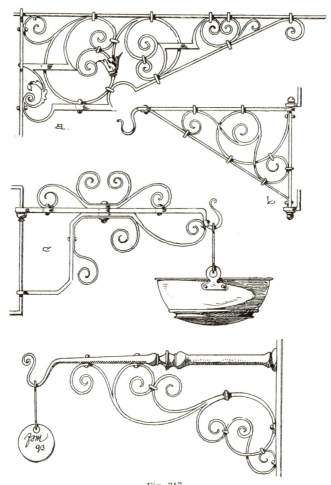

Fig. 317.
Kleinere Wandarme zu verschiedenen Zwecken.

Die Fahne ist aus starkem, aber doch nicht zu schwerem Eisenblech, oder besser Kupfer- oder Zinkblech zu gestalten. Man giebt ihr durch Ausschneiden einen wirksamen Umriss und versteift sie, indem man die Längsränder um dünne Rundeisenstäbe oder starke verzinnte Drähte umbiegt. Diese Rundeisenstäbe werden mit Vorteil über die Axe der Fahne nach der anderen Seite verlängert und dort mit Knöpfen etc. beschwert, damit die ganze Fahne eine Gleichgewichtslage annimmt, was die Drehung wesentlich erleichtert. Man kann die Rundeisenstäbe der Fahne sauber durchlochen, so dass diese, auf einer Stauchung der Stange aufliegend, drehbar wird. Besser ist es aber, eine cylindrische Hülse anzubringen, welche sich um die

Stange herumlegt, wie es auf Tafel 82 verzeichnet ist. Man kann die Stange als Dorn gestalten und die Krönung der Fahne beigeben, welche mit der Hülse auf den Dorn gestülpt wird, wobei dann die Hauptreibung auf einen Punkt beschränkt wird. Auch Kugellager und ähnliche Vorrichtungen können dazu dienen, den Gang der Fahne möglichst leicht und geräuschlos zu gestalten, wie eine solide Ausführung sich überhaupt empfiehlt, da ächzende und kreischende Wetterfahnen in stürmischen Nächten nicht gerade zu den Annehmlichkeiten des Lebens gehören.

Gelegentlich wird auch eine Spaltung der Fahne, beziehungsweise eine Anfertigung aus zwei unter einem geringen Winkel zu einander geneigten Blechen beliebt und für reichere

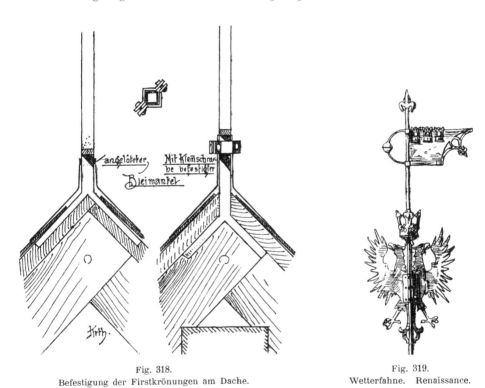

Fig. 318.
Befestigung der Firstkrönungen am Dache.

Fig. 319.
Wetterfahne. Renaissance.

Wetterfahnen verwendet man ausgeschnittene Gockelhähne und andere Tierformen, die dann nicht selten zur Erhöhung der Wirkung vergoldet werden. Auf den Fahnen werden auch gerne die Jahreszahlen der Erbauung oder Buchstaben, Monogramme und Zeichen ausgeschnitten.

Den Stangen giebt man hin und wieder ein Orientierungskreuz mit entsprechenden Buchstaben bei. Es ist auch nur dekorativ aufzufassen, denn wer ohnedies nicht merkt, woher der Wind weht, der wird es auf diese Weise schwerlich herausfinden. Man bildet die Wetterfahne auch mit Vorliebe in der Form eines Pfeiles, dabei deutet der Pfeil aber dann dorthin, wo der Wind herkömmt und nicht wo er hingeht, was mit anderen derartigen Bezeichnungen im Widerspruch steht.

Wo auf Giebeln und ähnlichen Architekturabschlüssen eine genügende Steinbreite zur Befestigung vorhanden ist, da werden auch wohl die Stangen nach unten abgestrebt, wie es die kleinen Figuren auf Tafel 82 zeigen. Wo eine Mitbefestigung am Holzwerk ausgeschlossen ist, da muss dann ein tiefes Einlassen im Stein erfolgen mit einer soliden Verbleiung, da der Wind oft recht bösartig mit den Wetterfahnen zu hausen pflegt. Aus dem gleichen Grunde ist darauf Rücksicht zu nehmen, dass der Wind nicht die Fahne von der Stange abheben und fortschleudern kann.

Im übrigen verweisen wir auf die Tafeln 80 bis 82. Für die Eisen- beziehungsweise Rohrstärke ist die Grösse des Ganzen massgebend, dessen Höhe zwischen 0,5 und 2,5 m sich zu bewegen pflegt.

---

3. Blitzableiter.

Dienen Firstkrönungen und Wetterfahnen vornehmlich zur Verzierung, so gereichen die Blitzableiter dem Hause zum Schutz gegen Feuersgefahr. Es soll hier keine Auseinandersetzung über die elektrischen Erscheinungen und die verschiedenen Ansichten auf diesem vielumstrittenen Gebiete gegeben werden. Sicher ist jedenfalls folgendes: Ein schlechter Blitzableiter ist gefährlicher, als gar keiner. Die Blitzableiter, wenn sie gut sind, führen den Austausch der elektrischen Spannung durch unbemerktes Ausströmen herbei. Sie nützen also, besonders wo sie in grosser Zahl vorhanden sind, schon mittelbar auf diese Weise. Unmittelbar aber sollen sie den Blitz, wenn er je das Haus trifft, auffangen und unschädlich zur Erde leiten.

Ein Blitzableiter besteht aus drei Teilen, der Auffangstange, der Ableitung und der Bodenleitung.

a) Die Auffangstange mit Spitze. Von gewöhnlichen Gebäuden und von der Ebene gesprochen, sind die Auffangstangen auf den höchsten Stellen des Gebäudes anzubringen. Ob deren eine genügt, oder ob mehrere nötig sind, hängt von der Ausdehnung des Gebäudes und der Höhe der Stangen ab. Man nimmt an, dass alles, was innerhalb eines Schutzkegels liegt, welcher gebildet wird durch allseitig von der Spitze abfallende Linien unter 45° (Taf. 83, unten) genügend gesichert ist. Diese Annahme ist ziemlich willkürlich, da gar viele Umstände, wie die Lage und Umgebung des Gebäudes, die bei einem Gewitter gerade vorhandene Boden- und Luftfeuchtigkeit u. a. wesentlich mitsprechen. Die einen ziehen vor, viele kleinere Auffangstangen über das Gebäude zu verteilen, während andere weniger, aber um so höhere Stangen anordnen. Aus technischen Gründen sollte man die Stangen nicht höher als 5 m machen. Die Entfernung zweier Stangen sollte, wenn man ganz sicher gehen will, die doppelte Höhe nicht überschreiten.

Die Auffangstange, welche nicht als Leitung, sondern nur zur Befestigung der Leitung und Spitze dient, kann von Rund- oder Quadrateisen sein; besser sind jedoch verzinkte (galvanisierte) Wasserleitungsröhren von 50 mm Weite. Man kann die Stange zweckmässig aus zwei Rohrstücken zusammensetzen, wie es die Tafel 83 zeigt, aus der auch die Befestigung am Holzwerk des Daches ersichtlich ist.

Die Spitze ist ein wichtiger Bestandteil und erfordert alle Aufmerksamkeit. Sie soll blank und scharf sein, aber nicht zu dünn und schlank, um nicht abgeschmolzen zu werden. Sie soll aus einem Metall bestehen, welches luftbeständig, möglichst schwer schmelzbar und gut leitend ist. Platin ist das beste Material, aber auch das teuerste. Silber leidet zu sehr unter den schwefelhaltigen Kohlengasen der Schornsteine. Man verwendet deshalb mit Vorliebe gut vergoldete Kupferspitzen von etwa 20 cm Länge bei einem Verhältnis zur Dicke und Zuspitzung, ungefähr wie es die Tafel zeigt. Die Spitze wird der Auffangstange aufgeschraubt, während die Leitung in eine Aushöhlung der Spitze mit Hartlot tadellos zu verlöten ist.

b) **Die Ableitung.** Man hat dieselbe früher aus Flacheisen gefertigt, hat dann das mehrfach besser leitende Kupfer bevorzugt und zwar in der Form von Draht oder Seil, neigt sich aber neuerdings wieder dem Rundeisen zu. Einem Kupferdraht von 8 oder 9 mm Stärke entspricht eine Rundeisenstärke von 26 bis 18 mm und ein Flacheisen von 30 auf 8 bis 10 mm. Der Kupferdraht und das Kupferseil ermöglichen eine bequemere und leichtere Führung und Anbringung als das Rundeisen. Das Seil hat dem Draht voraus, dass eine völlige Unterbrechung der Leitung durch zufälliges Schadhaftwerden weniger leicht eintritt. Die Kupferseile bestehen aus 9 bis 12 Drähten von 2 bis 3 mm Dicke.

Die Leitung wird von der Spitze ab zunächst durch das Rohr der Auffangstange geführt und tritt durch eine Durchbohrung desselben etwa 15 bis 20 cm über der Dachfläche aus demselben aus. Ist nur eine Auffangstange vorhanden, wie z. B. auf Türmen, so wird die Leitung auf dem kürzesten Wege zum Boden geführt. Sind verschiedene Auffangstangen vorhanden, so werden sie zunächst durch eine Firstleitung unter sich verbunden; als Träger des Drahtes oder Seiles benutzt man Stützkloben nach Figur 320 im Text, alle 2 bis 3 m anzubringen. An die Firstleitung schliesst sich die Ableitung an, auf je zwei Auffangstangen kommt eine Ableitung. Wesentlich ist folgendes: **Die Ableitung muss ohne Unterbrechung und ohne Verringerung des Querschnittes von der Spitze zur Erde führen. Alle Verbindungen sollen nur durch Schweissen oder Löten vorgenommen werden.** Kupferdrähte werden zu diesem Zwecke an den Enden auf 15 bis 20 cm flach gehämmert und eben so weit mit Schlaglot verlötet. Drahtseile werden auf 6 bis 10 cm Länge aufgedreht, ineinander geflochten und ebenfalls in allen ihren Teilen auf diese Länge verlötet.

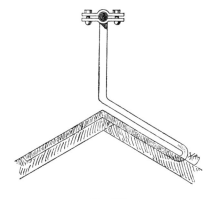

Fig. 320.
Träger der Firstleitung für Blitzableiter.

Die Ableitung wird auf dem zweckmässigsten und kürzesten Wege zur Erde geführt, von den Dachflächen und Mauern einen Abstand von 10 bis 20 cm haltend und alle 2 bis 3 m getragen durch besondere Stützkloben mit Klemmschrauben (Draht- oder Seilträger). Wie diese Träger für Schiefer- und Zinkdeckung, sowie für das Mauerwerk gebildet und wie sie befestigt werden, zeigen drei Figuren unserer Tafel. Eine Isolierung der Träger ist nicht nur unnötig, sondern unvorteilhaft, weil sie den unmerkbaren Spannungsaustausch der Elektrizität hindert. Scharfe Umbiegungen der Leitung sind zu vermeiden. Man wählt Bogen von etwa 40 cm Halbmesser. Diese Biegungen kommen gut zu statten, wenn infolge des Temperaturunterschiedes die Leitungen sich verkürzen und verlängern. Am Sockel des Gebäudes wird die Leitung zum Schutze in ein Wasserleitungsrohr eingeführt, welches etwa 2 m über den Boden reicht.

Es ist ganz besonders zu empfehlen, alle grösseren Metallmassen eines Gebäudes, also Firstkrönungen, Dachdeckungen, Reservoirs, Wasser- und Gasleitungen, Dachkanäle etc. an die Ableitung durch Verlötung von Verbindungsseilen oder Verbindungsdrähten anzuhängen und zwar in der Richtung nach abwärts. Das hat unläugbare Vorteile, sowohl für den stillen Austausch als für etwaige Blitzschläge.

c) **Die Bodenleitung oder Erdleitung** erfordert ebenfalls alle Vorsicht. Trockener Boden leitet schlecht; die Erdleitung muss also tief genug geführt werden, um jederzeit in Wasser oder feuchter Erde zu endigen. Man führt die Leitung zunächst senkrecht in die Erde und dann im Bogen schräg nach unten etwa 5 m vom Gebäude abführend in das Grundwasser, in einen Teich oder Brunnenschacht (bei Kupferleitung für Trinkwasserbrunnen der Wasservergiftung wegen nicht zulässig). Wo das Grundwasser, wie auf Bergen, nicht zu erreichen ist, wählt man diejenigen Stellen zur Einführung, an denen das Erdreich durch das einsickernde Dachkanalwasser länger feucht gehalten wird, als die Umgebung.

Das Ende der Leitung wird mit einer **Bodenplatte** verlötet (siehe Taf. 83). Für diese Platte empfiehlt sich ein Kupferblech von 2 bis 3 mm Dicke und einer Grösse von $1/4$ bis 1 □ m Flächeninhalt. Von dieser Platte aus kann man nochmals angelötete Drähte in die Erde verteilen. Eisen würde im Boden bald durch Rost zerstört. Es könnten also höchstens galvanisierte Platten dieser Art in Betracht kommen.

Alle Kupferteile sind vor Berührung mit Kalk zu schützen, da sie sonst einer zerstörenden Wirkung ausgesetzt sind. Die Eisenteile sind gegen den Rost durch Anstrich zu schützen, wenn sie nicht schon durch Galvanisierung geschützt sind.

Für Kamine empfiehlt sich, den Blitzableiter nicht über die Axe anzuordnen, weil die Rauchgase der Steinkohle die Zerstörung befördern. Man bringt sie besser am Rand nach der Wetterseite zu an.

Pulvermagazine, chemische Fabriken etc. erhalten gewöhnlich vom Gebäude getrennte Blitzableiteranlagen, welche an Stangen angebracht werden, die das Gebäude überragen.

Gebäude auf Felsvorsprüngen sind je nach Umständen auch von der Seite und nicht bloss von oben her zu schützen.

Die Blitzableiter sind von Zeit zu Zeit, besonders nach schweren Gewittern zu untersuchen. Es sind hierfür besondere Apparate mit Gebrauchsanweisung im Handel.

XVI. ANKER, STREBEN UND ZUGSTANGEN.

(Tafel 84 bis mit 88.)

Wenn diesen Dingen ein besonderer Abschnitt eingeräumt wird, so geschieht es wegen der äusseren Ausstattung, die nicht selten kunstgewerbliche Formen annimmt.

In der Maurer-, Steinhauer- und Zimmerarbeit kommt es häufig vor, dass gewisse Bauteile durch Schmiedeisen verbunden oder verstärkt werden müssen. Zu diesem Zwecke dienen Schlaudern, Anker, Klammern, Schrauben, Bolzen, Hängeeisen, Streben, Zugstangen etc. Ohne auf die mechanischen und technischen Einzelheiten näher eingehen zu wollen, sei bemerkt, dass diese Dinge durch eine etwaige künstlerische Ausstattung keine Schwächung im Material erfahren sollen, die der Festigkeit Eintrag thuen würde. Lochungen sind deshalb den Durchbohrungen vorzuziehen; der Lochung muss nötigenfalls eine Stauchung vorausgehen; Biegungen, ungenügende Auflager, Nietungen etc. an Stellen, die es nicht ertragen, sind zu vermeiden. Kurz gesagt: In erster Reihe tritt die Konstruktion in ihr Recht; die Ausstattung ist willkürliche Zuthat.

Als Anker bezeichnet man u. a. die verzierten Schlüssel, Keile oder Festhaltungen von Schlaudern und Zugstangen; an alten Häusern haben sie nicht selten die Form eines Ankers; daher der Name. Die Ankerform ergiebt sich naturgemäss, wenn ein gespaltener Vorsteckstift mit seinen freien Enden gegen das Herausspielen umgebogen wird. Vielfach aber hat man diesen Ankern an Giebeln und Wänden auch die Form von Ziffern, Monogrammen und Buchstaben gegeben und es ist zweifellos, dass derartige Dinge, richtig gemacht und angebracht, einem Bau wohl zur Zierde gereichen können. Mit der Wiederaufnahme der Renaissancearchitektur sind auch die verzierten Anker wieder zu Ehren gekommen. Je nach Art werden sie in Kant- oder Rundeisen hergestellt, aus dem Stück geschmiedet etc. Wir bringen auf den Tafeln 84, 85 und 86 eine Anzahl der Neuzeit angepasste Beispiele. Die Grösse der Ausführung richtet sich nach den übrigen Verhältnissen der Architektur.

Fig. 321.
Zugstangenverzierung.
Renaissance.

Streben und Zugstangen, wie sie zur Unterstützung, zur Absteifung, zum Zusammenhalten und zum Aufhängen einzelner Bauteile nötig werden, erfahren ebenfalls öfters eine künstlerische Ausschmückung; insbesondere sind hierbei in Betracht zu ziehen die Aufhängestangen und Abstrebungen von Aushängeschildern, Flaggenträgern etc.

Wenn die Streben und Zugstangen bedeutend auf Festigkeit in Anspruch genommen werden, so laufen sie am besten ungeschwächt und ungebogen durch und erhalten rankenartige, durch Bünde befestigte Zuthaten. Anderenfalls braucht dies nicht so scharf eingehalten zu werden, da die Verzierung gewöhnlich auch wesentlich zur Versteifung beiträgt.

Diese Dinge werden in Kant- oder Rundeisen ausgeführt, die Zuthaten auch der Einfachheit halber in Flacheisen. Blumen, Blätter, Rosetten und Knöpfe bilden den weiteren Aufputz. Wir geben auf den Tafeln 87 und 88 eine grössere Zahl hierhergehöriger Beispiele und eines aus alter Zeit in der Figur 321 des Textes.

XVII. TURM- UND GRABKREUZE.

(Tafel 89, 90 und 91.)

Das Kreuz als christliches Symbol ersten Ranges findet in der Kunst vielfach Verwertung, im Material des Schmiedeisens hauptsächlich in Bezug auf Turmkreuze und Grabkreuze.

1. Turm- und Giebelkreuze.

Die Türme und Giebel der Kirchen und Kapellen erhalten nicht selten ihren architektonischen Abschluss, ihre Krönung, in der Form schmiedeiserner Kreuze. Auf den Giebeln entwickelt sich das Kreuz meistenteils in einer Ebene, während auf Türmen auch Kreuze von zentraler Anlage vorkommen, d. h. solche, bei welchen die Seitenarme nicht bloss nach rechts und links, sondern auch nach vorn und rückwärts ausgebildet sind, was natürlicherweise eine reichere perspektivische Wirkung zur Folge hat.

Die Turm- und Giebelkreuze beanspruchen keine feine Ausarbeitung. Blätter, Rosetten und derartige Schmuckteile bleiben am besten fort, da sie auf grössere Entfernung doch nicht gesehen werden. Die Hauptsache ist ein wirksames Rankenwerk und ein guter Umriss.

Die beiden Hauptarme werden aus starkem Quadrateisen gebildet, an der Kreuzungsstelle überkröpft und vernietet oder verschraubt. Die vier Quadranten werden in gleichmässiger Weise mit Ringen, Spiralen und Ranken aus schwächerem Eisen ausgefüllt, die einzelnen Teile unter sich und mit den Hauptarmen durch Bünde oder Vernietung vereinigt. Die Hauptarme endigen in Spiesse, Lilien, Knöpfe oder Blumen; der senkrechte Arm schliesst wohl auch mit einer Wetterfahne oder mit einem Gockelhahn ab und wird am unteren Ende durch Stauchung oder durch Beiziehung von weiteren Eisen verstärkt.

Eine solide Konstruktion und Befestigung ist unter allen Umständen Hauptsache, des dem Wetter und Wind so sehr ausgesetzten Standpunktes wegen. Auf Stein erfolgt ein tiefes Einlassen mit solider Verbleiung; auf dem Holzwerk des Daches erfolgt die Befestigung, wie bei den Blitzableitern angegeben wurde oder indem man den Hauptarm entsprechend spaltet und die einzelnen Gabeleisen in das Gespärre einlässt und verschraubt. Eine genügende Abdeckung mit Blei zum Schutze des Daches ist ebenfalls sehr nötig. Oefters greifen die Turmkreuze nach unten hin in aufgestülpte Rotationskörper aus gedrücktem Zink- oder Kupferblech und häufig dienen die Kreuze gleichzeitig als Auffangstangen der Blitzableiter.

Die Stärke des Eisens richtet sich nach der Grösse des Kreuzes und diese nach den Verhältnissen der übrigen Architektur. Als grösste Höhe kann man etwa 5 m annehmen, was ein Quadrateisen von 50 mm Seite erfordert. Bei Höhen von 4, 3 und 2 m sind Quadrateisen von 45, 40 und 30 mm Seite angezeigt. Das kann nur allgemein und durchschnittlich gelten, da reiche Zuthaten die Kreuze schwerer machen und anderseits Stauchungen und Verstärkungen am

Fig. 322.
Grabkreuz im Kunstgewerbemuseum zu Berlin.
Renaissance.

Fig. 323.
Grabkreuz im Kunstgewerbemuseum zu Berlin.
Renaissance.

Fusse ein Leichtergehen nach oben hin gestatten. Ganz schwere und hohe Turmkreuze hängt man gelegentlich auch zu aller weiteren Vorsicht an Ketten, damit sie, wenn sie je vom Sturm umgerissen werden, doch nicht abfallen können. Da derartige Kreuze selten nachgesehen werden, so empfiehlt sich auch ein bestmöglicher, von Anfang an zu gebender Schutz gegen das Rosten. Auf Tafel 89 sind fünf verschiedene Motive aufgezeichnet, die als Turm- und Giebelkreuze Verwendung finden können und zwar in symmetrischer oder zentraler Anlage.

Fig. 324. Grabkreuz aus Kaltern in Tirol, aufgenommen von F. Paukert.

2. Grabkreuze.

Die schmiedeisernen Grabkreuze sind zur Zeit der Renaissance in allgemeine Aufnahme gekommen; man hat sich derselben bedient bis zu Anfang dieses Jahrhunderts, wie die Barock-,

Fig. 325.
Grabkreuz im Kunstgewerbemuseum zu Leipzig. Barock.

Fig. 326.
Modernes Grabkreuz.

Rokoko-, Louis XVI- und Empirebeispiele unserer alten Friedhöfe zeigen. Später kamen dann die Monumente aus Stein zur Herrschaft, zwischen hinein auch gegossene Kreuze, und erst in allerneuester Zeit fängt man wieder an, auf die alte Sitte zurückzugreifen. Für verhältnismässig wenig Geld lassen sich ganz herrliche Grabzeichen in Schmiedeisen herstellen. Wenn sie anständig behandelt würden, so wären sie auch von grosser Dauer. Leider werden mit den Toten auch ihre Denkmäler bald vergessen.

Die Grabkreuze sind von geringerem Umfange als die Turmkreuze und sie werden aus der Nähe gesehen; deshalb kann man hier viel reicher gehen und in Bezug auf schmückende Zuthaten alle Hilfsmittel beiziehen.

Die gewöhnliche Form ist wieder diejenige des lateinischen Kreuzes in symmetrischer

Fig. 327.
Modernes Grabkreuz.

Fig. 328.
Modernes Grabkreuz.

Anlage. Hinzugefügt wird eine Schrifttafel oder ein verschliessbarer Schriftkasten zur Anbringung des Namens und der Daten. Auch Arme für Kerzen, Wachsstöcke, Weihwasserkessel und zum Aufhängen von Kränzen treten gelegentlich hinzu. Eine Abdeckung der Arme durch ein Dach aus Blech oder Winkeleisen zum Schutze der Kreuze erinnert an die nämliche, vielerorts übliche Ausstattung der Holzkreuze (vergl. Taf. 91 links).

Für die Hauptarme wählt man Quadrateisen von 20 bis 30 mm Stärke oder entsprechend starkes Flacheisen (z. B. 40 oder 50 auf 10 oder 15 mm), für die Ranken und Zuthaten schwächeres

Eisen (Quadrat-, Flach- oder Rundeisen, je nach dem Stil). Der senkrechte Hauptarm wird nach unten durch Stauchung, durch Spaltung oder durch Beigabe weiterer mit ihm zu verbindenden Eisen verstärkt und versteift. Allgemein üblich sind auch schräge Stützstreben auf der Rückseite.

Fig. 329.
Modernes Grabkreuz von E. Bopst in Berlin.

Fig. 330.
Grabkreuz von P. Marcus in Berlin.

Das Kreuz wird in einen Sockelstein tief eingelassen und ordentlich verbleit. Wo der Sockelstein hoch genug und derartig beschaffen ist, dass er die nötigen Inschriften aufnehmen kann, da kann dann die Schrifttafel am Kreuz selbst fortbleiben, so dass also auch die auf Tafel 89 gebrachten Motive als Grabkreuze Verwendung finden können. Im übrigen geben wir auf den

2. Grabkreuze.

Tafeln 90 und 91 einige besonders für diesen Zweck entworfene Kreuze und überdies bringt der Text in den Figuren 322 bis 331 einige weitere Beispiele älteren und neueren Datums.

Fig. 331.
Modernes Grabkreuz.

Die Beigabe des Gekreuzigten, wobei das Kreuz also zum Kruzifix wird, kommt nur vereinzelt vor, da eben der figürliche Teil nicht in Schmiedeisen hergestellt werden kann, sondern in Bronze zu giessen ist. Wir geben in Figur 330 ein reicheres Beispiel dieser Art.

XVIII. TISCHE, STÄNDER, OFENSCHIRME.

(Tafel 92 bis mit 97.)

Diese Gegenstände gehören zur inneren Ausstattung des Hauses, zum Mobiliar und zählen schon deswegen durchschnittlich zu den feineren Schlosserarbeiten. Es werden ja allerdings auch in einfacher und gewöhnlicher Ausstattung Tische, Blumentische, Schirmständer, Betten, Wiegen, Waschtische, Gartenstühle u. a. m. in Schmiedeisen hergestellt. Da ihre Erzeugung aber fabrikmässig betrieben wird, so soll hier nicht näher darauf eingegangen werden. Dagegen wäre noch ein Wort zu sagen über die neuerdings in Aufnahme gekommenen Schenktische aus Schmiedeisen für Gartenwirtschaften. Wie derartige Dinge zweckmässig und zugleich hübsch aussehend gebaut und konstruiert werden können, dafür geben die Tafeln 32 bis 34 einen Anhalt, welche schmiedeiserne Hausthüren aus Blech und Mannstaedt-Eisen darstellen. Auf dieselbe Weise lassen sich die Sockel-, Vorder- und Seitenteile, entsprechend einer gestemmten Schreinerarbeit, gestalten und profilieren. Als Platte zum Aufstellen der Gläser etc. dient ein starkes, glattes Blech, ein Riffelblech oder eine Marmorplatte. Ein derartiges, auf einem Steinsockel aufgestelltes Stück ist auch im Freien sehr haltbar, wenn es ordentlich mit Oelfarbe gestrichen und nicht vernachlässigt wird.

Fig. 332.
Moderner Blumentisch von H. Grisebach.
Ausgeführt von P. Marcus in Berlin.

1. Tische.

Tische in reicherer Schmiedeisenausstattung werden fast nur als Blumentische verwendet, was auch unsere Beispiele der Tafeln 92 und 93 berücksichtigen. Wenn der Korb, der einfassende Kranz weggelassen und an dessen Stelle eine runde, mit Flach- oder Winkeleisen verstärkte Blechplatte aufgesetzt wird, so entsteht der gewöhnliche eiserne Tisch.

1. Tische.

Der Blumentisch ist gewöhnlich von kreisrunder Anlage und erhält dann zweckmässig einen Dreifuss als Gestell. Drei mehr oder weniger geschweifte, stärkere Kant- oder Rundeisen bilden die Hauptträger, werden am oberen Ende durch kreisrund gebogene Zargeneisen verbunden und in ihren Zwischenräumen durch passendes Ranken- und Strebenwerk aus schwächerem Eisen ausgefüllt und abgesteift. Der Kranz oder die Platte erhält entsprechende Bodenrippen und wird mit dem Gestell vernietet oder verschraubt. Der Korb wird gebildet, etwa wie es unsere Abbildungen zeigen oder mit Zuhilfenahme von zierlich durchlochten Gitterblechen. Er erhält einen

Fig. 333.
Ständer im Museum zu Görlitz. Aufgenommen von M. Bischof. Renaissance.

Einsatz aus starkem Zinkblech, weil das Giesswasser die eisernen Bleche bald zerstört, auch wenn sie angestrichen sind. Das Winden der kantigen Stäbe an passenden Stellen macht sich gut und die Anwendung von verziertem Profileisen ist ebenfalls ganz am Platze.

Man kann den Korb anstatt kreisförmig auch als Dreipass durchbilden, wie es die Figur 332 zeigt. Man kann ferner die Träger des Tisches über die Platte weiter führen und so einen Aufsatz zum Aufhängen von Blumenampeln oder zum Anbringen kleinerer Etagenplatten erzielen (Taf. 93 links). Ebenso kann man inmitten des Gestells ein stärkeres senkrechtes Eisen anordnen und nur dieses zur Anbringung eines Aufsatzes durch die Platte weiterführen, wie es das Beispiel der Figur 334 zeigt, das übrigens nicht als Dreifuss, sondern vierteilig gedacht ist. An diesem Beispiel ist ausserdem der Korb drehbar auf Rollen laufend gebildet.

286 XVIII. Tische, Ständer, Ofenschirme.

Für grössere Blumentische, die immerhin nicht unerheblich belastet werden, sind die tragenden Eisen 15 bis 20 mm stark zu nehmen. Für durchgreifende Axen empfiehlt sich Rohr, da es leichter ist und weniger federt als Kant- oder Rundeisen. Auch die Füsse kann man

Fig. 334.
Blumentisch mit Aufsatz und drehbarem Korb.

Fig. 335.
Aquariumständer von F. Miltenberger.

zweckmässig auf Rollen setzen, damit sie beim Schieben den Boden nicht zerkratzen.

Rechteckige Blumentische baut man, wenn sie gewünscht werden, am besten mit zwei Seitenwandfüssen (vergl. Taf. 95, unterer Teil), die durch einen Steg und durch Zargeneisen verbunden werden. Die Gestaltung des Korbes bietet nichts Neues.

2. Ständer.

Als solche bezeichnet man kleine Tische mit Visitenkartenschalen, Fischgläsern, Aquarien, Käfigen, Weinkühlern, Waschbecken, ferner die Träger von: Mulden, Koffern, Kleidern, Schirmen etc. Je nach dem Zwecke sind Grösse, Form und Ausstattung verschieden.

a) Für einzelne Blumentöpfe, Fischgläser, Weinkühler und ähnliche Dinge kleineren Umfanges baut man die Ständer nach der Art kleiner Blumentische als Dreifuss mit Korb oder

Fig. 336.
Kaminständer aus Venedig. Renaissance.

Platte; doch genügt hier gewöhnlich ein starkes tragendes Eisen oder Rohr inmitten des Gestelles, welches sich nach unten hin in drei Einzelfüsse teilt und auch im verzierenden Rankenwerk die Dreiteilung einhält (Fig. 333). Die gewöhnliche Höhe beträgt .70 bis 90 cm. Doch sind auch ausnahmsweise höhere Formen in Uebung, wie der Aquarienständer der Figur 335.

b) Kleider- und Hutständer werden ähnlich gebaut. Ein starkes Kant- oder Rundeisen oder ein Rohr bildet den Schaft. Der Fuss ist wieder dreiteilig oder es wird eine Bodenplatte angeordnet, welche auf drei Knöpfen aufsteht. Oben schliesst sich eine Anzahl von Haken in regelmässiger Verteilung an den Schaft an oder es wird ein ringförmiger Kranz gebildet, an

XVIII. Tische, Ständer, Ofenschirme.

welchem die Haken befestigt werden (vergl. Fig. 111). Die Aufhängehöhe beträgt 1,70 bis 1,80 m, die Gesamthöhe etwa 2 m.

c) Wird mit dem Kleiderständer ein Schirmgestell verbunden, so ist eine Bodenplatte mit Zinkeinsatz erforderlich und etwa 65 cm über dieser wird ein ringförmiger Kranz mit oder ohne Abteilungen zum Einstellen der Schirme und Stöcke angebracht. Derselbe kann unmittelbar am Schaft befestigt oder von unten her durch einzelne tragende Eisen gehalten werden (vergl. Fig. 110). Wird das Schirmgestell nur als solches verlangt, so fällt der Schaft fort oder endigt auf Meterhöhe in einen Griff zum Tragen. Es empfiehlt sich, an Kleider- und Schirmständern alle spitzigen und scharfen Zuthaten zu vermeiden, da die Kleider, Hüte und Schirme anderenfalls leicht Schaden nehmen. Schirmständer kann man nicht blank belassen, da sie, mit dem Wasser in Berührung kommend, alsbald rosten würden. Aus dem gleichen Grunde sollte man Handtuchhalter und Handtuchständer ebenfalls durch Anstrich genügend schützen oder gar nicht in Schmiedeisen fertigen.

d) Kaminständer oder Kaminvorsetzer, auch Feuerböcke genannt, zum Aufhängen der Feuergerätschaften dienend, werden heute, bei uns wenigstens, selten ausgeführt, weil eben die Kaminfeuerung selten ist. In Figur 336 bilden wir einen alten venetianischen Kaminständer ab.

e) Kofferständer, zum Auflegen der Handkoffer dienend, sind hauptsächlich in Gasthöfen zu finden. Sie werden in Holz und in Eisen gebaut und die Ausstattung pflegt über das zwecklich Notwendige gewöhnlich nicht hinauszugehen. Diese Ständer sind 50 bis 70 cm hoch, etwa 50 cm breit und 60 cm lang; sie haben feste vierbeinige Gestelle oder sind als Klappstühle eingerichtet und mit Gurten bespannt. Auf Tafel 94 links ist ein zusammenfaltbarer Kofferträger mit Flacheisengurtung abgebildet, während die rechte Seite der Tafel einen festen Bock und die Mitte ein einigermassen verziertes vierbeiniges Gestell

Fig. 337.
Italienischer Beckenträger. Spätrenaissance.

darstellt. Auf Grund der beigegebenen Einzelheiten dürften diese Dinge ohne weiteres verständlich sein.

f) Muldenständer, zum Tragen eiserner Mulden und emaillierter Wannen bestimmt, kommen für Werkstätten und Fabriken, für Bäckereien etc. zur Ausführung und sind dann gewöhnlich sehr einfach. Für gewerbliche Schulen, für Zeichen- und Modelliersäle, woselbst solche Dinge auch gebraucht werden, kann schon etwas mehr in Bezug auf gefällige Formen geschehen. Da die Länge der Wannen die Breite meist bedeutend übertrifft, so giebt man den Gestellen zwei Stirnwände, verbunden durch Stege und Längszargen. Die Tafel 95 giebt einige hierhergehörige Beispiele.

Bezüglich der eisernen Ständer hat die Renaissancezeit einen grossen Luxus entfaltet, wie zahlreiche Beispiele unserer Museen und Sammlungen darthuen. Insbesondere gilt dies von Italien, wo auch heute noch solche Dinge beliebt sind. Figur 337 giebt einen reichen italienischen Dreifuss aus dem 17. Jahrhundert.

Fig. 338.
Ofenschirm. Entworfen von Direktor Götz, ausgeführt von H. Hammer in Karlsruhe.

3. Ofenschirme.

Eiserne Ofenschirme sind nicht selten, obgleich das Eisen ein guter Wärmeleiter ist, also aus diesem Grunde sich weniger eignet, als Leder, Stoffe, Holz etc. Andererseits aber ist die Feuergefährlichkeit ausgeschlossen und das Schmiedeisen gestattet eine zierliche Rahmenbildung.

Fig. 339.
Ofenschirm von Paul Marcus in Berlin.

Das Ganze besteht aus dem Gestell und dem eigentlichen Schirm. Das Gestell bildet einen viereckigen oder anders geformten Rahmen, welcher sich unten in Füsse auflöst, die breit genug sein müssen, um einen sicheren Stand zu ermöglichen. Man bildet den Rahmen, indem zwei stärkere senkrechte Eisen durch Querverbindungen abgesteift werden (Taf. 96 links und

3. Ofenschirme.

Taf. 97 mitten) oder man gestaltet den Rahmen aus durchbrochenen Friesen und schraubt oder nietet die für sich gebildeten Füsse an den Rahmen fest (Taf. 96, mitten) oder man versteift die Blechtafel des Schirmes am Rande mit Winkel- oder Ziereisen, so dass besondere Träger überflüssig fallen (Taf. 97, links und rechts).

Der eigentliche Schirm ist eine Blechtafel, welche nachträglich lackiert oder bemalt wird. Des besseren Aussehens halber und der Versteifung wegen werden dem Rande entlang profilierte Eisenstäbe aufgenietet. Für reichere Schirme werden auch gelegentlich getriebene Kupferbleche verwendet (Fig. 339) oder es werden Malereien und Stickereien, getriebene Ledersachen oder durch Anbrennen verzierte Holztafeln mit verwendet (Fig. 338).

Einen zweckentsprechenden, aber auch schweren Schirm würde man erhalten, wenn der Raum zwischen zwei Blechtafeln mit einem schlechten Wärmeleiter, z. B. Asche oder Schlackenwolle, ausgefüllt würde. Die Eisenstärken richten sich nach der Grösse des Schirmes, dessen Höhe zwischen 1 und 2 m schwankt.

XIX. BELEUCHTUNGSGERÄTE.

(Tafel 98 und 99).

Für das in vielerlei Formen auftretende Beleuchtungsgerät ist das Schmiedeisen ein vorzügliches Material, da es die Feuergefährlichkeit ausschliesst, und wenn auch Bronze und Messing durchweg eine bessere Wirkung ergeben und überhaupt vornehmer sind, so hat das Eisen wiederum den Vorzug der Billigkeit. So finden sich denn vom Mittelalter ab durch alle Stile schmiedeiserne Kandelaber, Standleuchter, Handleuchter, Kronen, Laternen und Wandarme für Kerzen- und Oelbeleuchtung. Aber auch das neuzeitige Gas und sogar das elektrische Licht haben das Schmiedeisen als Träger nicht verschmäht, sei es in ihrer Anwendung im Freien oder im Innern der Gebäude. Die Beispiele, die wir zur Illustration dieses Abschnittes beigeben, sind teils für die eine, teils für die andere Beleuchtungsart veranlagt. Es werden sich aber fast allenfalls mit Leichtigkeit die Abänderungen auch für andere Zwecke bewerkstelligen lassen.

1. Standleuchter.

Standleuchter, hauptsächlich als Kerzenträger gebaut, treten frühzeitig im Dienste der Kirche auf. In Palästen und im bürgerlichen Hause sind sie hauptsächlich für Treppen und Vorräume verwendet. Ihre Grösse ist dementsprechend schwankend; ebenso die Kerzenzahl. Die Standleuchter bestehen für gewöhnlich aus einem genügend starken Schaft, der sich nach unten in einen dreiteiligen Fuss des sicheren Standes halber teilt und nach oben hin in symmetrischer oder zentraler Anlage mehr oder weniger Arme aufweist oder sich kapital- oder kelchartig für eine Flamme zuspitzt. Die alten Leuchter zeigen zur Aufnahme der Kerzen gewöhnlich zugespitzte Dorne auf einer Abtropfplatte; neuerdings sind Hülsen zum Einstecken der Kerzen bevorzugt (Fig 340 und 341 im Text und die Beispiele der Taf. 98). Die letzteren sind bloss in symmetrischer Anordnung aufgezeichnet, aber zentral gemeint, d. h. die betreffenden Arm- und Fussteile sollen regelmässig um den Schaft verteilt, sich drei-, vier-, fünf- oder sechsmal anordnen, je nachdem eine einfachere oder reichere Wirkung erzielt werden soll.

Grosse und reiche Standleuchter bezeichnet man meist als Kandelaber, wie ein solcher in Figur 342 zur Abbildung gelangt. Die Kandelaber werden auf steinernen Sockeln befestigt. Während diese Kandelaber für Gärten, Brücken, Theater etc. oft mehrere Meter hoch gehalten werden und die Standleuchter der Kirchen und Treppenhäuser eine durchschnittliche Höhe von 1,5 m haben, so kommen auch niedrige, tragbare Formen vor (Fig. 343), die jedoch heute im Materiale des Schmiedeisens seltener gefertigt werden, als ehedem. Sollen die Kandelaber, denn

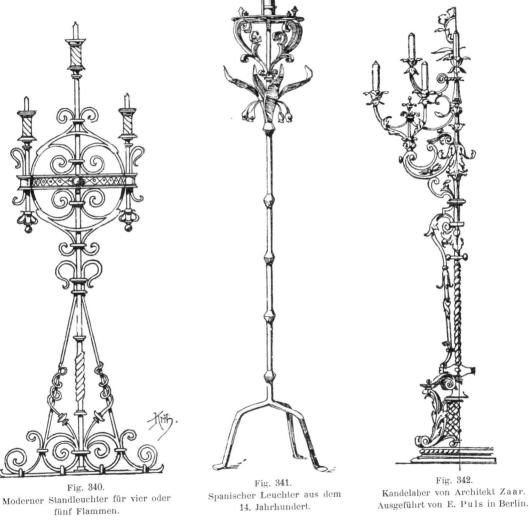

Fig. 340.
Moderner Standleuchter für vier oder fünf Flammen.

Fig. 341.
Spanischer Leuchter aus dem 14. Jahrhundert.

Fig. 342.
Kandelaber von Architekt Zaar.
Ausgeführt von E. Puls in Berlin.

nur diese kommen in Betracht, für Gasbeleuchtung eingerichtet werden, so wird der Schaft ein Rohr, von dem sich weitere Röhren als Arme abzweigen, wobei alles natürlich ordentlich gedichtet werden muss, was durch Einschrauben unter gleichzeitiger Verkittung erfolgt.

2. Handleuchter.

Kleine, tragbare Handleuchter mit Griff und meist für eine Kerze bestimmt, sind zur Zeit der Renaissance ausserordentlich häufig, von originellen Formen und mit sinnreichen Einrichtungen zum Festhalten und Nachschieben der Kerzen versehen. Derartige Handleuchter aus Schmiedeisen sind heute merkwürdigerweise wieder ziemlich in Mode, offenbar mehr ihrer Origi-

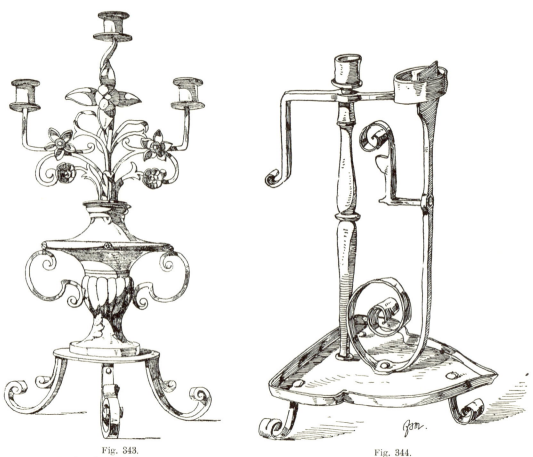

Fig. 343.
Dreiarmiger Barockleuchter.

Fig. 344.
Alter Handleuchter aus Villingen.

nalität als Zweckmässigkeit halber. Wir geben in den Figuren 344 und 345 zwei alte Beispiele, das eine zum Stellen, das andere zum Hängen eingerichtet und in den Figuren 346 und 347 zwei neuzeitige Entwürfe für Handleuchter. Die letzteren sind ungefähr in der Ausführungsgrösse aufgezeichnet. Diese Handleuchter werden gewöhnlich mit Oel schwarz abgebrannt, was dem Zwecke auch ganz gut entspricht, da sie doch nur schwer blank gehalten werden könnten.

3. Wandleuchter.

Sie werden an Wänden, Pfeilern, Säulen und Pilastern angebracht als bewegliche oder feste Arme. Sie werden für eine Flamme oder für deren mehrere eingerichtet und für alle vorkommenden Beleuchtungsarten verwendet. Für Kerzenbeleuchtung werden sie mit Dornen oder Hülsen versehen, für Oelbeleuchtung endigen sie in einen Ring oder eine Hülse zum Einsetzen

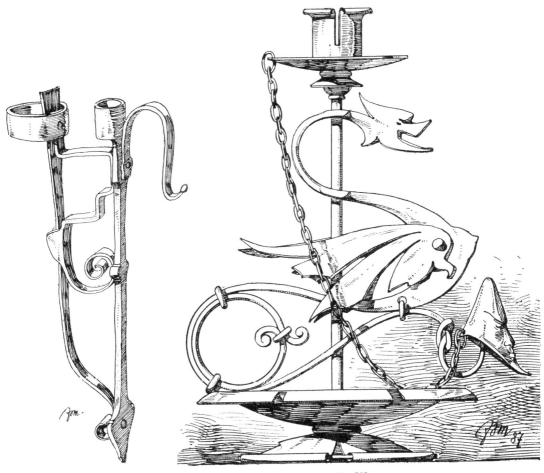

Fig. 345.
Alter Handleuchter zum Aufhängen.

Fig. 346.
Moderner Handleuchter.

der Lampe; für Gasbeleuchtung wird ein Rohr als Zuleitung zum Brenner nötig. Auch zum Aufhängen von Ampeln werden die Wandarme ausgenützt. Die Grösse ist je nach Art und Flammenzahl verschieden; der Klavierleuchter einerseits und der Strassenwandarm anderseits bilden etwa die Grenzen.

Sollen die Wandarme beweglich sein und ausser Gebrauch ausgehängt oder an die Wand zurückgedreht werden können, so werden sie mit Oesen versehen in Kloben gesteckt oder umgekehrt (Fig. 348, 349 und 350). Werden die Wandleuchter fest angeordnet, so sitzt der Arm gewöhnlich zunächst auf einer Schiene oder Kartusche und wird mit dieser an der Wand befestigt (Fig. 130).

Sollen mehrere Flammen angeordnet werden, so teilt sich der Arm in verschiedene

Fig. 347.
Moderner Handleuchter von A. Haas.

Unterarme oder die Dorne, beziehungsweise Hülsen, werden in Gruppen auf einen gemeinsamen Teller gesetzt (Fig. 115).

Die Stärke des Eisens richtet sich nach der Grösse und die Ausstattung nach dem Stil des übrigen. Neben ganz einfachen, nur dem Zweck dienenden Wandleuchtern kommen für

Kirchen, Theater, Treppenhäuser etc. auch reichere Beispiele zur Ausführung. (Fig. 351, 352 und 353.) Schwarz abgebrannt mit stellenweiser Vergoldung sehen derartige Dinge ganz hübsch aus.

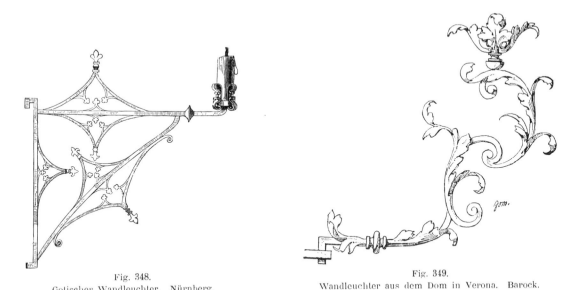

Fig. 348.
Gotischer Wandleuchter. Nürnberg.

Fig. 349.
Wandleuchter aus dem Dom in Verona. Barock.

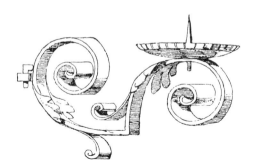

Fig. 350.
Wandleuchter, Nationalmuseum in München. Barock.

4. Laternen und Hängelampen.

Laternen sind kastenartige Lichtbehälter von cylindrischer, prismatischer oder umgekehrt kegel- oder pyramidenartiger Grundform. Sie sind zum Schutze gegen den Wind verglast und werden hauptsächlich im Freien, in Vorhallen, Treppenhäusern, Gängen etc. angebracht. Sie sind schon frühzeitig in Gebrauch gekommen, wie die übrigens offene und unverglaste gotische Laterne der Figur 132 zeigt. Zur Renaissance- und Barockzeit waren Laternen mit Butzenscheibenverglasung ein viel verwendetes Beleuchtungsgerät. Derartige Dinge, mehr oder weniger sich an alte Vorbilder anlehnend, sind neuerdings wieder vielfach im Gebrauch in sog. altdeutschen

Einrichtungen und im Zusammenhang mit Wirtsschildern, wo dann die Verglasung häufig farbig gehalten wird (Fig. 355).

Der Boden und das Dach der Laterne werden aus Blech gebildet. Das Gerippe für die Verglasung wird mit Vorteil aus sog. Laterneneisen (vgl. Abschn. I, S. 20, Fig. 9c) hergestellt. Die übrigen Zuthaten sind Rankenwerk, getriebene Arbeit. Die Laterne bedarf einer Thür, wozu ein Feld der Verglasung mit Scharnieren und Einreiber- oder Stangenverschluss (Etuiverschluss) eingerichtet wird. Es muss für einen ordentlichen Abzug der Rauchgase gesorgt werden, wozu ein durchbrochener, kaminartiger Aufsatz dient. Aufgehängt wird die Laterne an Ketten, die ebenfalls verzierte Formen annehmen können. Auf dem Boden der Laterne wird ein Dorn, eine Hülse oder eine andere Vorrichtung zur Aufnahme des Lichtes angebracht.

Fig. 351. Wandleuchter von Paul Marcus in Berlin.

Fig. 352. Wandleuchter für elektrisches Licht von Paul Marcus in Berlin.

Die modernen Hängeampeln, die auch gelegentlich in Schmiedeisen hergestellt werden, sind entweder aufgehängte Schalen und Becken mit entsprechender Rankenverzierung und offenem Licht oder es findet eine Abdeckung mittels Milchglasglocke statt. Da von einer Thüre hier nicht die Rede sein kann, so wird der obere Teil zum Abnehmen eingerichtet oder er hängt an einer Kette und kann mit dieser in die Höhe gezogen werden. Diese gewöhnlich in anderem Material hergestellten Dinge sind allgemein bekannt. Bei einer Herstellung in Schmiedeisen ist nur die Fassung der käuflichen Teile entsprechend zu ändern.

Dass auch Laternen und Hängelampen mit Wandarmen in Verbindung gebracht werden, ist bereits angedeutet worden.

5. Hängeleuchter, Kronleuchter.

Der Umstand, dass bewegliche Standleuchter der Gefahr des Umgeworfenwerdens ausgesetzt sind, hat schon frühzeitig zur Anwendung der Hängeleuchter geführt. Die einschlägigen Geräte des Mittelalters hatten durchschnittlich die Form radförmiger Ringe, an Ketten hängend, daher die allgemein auch heute noch übliche Bezeichnung Kronleuchter (vergl. Fig. 354).

Fig. 353.
Moderner Wandleuchter.

Fig. 354.
Renaissance-Kronleuchter.

Während die Kronleuchter früher hauptsächlich in Kirchen und anderen öffentlichen Gebäuden aufgehängt wurden, gehören sie heute zur Ausstattung jedes besser eingerichteten Hauses. Allerdings wird im allgemeinen dem Material des Messings der Vorzug gegeben, aber für Wirtslokale und ähnliche Räumlichkeiten sind doch auch vielfach schmiedeiserne Kronleuchter im Gebrauch, die schwarz abgebrannt oder gestrichen in Verbindung mit blanken Kupfer- oder Messingteilen nicht schlecht aussehen. Auch vernickelte Erzeugnisse dieser Art haben sich eingeführt.

Die Kronleuchter werden hauptsächlich für Kerzen- und Gasbeleuchtung gebaut. Im letzteren Fall wird die Hauptanordnung durch die für die Gaszuführung erforderlichen Rohrteile bedingt. Auch für elektrisches Licht verwendet man Rohr, um in demselben die Leitungsdrähte unterzubringen. Während Kerzen und Gasbrenner auf der Oberseite der Arme anzubringen sind, können die Glühlichter mit Vorteil nach abwärts gerichtet werden, wobei dann keine oder weniger störende Schatten entstehen (Fig. 352).

Fig. 355. Laterne von E. Bopst in Berlin.

Fig. 356. Gaskrone.

Fig. 357. Gaskrone.

Ein senkrechtes Eisen oder Rohr bildet den Schaft, von dem sich die Arme (gewöhnlich 3 bis 6) abzweigen, um in Kerzen, Hülsen oder Gasbrenner zu endigen. An der Stelle der Abzweigung wird gerne ein sog. Teilungskörper, ein kugel- oder gefässförmiger Teil eingeschoben, in welchen die einzelnen Röhren sich verschrauben und verkitten. Für Gas wiederholen sich kleinere Teilungskörper an den Enden der Arme. Das übrige ist dekorative Zuthat. Grosse Kronleuchter werden auch so gebaut, dass die Arme in mehreren Etagen entsprechend verschränkt angeordnet werden. Doch gilt dies weniger für schmiedeiserne Kronen.

Fig. 358.
Hängeleuchter. Ausgeführt von F. Lang in Karlsruhe.

Kronleuchter für Kerzen können an Ketten aufgehängt und zum Herablassen eingerichtet werden. Für Gaskronen wird das Rohr bis zur Decke geführt und die erforderliche Beweglichkeit durch Kugelgelenke und Stopfbüchsen erreicht.

Auf Tafel 99 bringen wir einige Entwürfe zu eisernen Kronen und zwei weitere in den Textfiguren 356 und 357. Zwei ziemlich ähnlich aussehende Kronleuchter reicherer Ausstattung, nach den fertigen Stücken photographiert und durch Autotypie wiedergegeben, sind nach Entwürfen der Karlsruher Kunstgewerbeschule ausgeführt worden (Fig. 358 und 359).

Die sog. Lichterweibchen, d. s. in Holz geschnittene weibliche Halbfiguren, bemalt und

Fig. 359.
Hängeleuchter. Ausgeführt von H. Hammer in Karlsruhe.

in Fischschwänze oder Hirschgeweihe auslaufend, waren seiner Zeit ein beliebter Schmuck für Rats- und Innungsstuben und werden heute wieder vielfach nachgeahmt. Diese originellen und höchst wirksamen Hängeleuchter bieten ausser den Aufhängeketten für die Schmiedeisentechnik kein Feld.

XX. VERSCHIEDENES.

(Tafel 100.)

Im letzten Abschnitt dieses Buches mögen noch einige Dinge besprochen werden, die in den vorhergehenden nicht einzureihen waren.

1. Flaggenhalter.

Wie die Auffangstangen der Blitzableiter gleichzeitig als Flaggenhalter benützt werden können, zeigt die Tafel 83. Das Rohr ist zu diesem Zwecke mit zwei Rollen zu versehen, über welche ein endloses Seil läuft, an dem die Flagge befestigt wird und aufgezogen oder eingehisst werden kann.

Zum Aufstecken der Flaggen an Säulen, Eckpfeilern, in Nischen, an Wänden und anderen Gebäudeteilen können ebenfalls schmiedeiserne Halter dienen. Es sind zu diesem Zwecke Ringe oder ein Rohr anzubringen, in welche der Flaggenschaft eingeschoben und auf diese Weise gehalten wird. Grosse Flaggen erfordern eine solide Konstruktion des Halters, dessen Enden je nach Umständen mit Zugstangen oder Streben abzusteifen sind.

In Figur 360 bilden wir einen alten Flaggenhalter aus Siena ab, dessen Konstruktion ohne weiteres verständlich ist. Derartig schwere, aus dem Stück geschmiedete Halter dürften heute allerdings selten vorkommen und bei leichteren Konstruktionen verwendet man eben auch kleine und leichte Flaggen, womit sich die Sache ausgleicht.

Ein modernes Beispiel giebt die Figur 361. Die zur Versteifung erforderlichen beiden Aufhängestangen sind auf der Zeichnung fortgelassen. Dieser Halter sitzt zunächst auf einem Schienenkreuz aus starkem Flacheisen und ist mit diesem in den Stein befestigt. Ausserdem greift der eigentliche Flaggenträger tief in die Wand ein.

2. Glockenträger.

In alten Kirchen, Kapellen, Sakristeien und Klostergängen, weniger in Privatbauten finden sich nicht selten zierliche Glockenträger und Glockenstühlchen aus Schmiedeisen. Gewöhnlich ist die Glocke vermittels einer Welle, an welcher sie befestigt ist, in einem viereckigen Rahmen

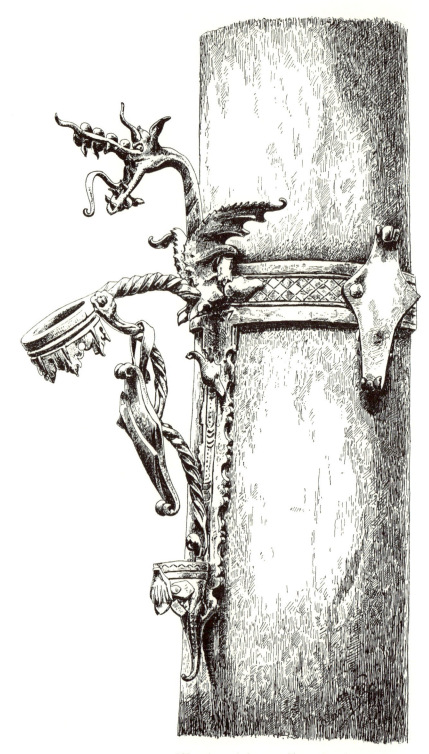

Fig. 360. Flaggenhalter aus Siena. Renaissance.

3. Brunnenverzierungen.

aus Quadrat- oder Flacheisen beweglich. Der Rahmen wird, senkrecht zur Wand stehend, an dieser befestigt und im übrigen mit Rankenwerk verziert. Ueber dem Fensterkorbgitter der Figur 112 sind zwei sehr hübsche Glockenträger aus Goisern im Salzkammergut abgebildet, beide der Renaissancezeit angehörig. Ein etwas späteres Stück dieser Art geben wir ausserdem in der Figur 362.

Auch den Glockenzügen wurde eine besondere Aufmerksamkeit geschenkt, sowohl in Bezug auf solche, die zu den vorgenannten Glockenstühlen gehören, als auch auf die gewöhn-

Fig. 361. Moderner Flaggenhalter.

lichen Klingelzüge der Hausthüren. In Nürnberg und anderorts sind viele derartige Gegenstände erhalten und im Gebrauch. Der Zug ist meist ein Rundeisen, welches nach unten in einen Ring oder Knopf zum Anfassen endigt, am oberen Ende mit einer zierlichen Blume abschliesst und im übrigen mit Pflanzenranken und Bandschleifen umwunden ist oder in irgend anderer Weise eine entsprechende Verzierung erhält.

3. Brunnenverzierungen.

Auch die Brunnen haben früheren Zeiten Veranlassung geboten zu allerei Ausstattungen und Zuthaten in Schmiedeisen. So wurden die Zisternen und Brunnenschachte nicht selten überdacht und mit geschmiedeten Baldachinen abgedeckt. Ein reiches derartiges Beispiel aus Steiermark zeigt die Figur 364. In diesen Kronen wurden dann die Rollen mit den Ziehketten aufgehängt oder die mit Kurbeln in Bewegung zu setzenden Räderwerke untergebracht.

Auch die Pumpbrunnen mit ihren hölzernen Stöcken erhielten gerne ähnliche, aber kleinere Verdachungen und auch die Schwengel oder Pumphebel mit deren Montierungen gaben Anlass zu schmiedeisernen Verzierungen. Ein modernes Beispiel dieser Art ist in Figur 363 abgebildet. Aber auch die laufenden Brunnen erhielten öfters eine gitterartige Einfriedigung, welche ent-

Fig. 362.
Glockenträger aus Oberösterreich. Renaissance.

Fig. 363.
Brunnen in Budapest. Entw. von Petschacher in Wien.

weder auf dem Sockel oder auf der Brunnenschale aufgesetzt wurde. Zahlreiche Brunnen in alten Städten, wie Nürnberg, Augsburg, Salzburg u. a. geben hiervon Zeugnis. Diese Einfriedigungen erhielten an den Auslaufstellen der Röhren entsprechende Oeffnungen mit oder ohne Thüren. Die Figur 365 veranschaulicht ein Brunnengitter aus Salzburg.

Die Ausflussröhren sind gewöhnlich aus Rot- oder Gelbguss, seltener aus Eisen. Dagegen ist die Montierung der Röhren meistens aus Schmiedeisen und in dieser Hinsicht finden sich allerwärts zum Teil ganz reizende Träger- und Verzierungsmotive. Unsere heutige Zeit, die ja im allgemeinen andere Brunneneinrichtungen hat, ist in der Anwendung des Schmiedeisens auf Brunnen so ziemlich auf diese Träger beschränkt, und auch sie sind gegenüber den ehemaligen Leistungen sehr vereinfacht. Wir haben auf Tafel 100 eine Anzahl von Verzierungen und Stützen für Auslaufröhren zusammengestellt, wie sie den jetzigen Anforderungen angepasst erscheinen.

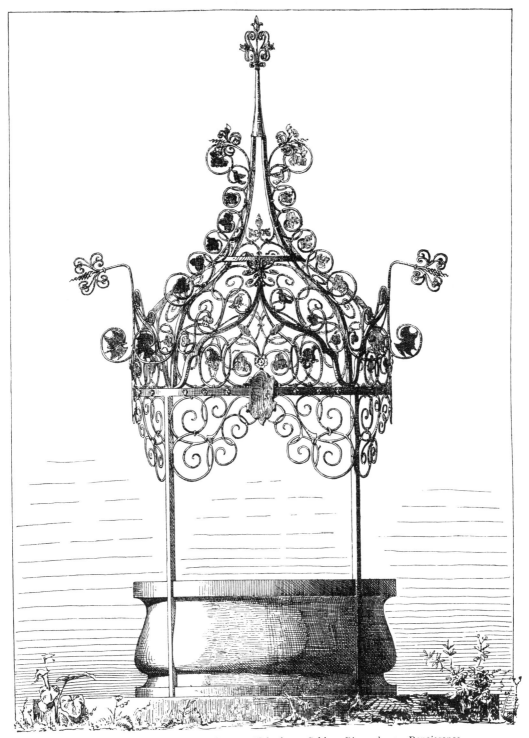

Fig. 364. Brunnen mit schmiedeisernem Ueberbau. Schloss Riegersburg. Renaissance.

Fig. 365. Brunnenabschlussgitter aus Salzburg.

3. Brunnenverzierungen.

Fig. 366.
Eiserne Träger für Schaufenster.

Die Sitte, Brunnen als Denkmäler zu verwenden, sollte wieder allgemeiner werden und dann würde auch auf diesem Gebiete für den Kunstschlosser etwas abfallen.

4. Eiserne Träger in Schaufenstern.

Sie sind eine neuzeitige Errungenschaft, wie die grossen Schaufenster überhaupt, und man wird vergeblich nach alten Vorbildern suchen. Schaufenster, in welche kleine Gegenstände, wie Schmucksachen, ausgelegt werden, erhalten querlaufende Platten aus unbelegtem starken Spiegelglas mit geschliffenen Kanten. Als Träger dienen eiserne Gestelle mit beweglichen, durch Klemmschrauben festzustellenden Armen. Zweckentsprechend bleiben diese Gestelle glatt und einfach in den Formen und werden vernickelt. Man kann die Platten auch auf kleine Wandarme legen, welche zur Unterstützung paarweise an den seitlichen Leibungen der Schaufenster aufgeschraubt werden. Diese Träger sind gegossen käuflich, lassen sich aber auch in Schmiedeisen zierlich herstellen. Entsprechende Motive finden sich unter den weiter oben gebrachten Wandarmen. Auch die für andere Zwecke gezeichneten Beispiele der Tafeln 39, 40 und 100 lassen sich, hälftig genommen, in diesem Sinne ohne weiteres verwerten.

Die Schaufenster der Bäcker, Hutmacher etc. weisen häufig eiserne Gestelle auf, die zum Auflegen und Aufhängen der betreffenden Erzeugnisse dienen. Diese Gestelle gestalten sich, wo es sich um das Aufhängen von Hüten und Mützen handelt, ähnlich wie die Kleiderständer, nur dass sie eine geringere Höhe und mehr Arme haben. Die zum Auflegen von Gegenständen bestimmten Träger dagegen gleichen mehr den Standleuchterformen der Tafel 98, ebenfalls mit dem genannten Unterschied und mit der Abänderung, dass an Stelle der Kerzenmanschetten grössere Blechteller treten.

In die Schaufenster der Fleischer und Wurstler werden querlaufende Träger eingespannt und mit einer Anzahl von Haken zum Aufhängen der Erzeugnisse versehen. Auch diese Träger werden meist vernickelt. Wir geben in Figur 366 drei verschiedene Beispiele, die sich von selbst erklären, wie auch die Art ihrer Befestigung an den seitlichen Leibungen durch die Zeichnungen ersichtlich gemacht ist.

DAS
SCHLOSSERBUCH

VON

THEODOR KRAUTH UND FRANZ SALES MEYER

———

ZWEITER BAND: TAFELN.

DIE
KUNST- UND BAUSCHLOSSEREI

IN IHREM GEWÖHNLICHEN UMFANGE

MIT

BESONDERER BERÜCKSICHTIGUNG DER KUNSTGEWERBLICHEN FORM

HERAUSGEGEBEN

VON

THEODOR KRAUTH
ARCHITEKT, GROSSH. PROFESSOR UND REGIERUNGSRAT IN KARLSRUHE

UND

FRANZ SALES MEYER
ARCHITEKT UND PROFESSOR AN DER GROSSH. KUNSTGEWERBESCHULE IN KARLSRUHE

ZWEITE, DURCHGESEHENE UND VERMEHRTE AUFLAGE

MIT 100 VOLLTAFELN UND 366 WEITEREN FIGUREN IM TEXT

ZWEITER BAND: TAFELN

LEIPZIG
VERLAG VON E. A. SEEMANN
1897.

VERZEICHNIS DER TAFELN.

1. Voluten und Ranken.
2. Blätter und Blattkelche.
3.   „   „   „
4. Stabkrönungen, Lanzenspitzen.
5. Schlösser.
6.   „
7.   „
8. Riegel.
9. Vorreiber und Ruder.
10. Baskülenverschlüsse.
11. Schwengel- und Espagnolett-Verschlüsse.
12. Bänder und Kloben.
13. Kreuz- und Winkelbänder.
14. Fisch-, Paumelle- und Scharnierbänder.
15. Scharnier- und Zapfenbänder.
16. Langbänder für Kirchenthüren etc.
17.   „   „   „   „
18.   „   „   „   „
19. Verzierte Winkel- und Kreuzbänder.
20.   „   Schippen- und Scharnierbänder.
21.   „   „   „   „
22. Gitterthore.
23. Gitterthor.
24.   „
25.   „
26.   „
27. Gitterthore.
28. Gitterthor.
29.   „
30.   „
31. Thorkrönungen.
32. Hausthüre aus Eisen.
33. Hausthor   „   „

34. Hausthor aus Eisen.
35. Eiserne Fenster.
36.   „   „ und Läden.
37.   „   „   „   „
38. Vordächer.
39. Fenstervorsetzer.
40.   „
41. Blumenbänke.
42.   „
43. Geländergitter.
44.   „
45.   „
46.   „
47. Geländergitterkrönungen.
48. Grabgitter.
49.   „
50. Brüstungsgitter.
51.   „
52.   „
53.   „
54. Balkongitter.
55. Treppengeländer.
56.   „
57. Amerikanische Gittermotive.
58.   „
59. Füllungsgitter.
60.   „
61.   „
62.   „
63.   „
64.   „
65.   „
66.   „

— VI —

67. Schaltergitter.
68. Fensterkorbgitter.
69. Rundgitter.
70. Rund- und Oberlichtgitter.
71. Oberlichtgitter.
72.   „
73.   „
74. Wandarme und Aushängeschilder.
75.   „   „   „
76.   „   „   „
77.   „   „   „
78.   „   „   „
79. Firstkrönungen.
80. Wetterfahnen.
81.   „
82.   „
83. Blitzableiter.

84. Anker.
85.   „
86.   „
87. Streben- und Zugstangen-Verzierungen.
88.   „   „   „   „
89. Turm- und Grabkreuze.
90. Grabkreuze.
91.   „
92. Blumentische.
93.   „
94. Kofferständer.
95. Muldenständer.
96. Ofenschirme.
97.   „
98. Standleuchter.
99. Hängeleuchter.
100. Brunnenrohrträger.

Tafel 1.

Voluten und Ranken.

Tafel 2.

Blätter und Blattkelche.

Tafel 3.

Blätter und Blattkelche.

Tafel 4.

Stabkrönungen, Lanzenspitzen.

Tafel 5.

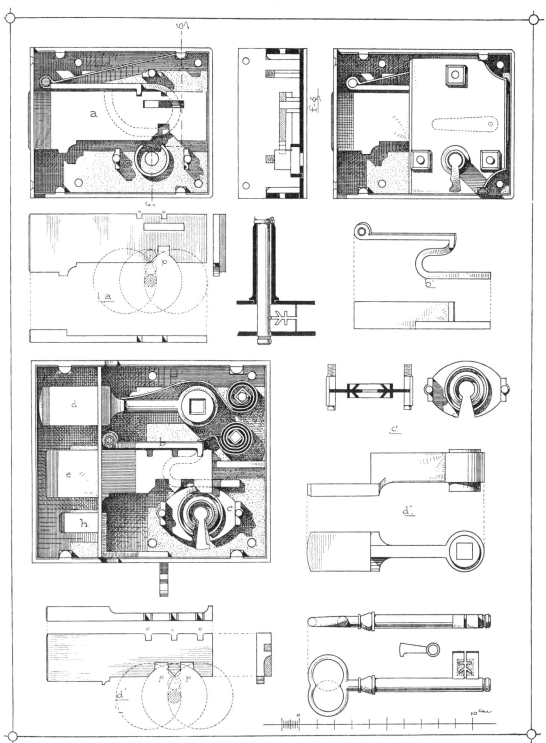

Schlösser.

Tafel 6.

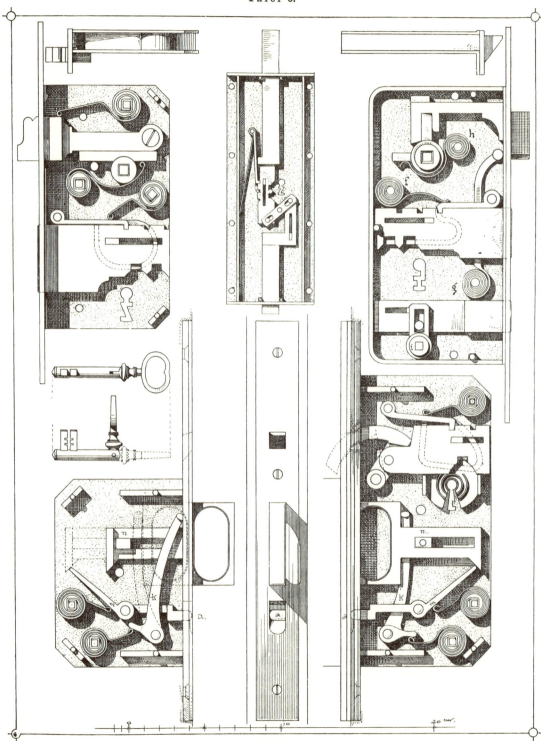

Schlösser.

Tafel 7.

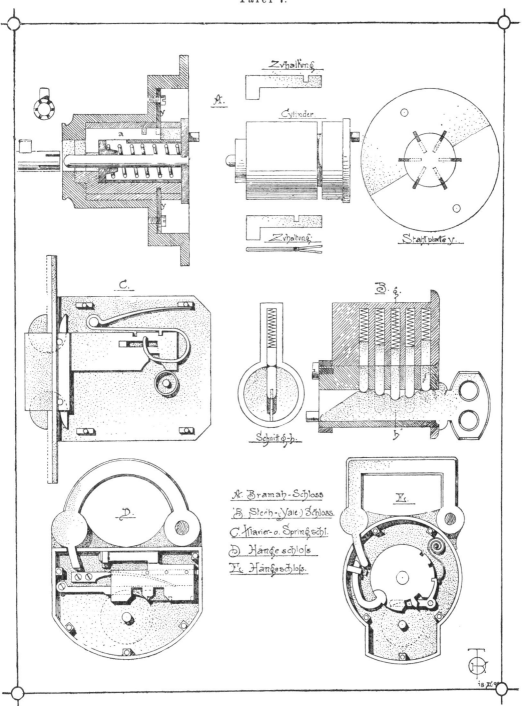

Schlösser.

Tafel 8.

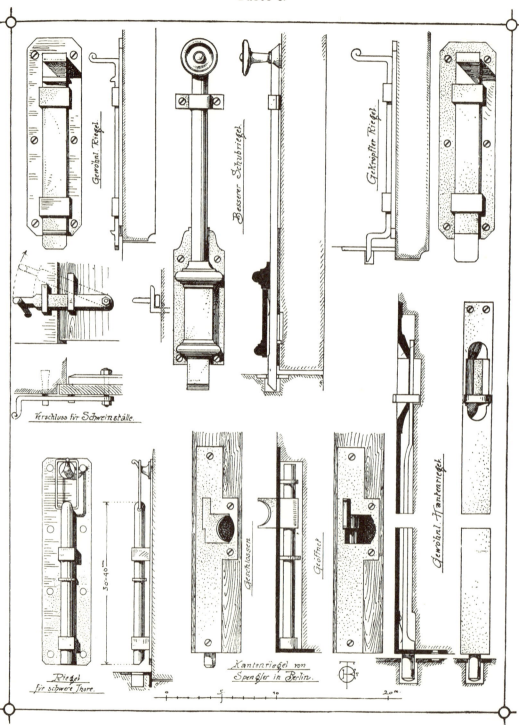

Riegel.

Tafel 9.

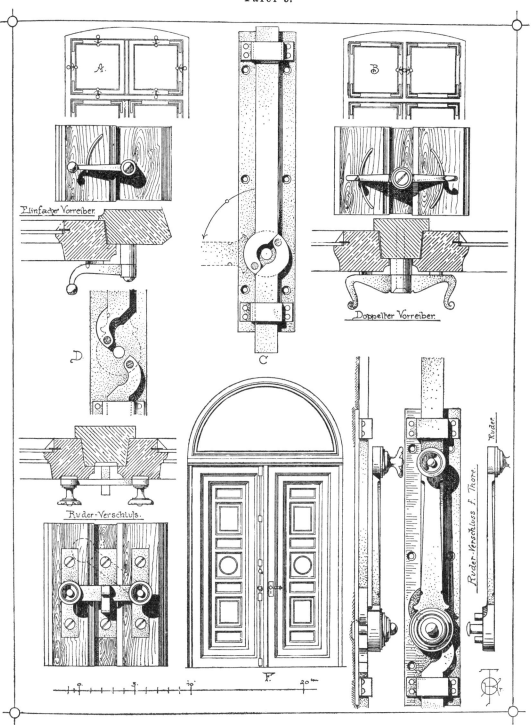

Vorreiber und Ruder.

Tafel 10.

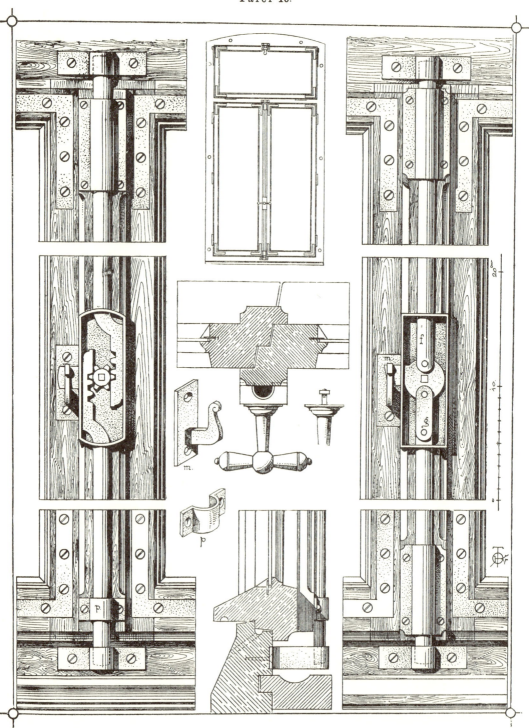

Baskülenverschlüsse.

Tafel 11.

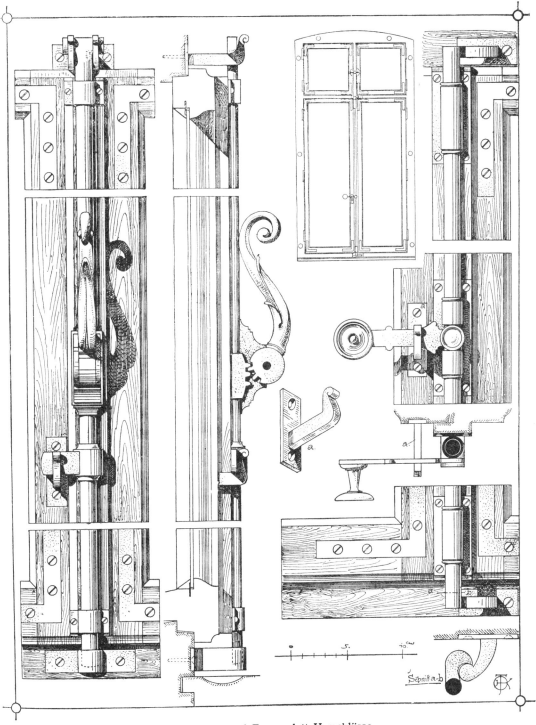

Schwengel- und Espagnolett-Verschlüsse.

Tafel 12.

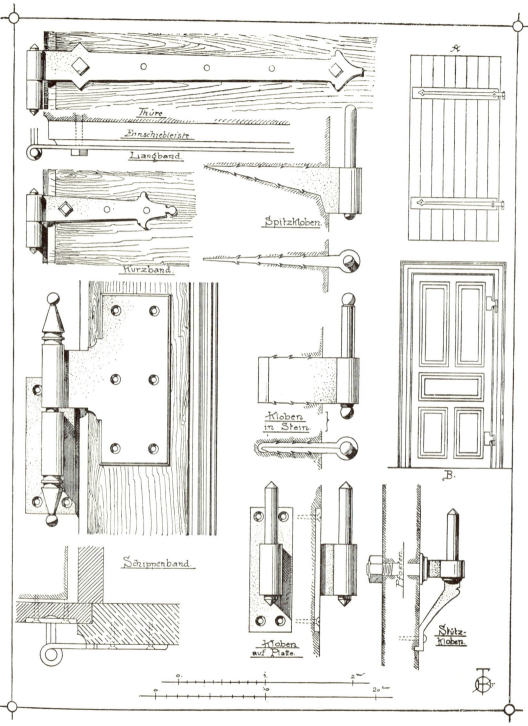

Bänder und Kloben.

Tafel 13.

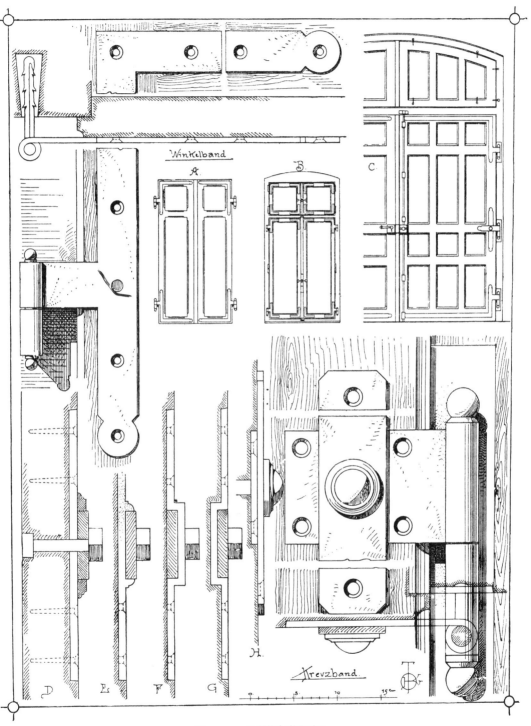

Kreuz- und Winkelbänder.

Tafel 14.

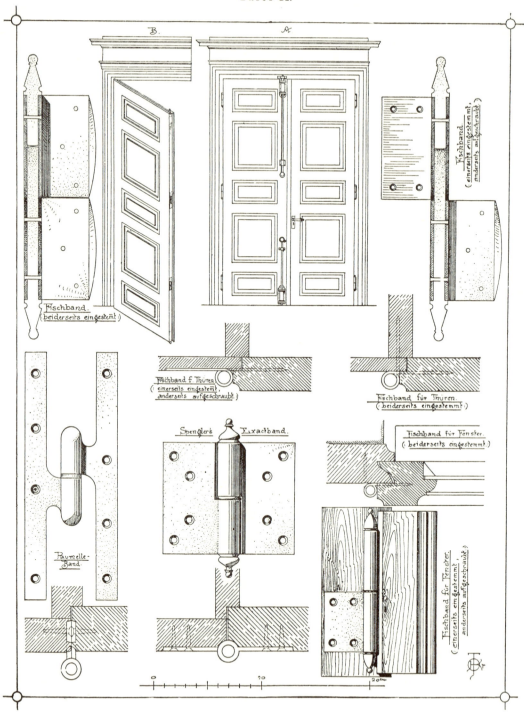

Fisch-, Paumelle- und Scharnierbänder.

Tafel 15.

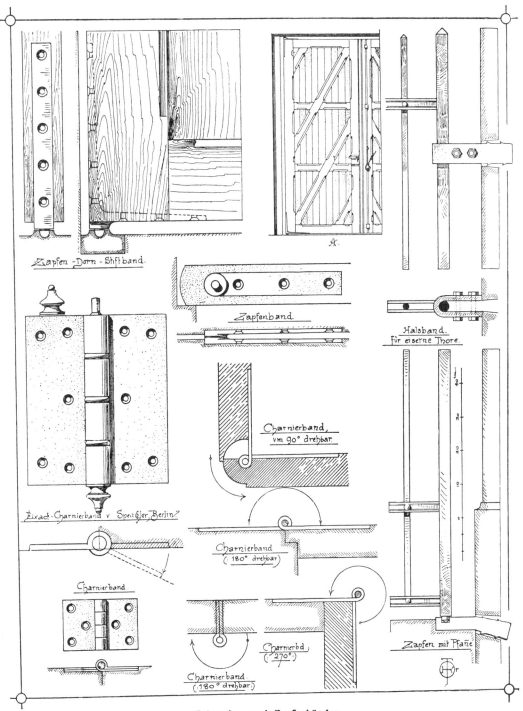

Scharnier- und Zapfenbänder.

Tafel 16.

Langbänder für Kirchenthüren etc.

Tafel 17.

Langbänder für Kirchenthüren etc.

Tafel 18.

Langbänder für Kirchenthüren etc.

Tafel 19.

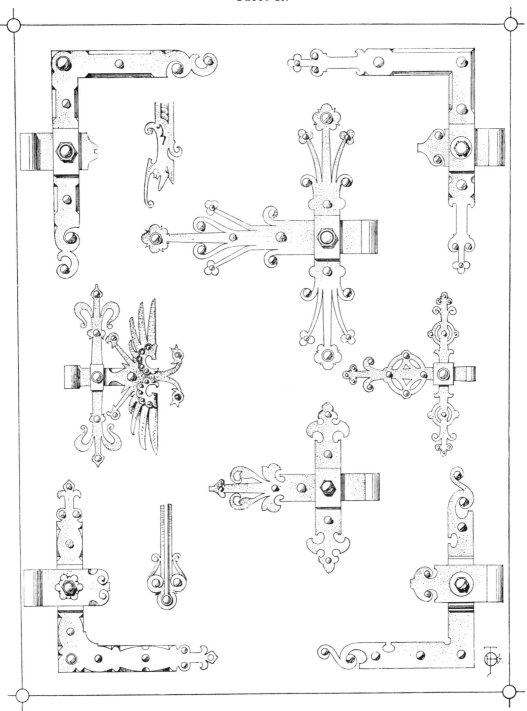

Verzierte Winkel- und Kreuzbänder.

Tafel 20.

Verzierte Schippen- und Scharnierbänder.

Tafel 21.

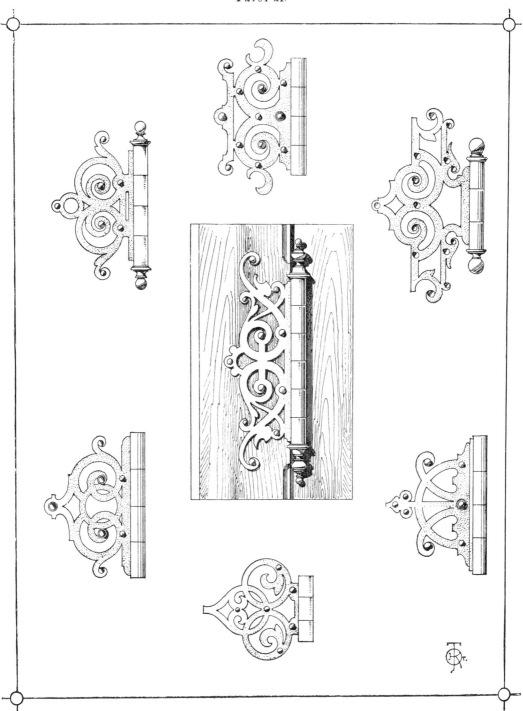

Verzierte Schippen- und Scharnierbänder.

Tafel 22.

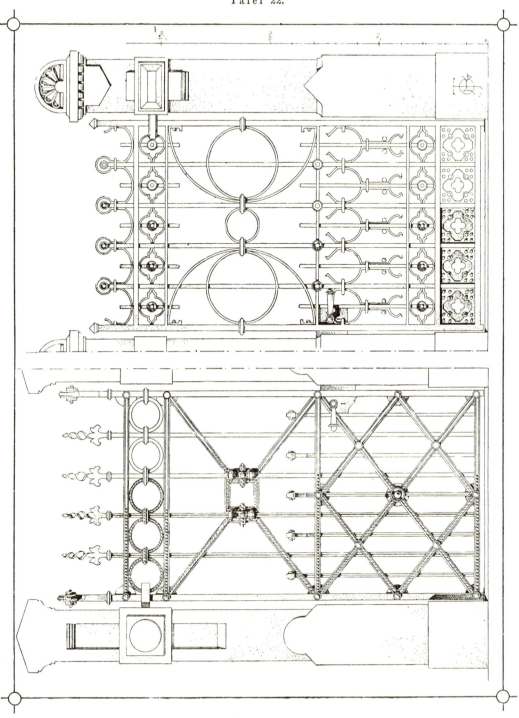

Gitterthore.

Tafel 23.

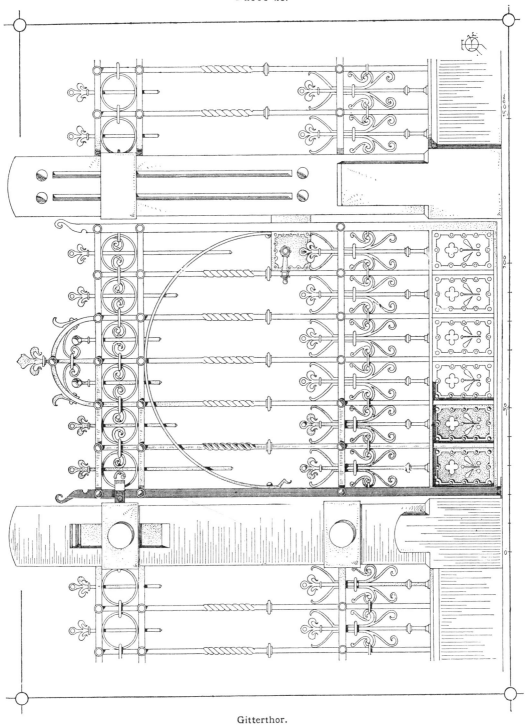

Gitterthor.

Tafel 24.

Gitterthor.

Tafel 25.

Gitterthor.

Tafel 26.

Gitterthor.

Tafel 27.

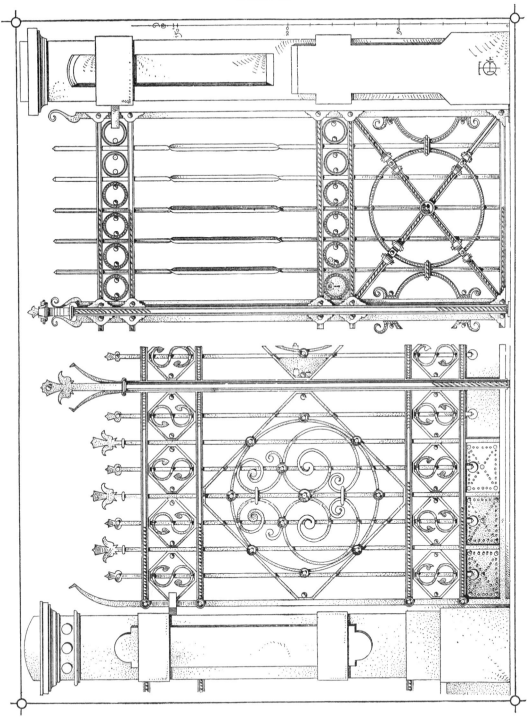

Gitterthore.

Tafel 28.

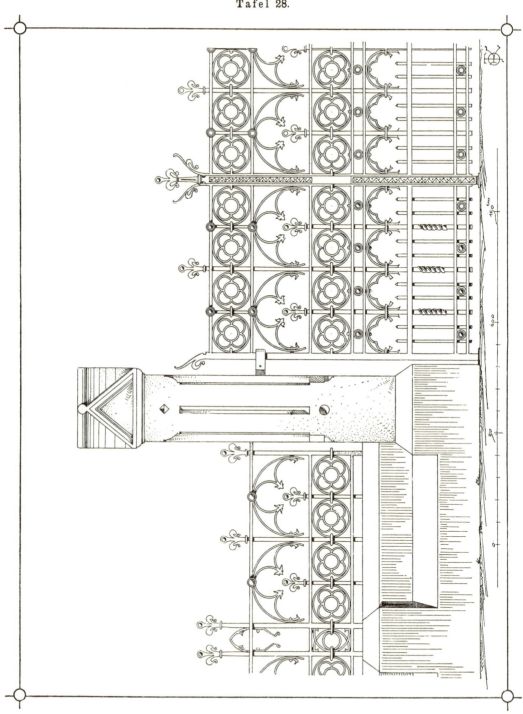

Gitterthor.

Tafel 29.

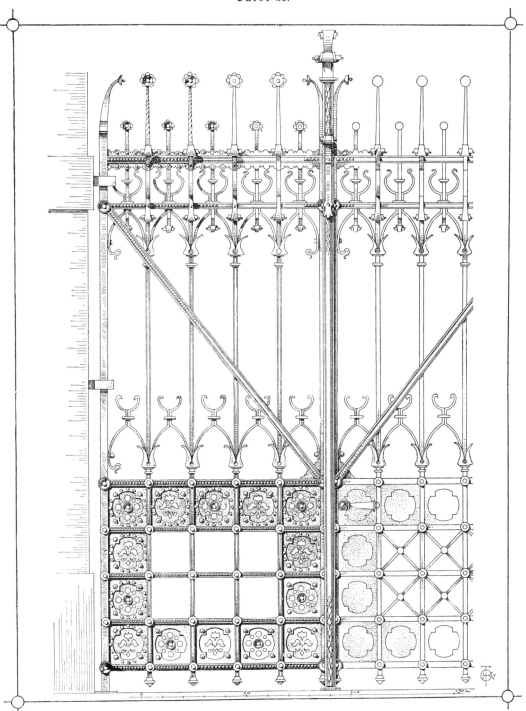

Gitterthor.

Gitterthor.

Tafel 31.

Thorkrönungen.

Tafel 32.

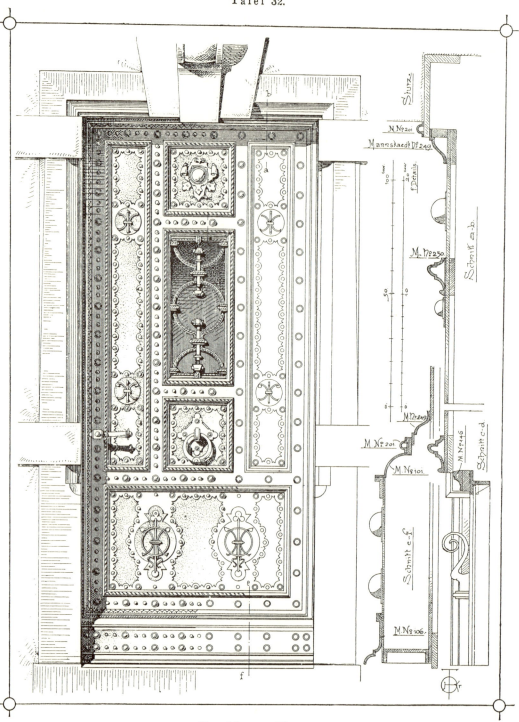

Hausthüre aus Eisen.

Tafel 33.

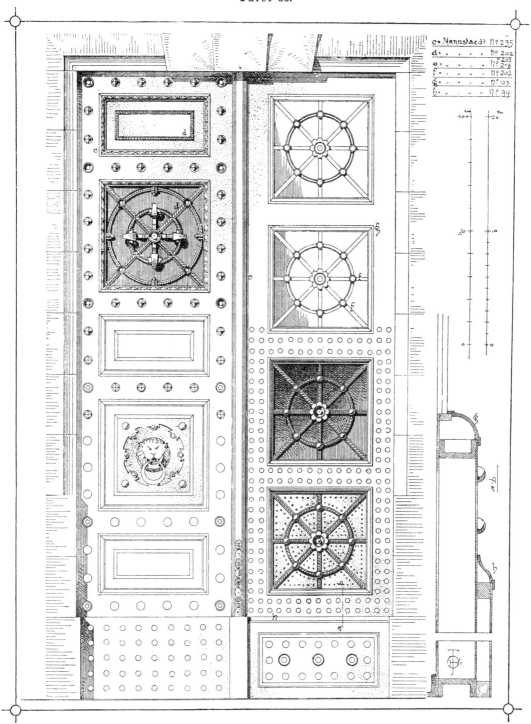

Hausthor aus Eisen.

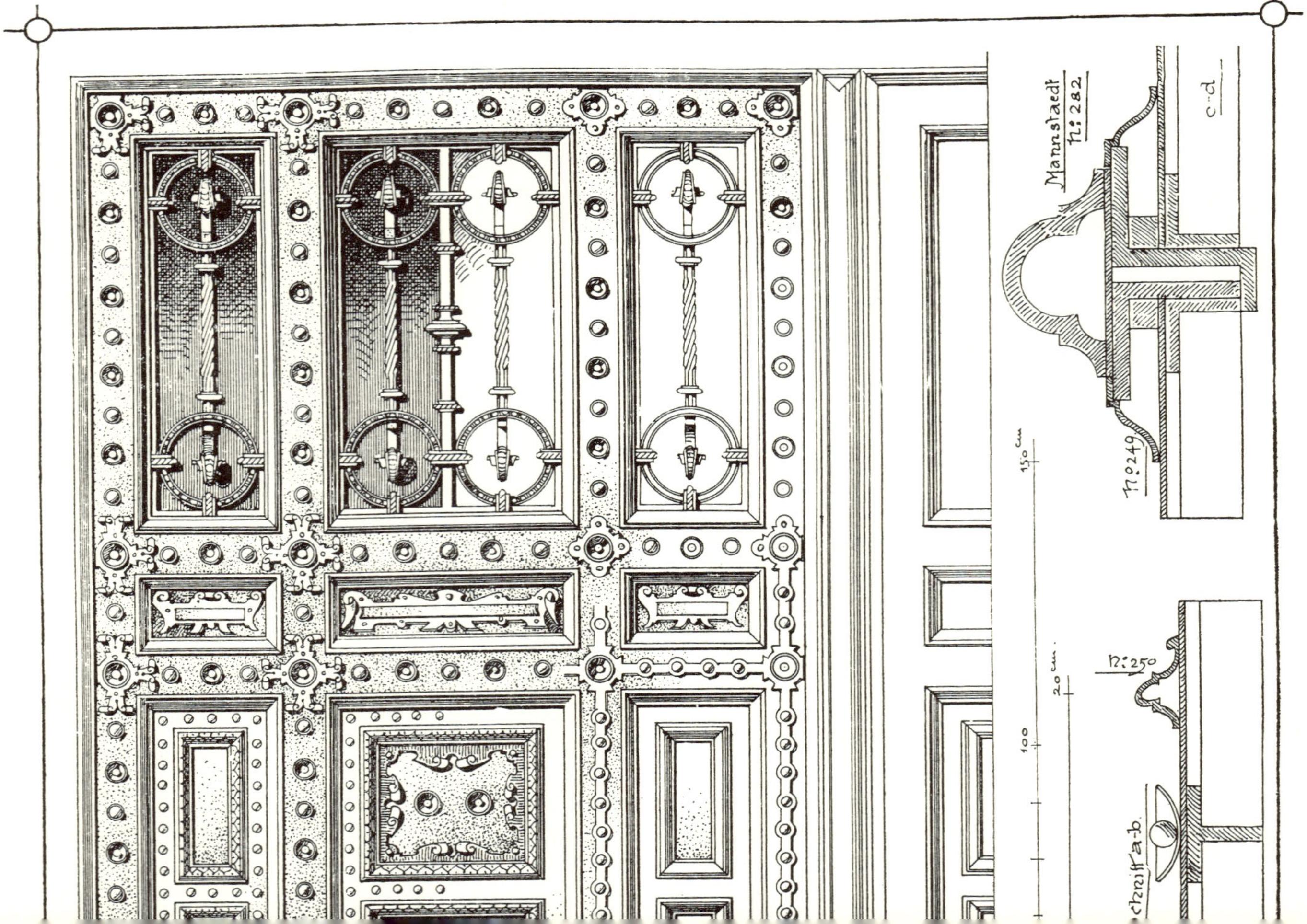

Tafel 34.

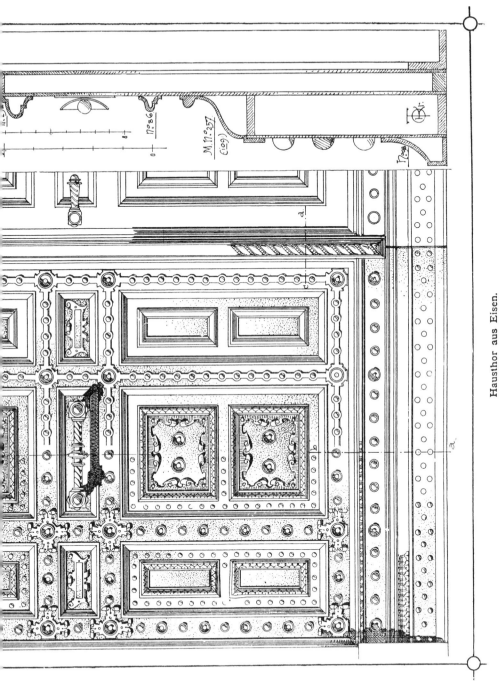

Hausthor aus Eisen.

Tafel 35.

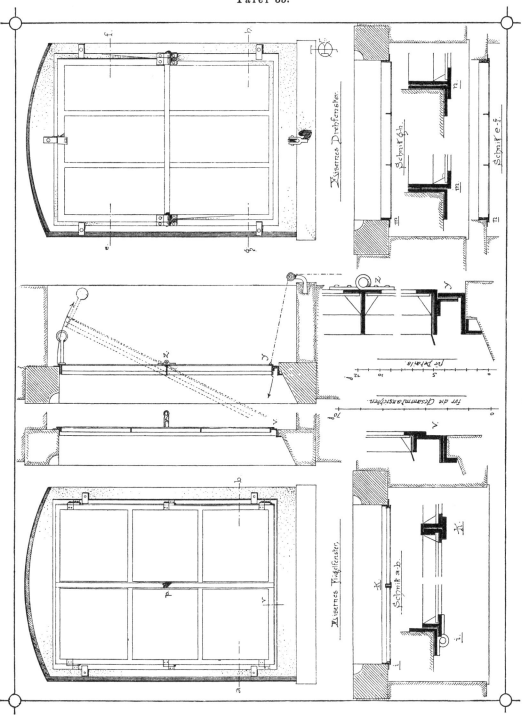

Eiserne Fenster.

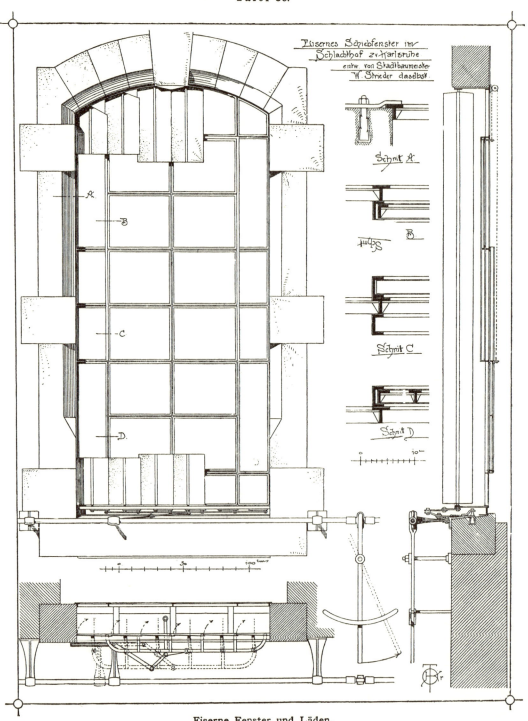

Tafel 36.

Eiserne Fenster und Läden.

Tafel 37.

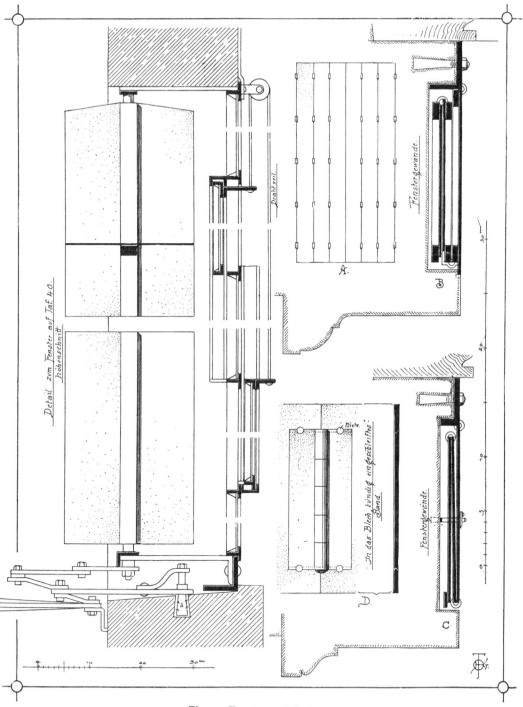

Eiserne Fenster und Läden.

Tafel 38.

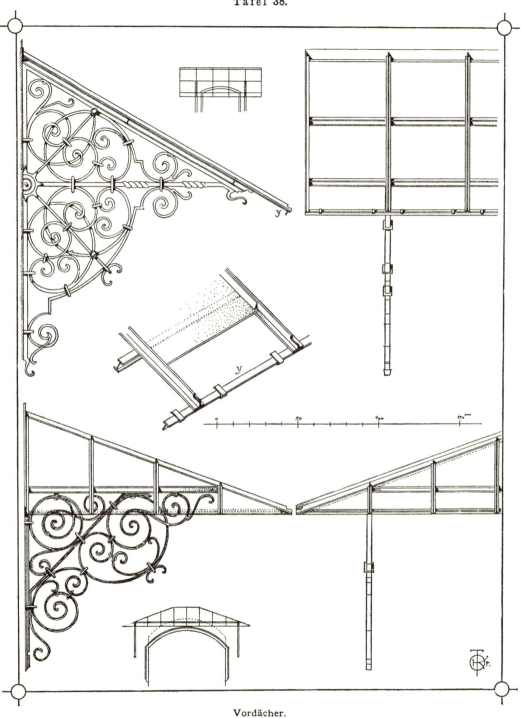

Vordächer.

Tafel 39.

Fenstervorsetzer.

Tafel 40.

Fenstervorsetzer.

Tafel 41.

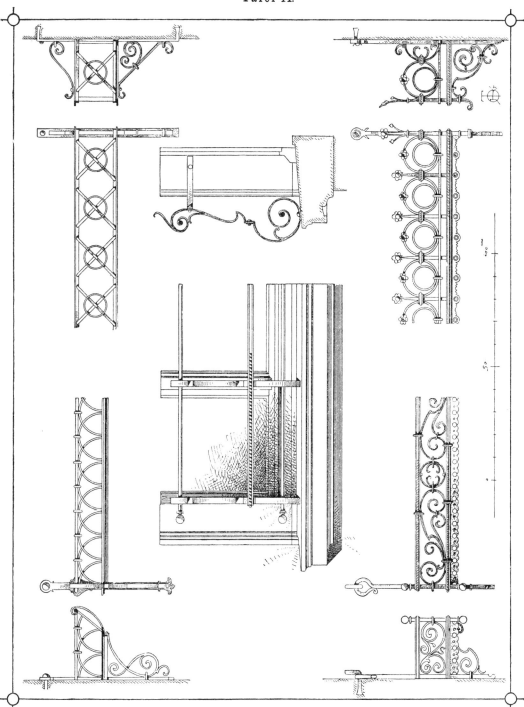

Blumenbänke.

Tafel 42.

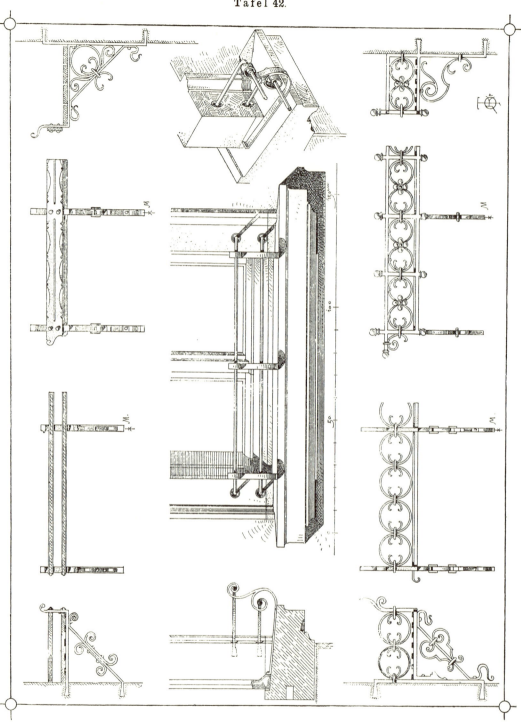

Blumenbänke.

Tafel 43.

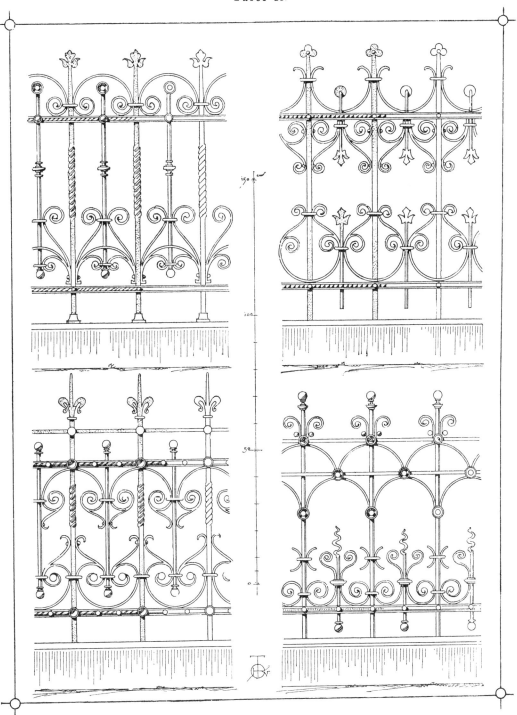

Geländergitter.

Tafel 44.

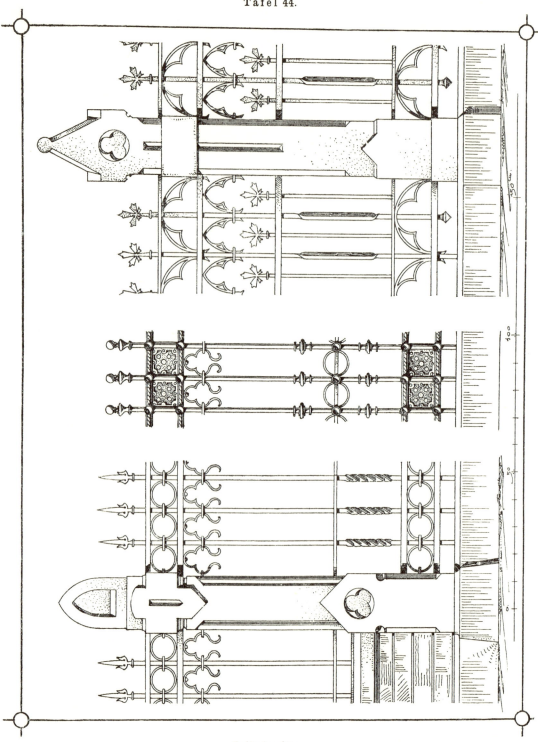

Geländergitter.

Tafel 45.

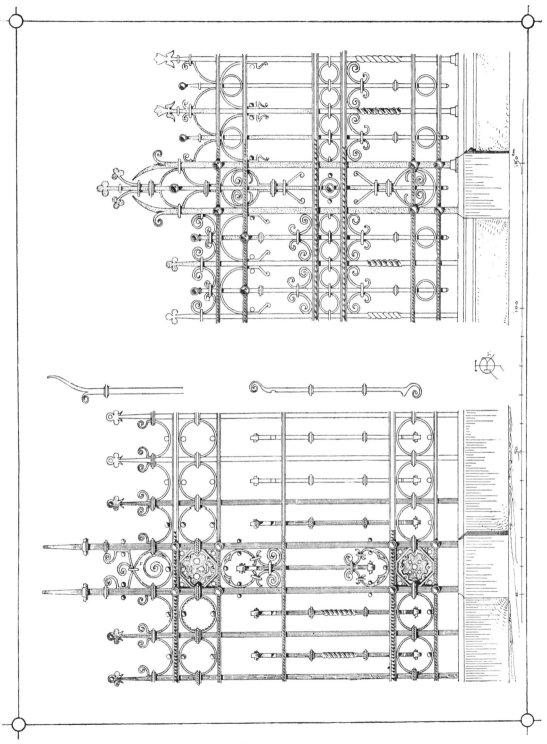

Geländergitter.

Tafel 46.

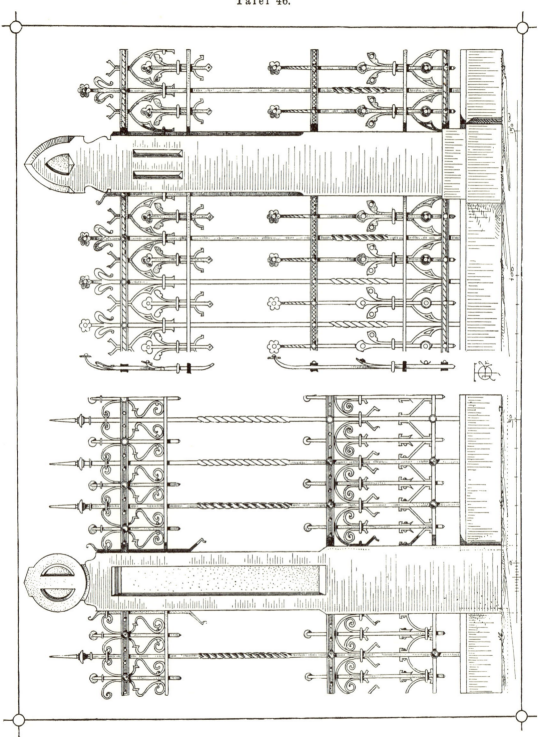

Geländergitter.

Tafel 47.

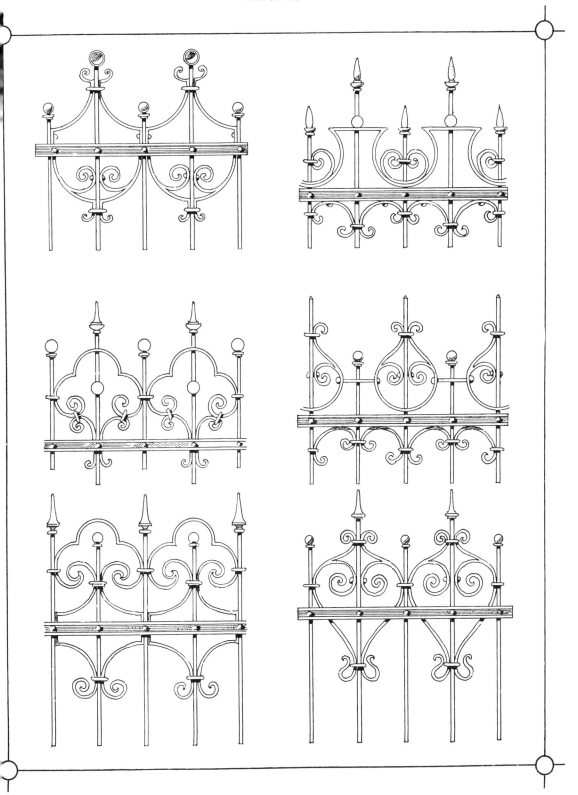

Geländergitter-Krönungen.

Tafel 48.

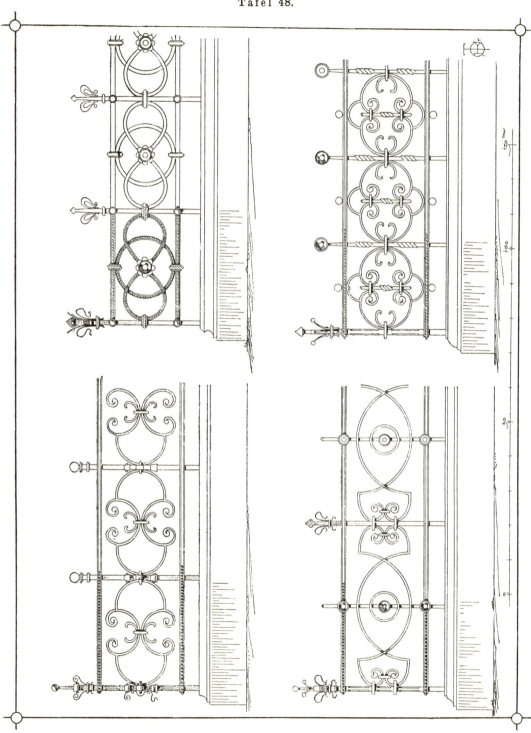

Grabgitter.

Tafel 49.

Grabgitter.

Tafel 50.

Brüstungsgitter.

Tafel 51.

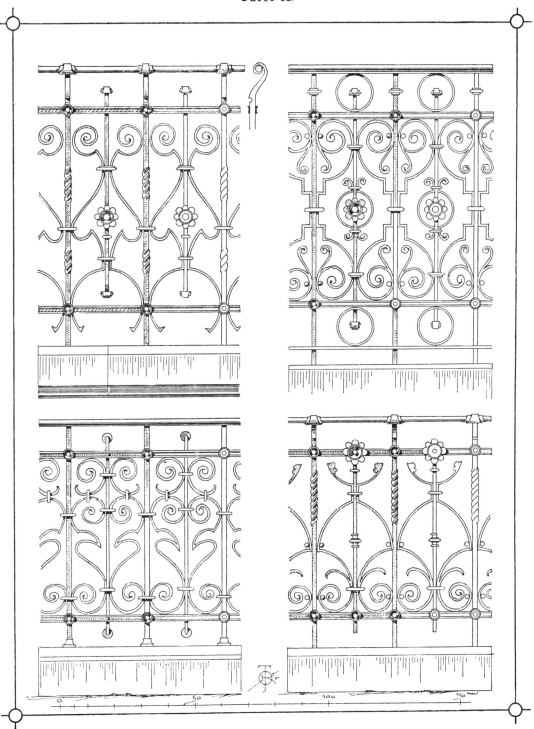

Brüstungsgitter.

Tafel 52.

Brüstungsgitter.

Tafel 53.

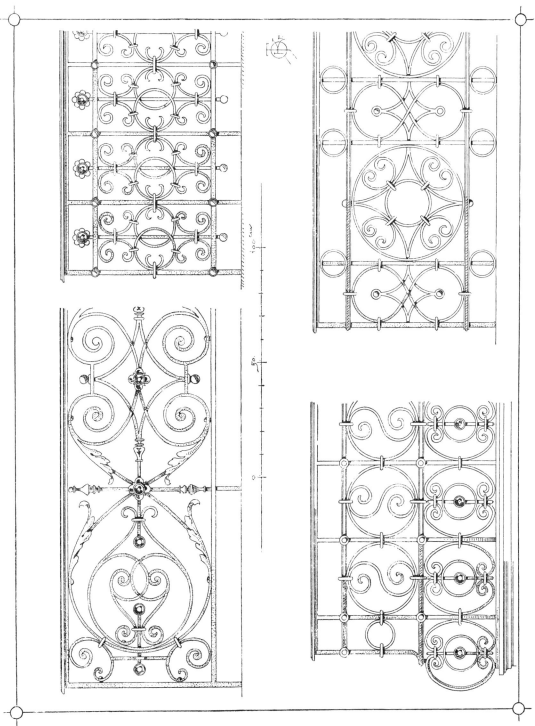

Brüstungsgitter.

Tafel 54.

Balkongitter.

Tafel 55.

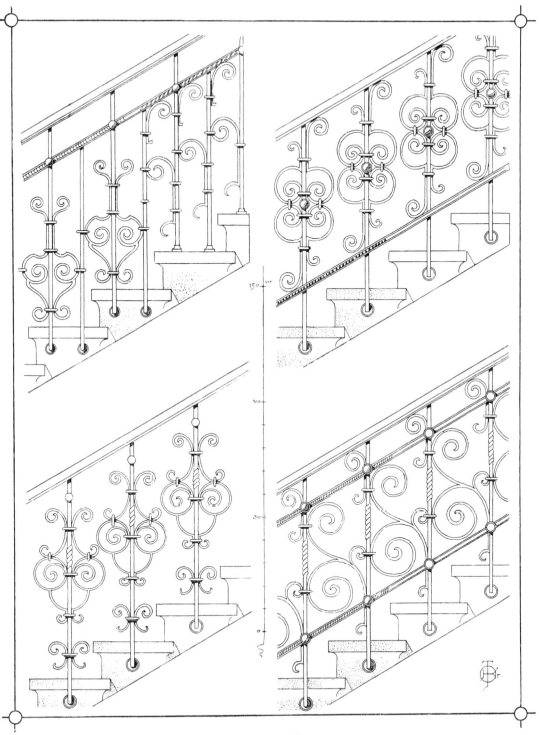

Treppengeländer.

Tafel 56.

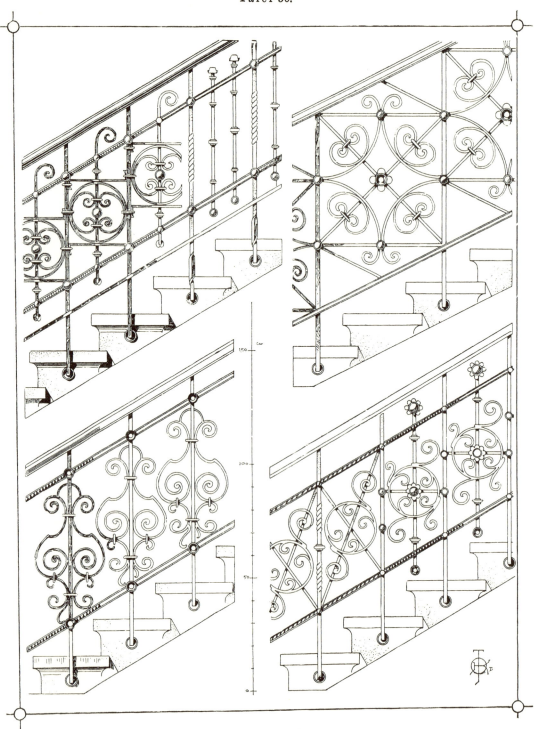

Treppengeländer.

Tafel 57.

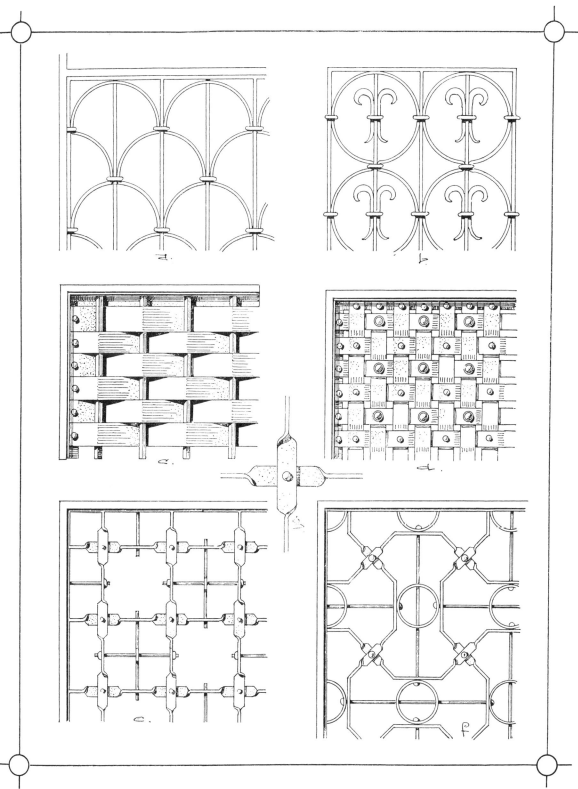

Amerikanische Gittermotive.

Tafel 58.

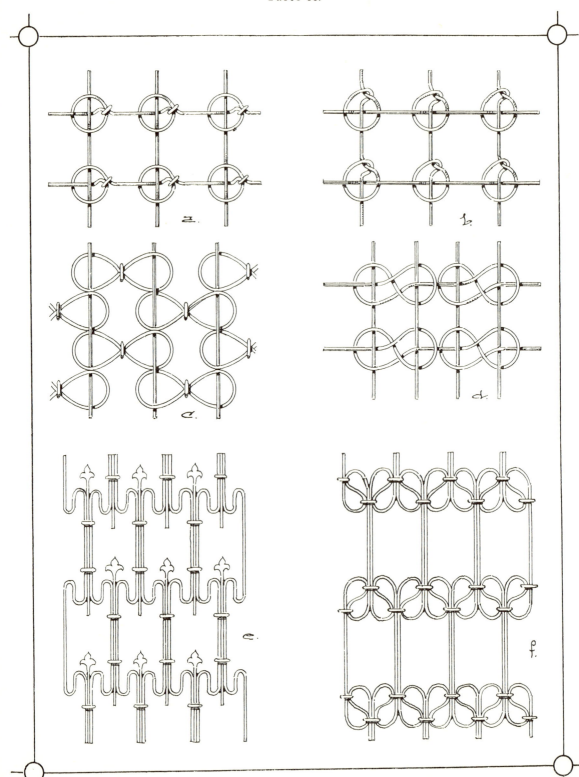

Amerikanische Gittermotive.

Tafel 59.

Füllungsgitter.

Tafel 60.

Füllungsgitter.

Tafel 61.

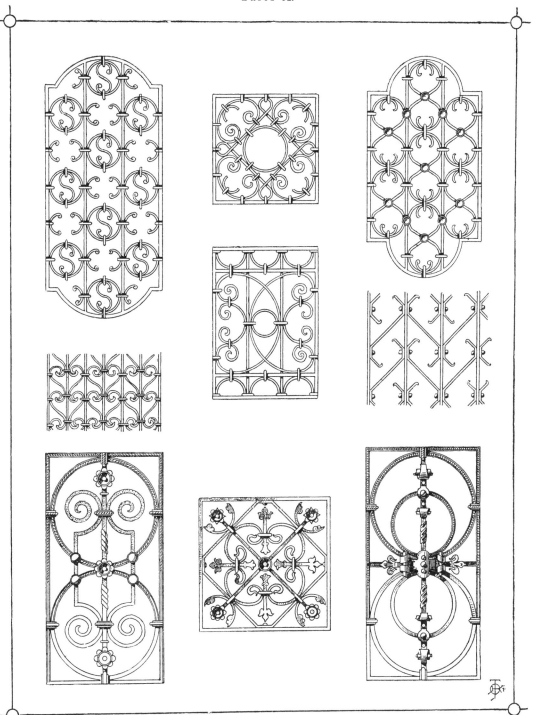

Füllungsgitter.

Tafel 62.

Füllungsgitter.

Tafel 63.

Füllungsgitter.

Tafel 64.

Füllungsgitter.

Tafel 65.

Füllungsgitter.

Tafel 66.

Füllungsgitter.

Tafel 67.

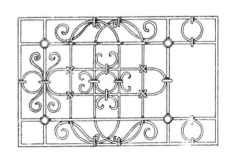

Schaltergitter.

Tafel 68.

Fensterkorbgitter.

Tafel 69.

Rundgitter.

Tafel 70.

Rund- und Oberlichtgitter.

Tafel 71.

Oberlichtgitter.

Tafel 72.

Oberlichtgitter.

Tafel 73.

Oberlichtgitter.

Tafel 74.

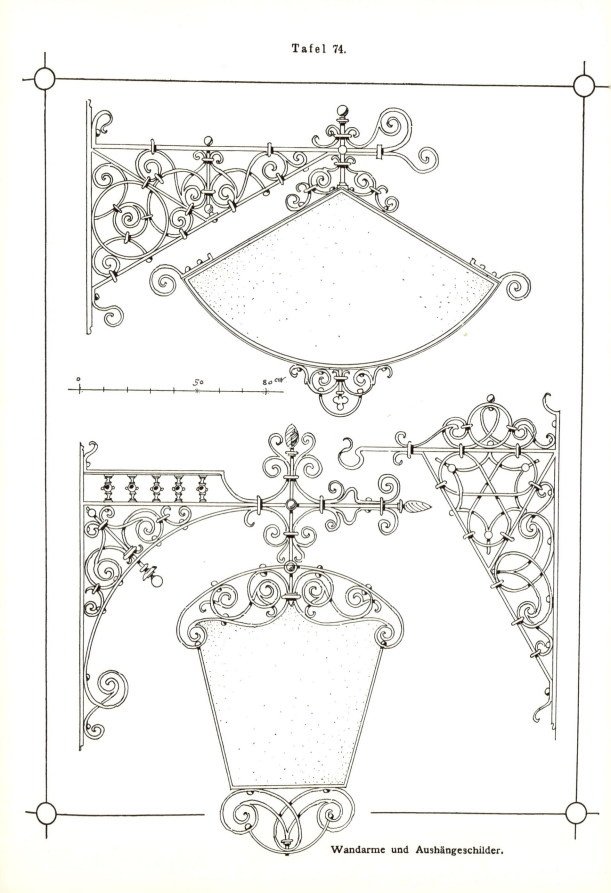

Wandarme und Aushängeschilder.

Tafel 75.

Wandarme und Aushängeschilder.

Tafel 76.

Wandarme und Aushängeschilder.

Tafel 77.

Wandarme und Aushängeschilder.

Tafel 78.

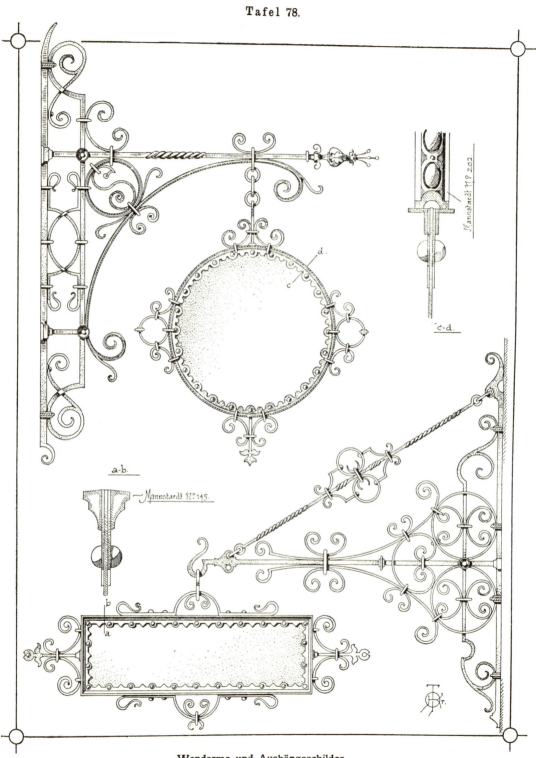

Wandarme und Aushängeschilder.

Tafel 79.

Firstkrönungen.

Tafel 80.

Wetterfahnen.

Tafel 81.

Wetterfahnen.

Tafel 82.

Wetterfahnen.

Tafel 83.

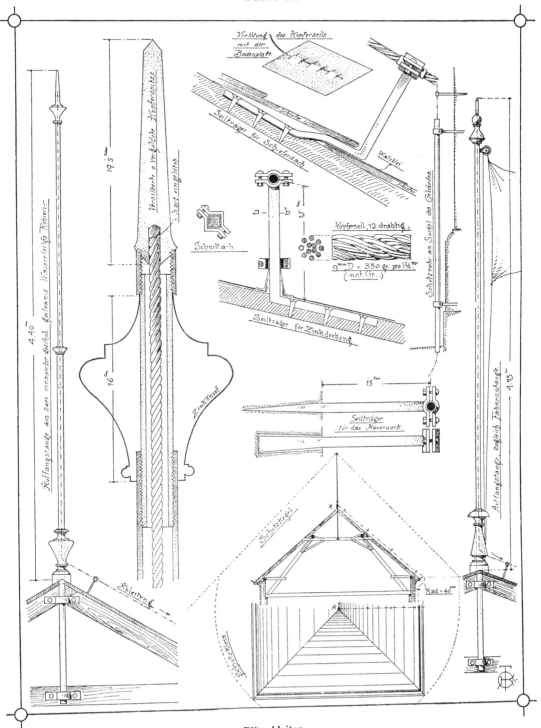

Blitzableiter.

Tafel 84.

Anker.

Tafel 85.

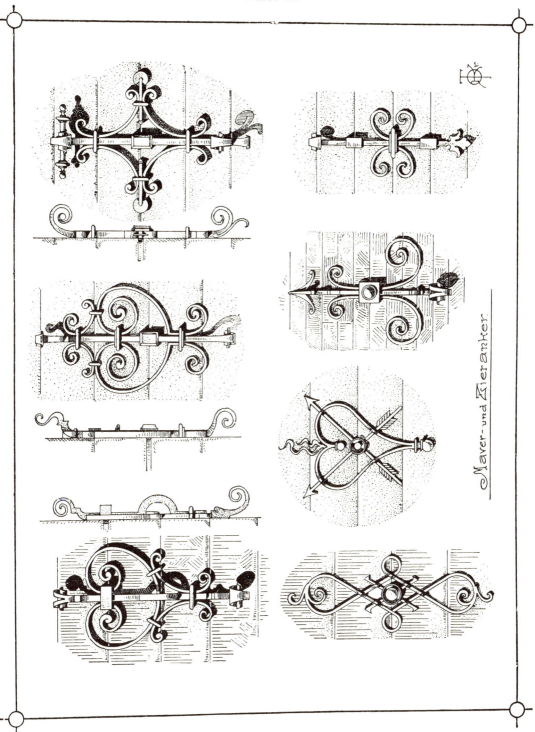

Maver- und Zieranker.

Anker.

Tafel 86.

Anker.

Tafel 87.

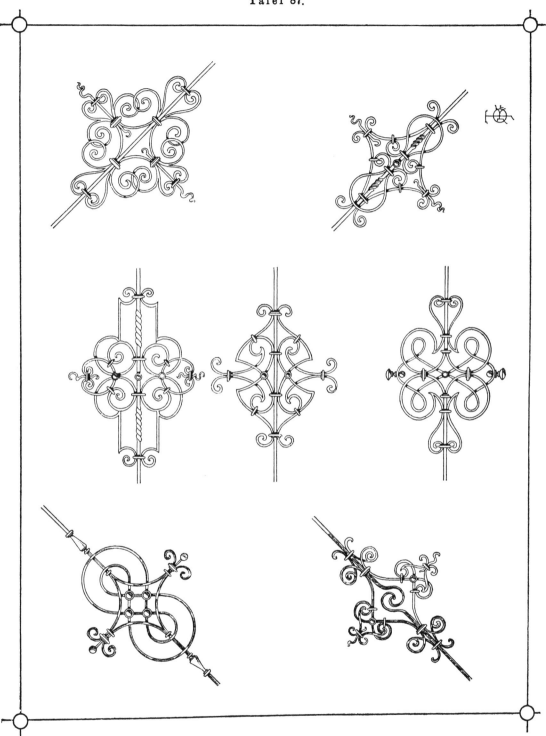

Streben- und Zugstangen-Verzierungen.

Tafel 88.

Streben- und Zugstangen-Verzierungen.

Tafel 89.

Turm- und Grabkreuze.

Tafel 90.

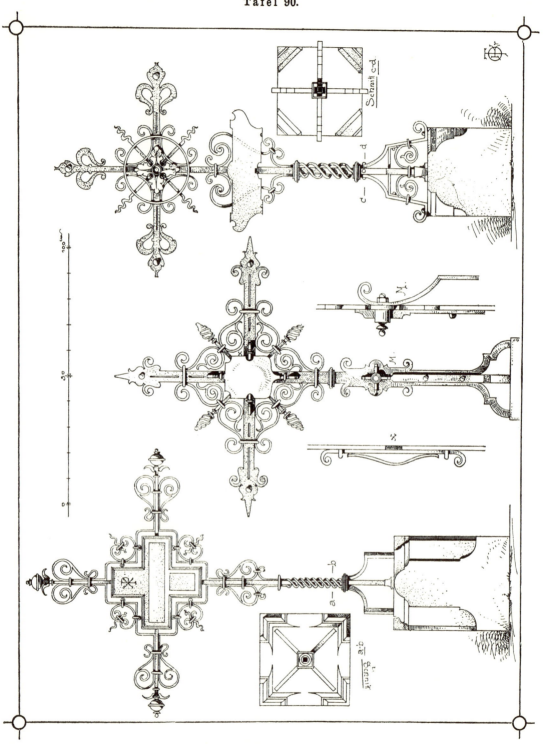

Grabkreuze.

Tafel 91.

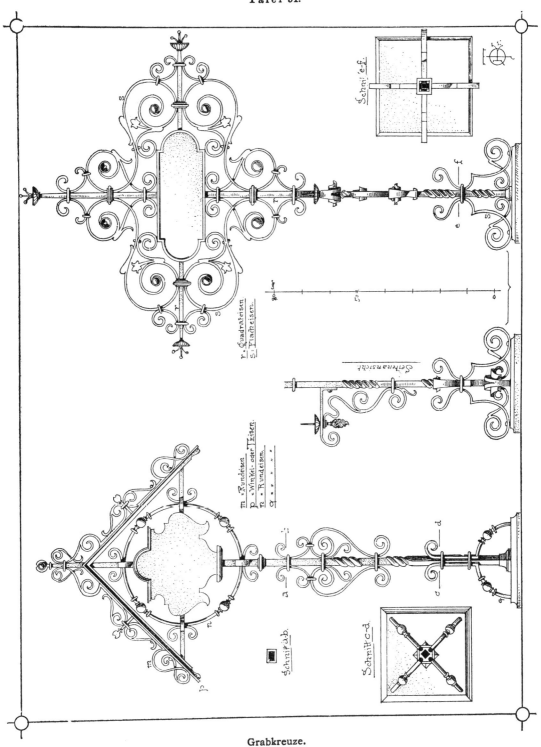

Grabkreuze.

Tafel 92.

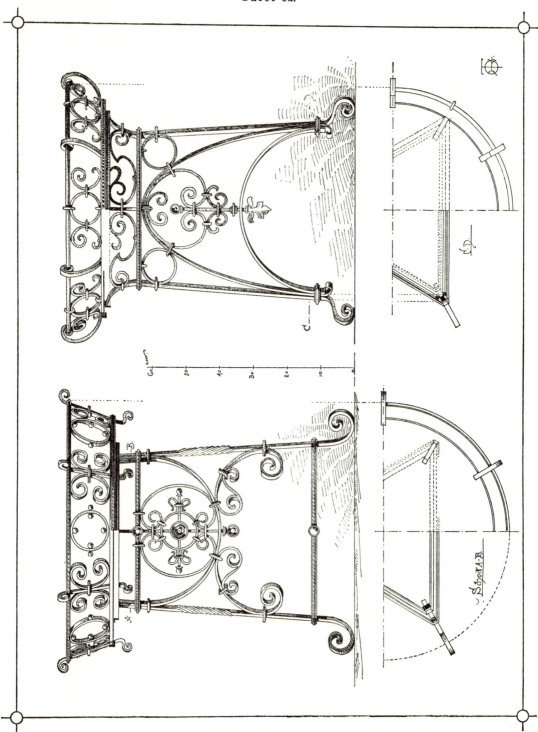

Blumentische.

Tafel 93.

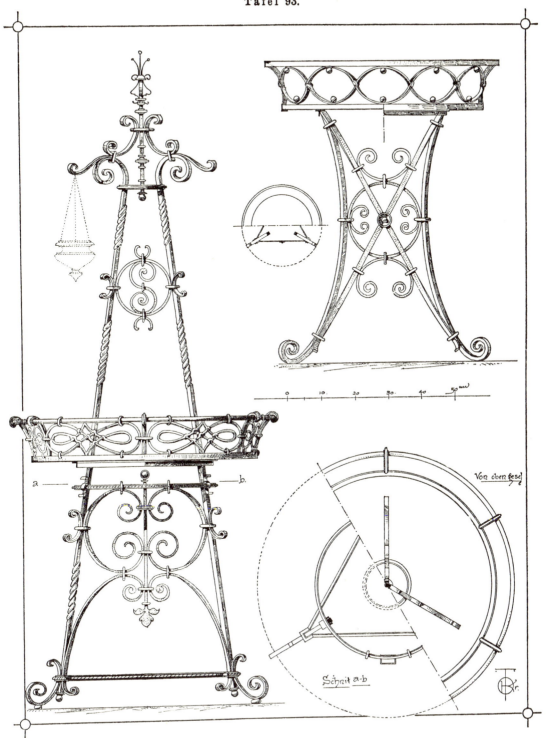

Blumentische.

Tafel 94.

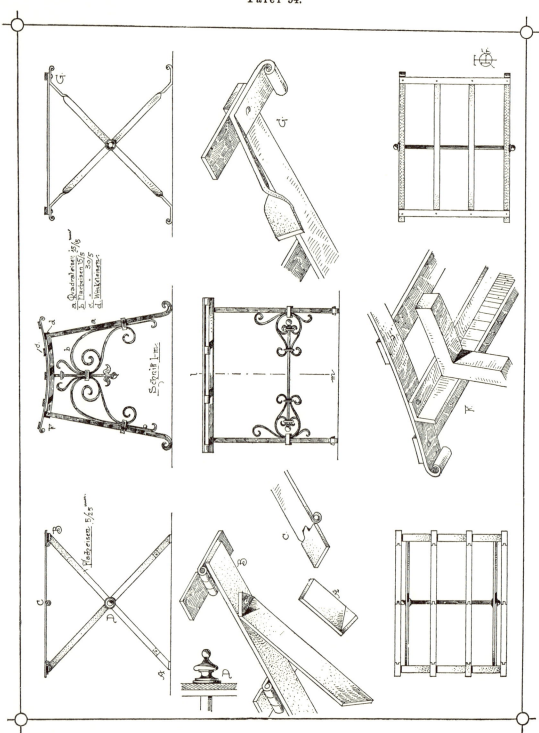

Kofferständer.

Tafel 95.

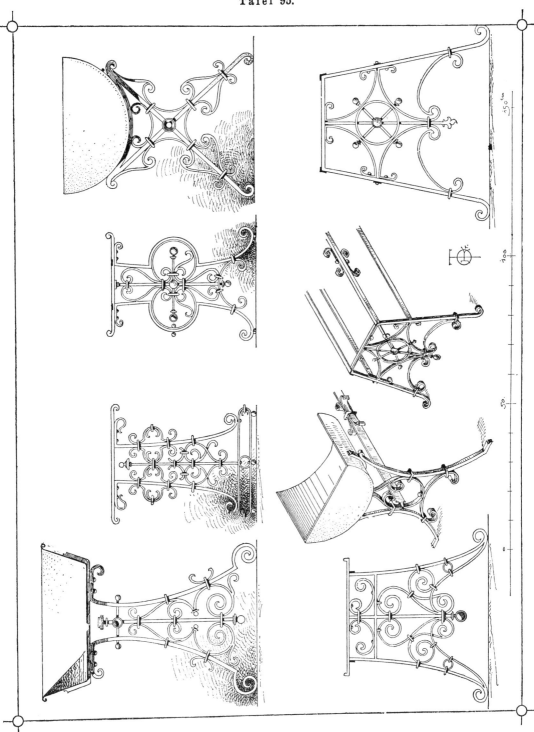

Muldenständer.

Tafel 96.

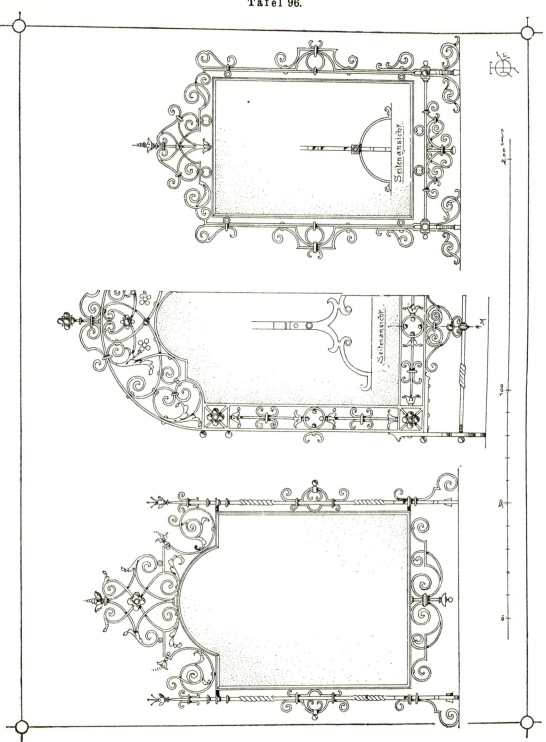

Ofenschirme.

Tafel 97.

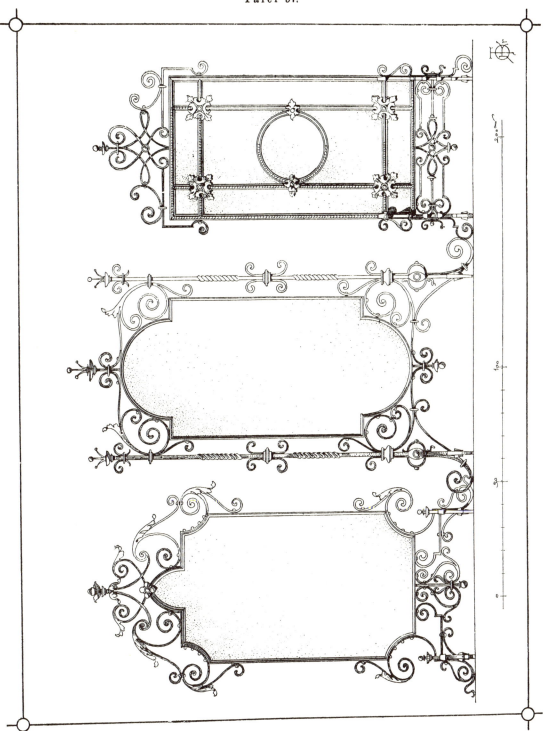

Ofenschirme.

Tafel 98.

Standleuchter.

Tafel 99.

Hängeleuchter.

Tafel 100.

Brunnenrohrträger.

Fach- und Sachbücher aus vergangenen Jahrhunderten

*Überwiegend aus den Bereichen
Architektur, Technik
Holzverarbeitung, Holzbau
Möbel, Innenarchitektur
Handwerk, Handwerksgeschichte*

*Fordern Sie bitte
unser Gesamtverzeichnis an*

im Verlag Th. Schäfer
Postfach 54 69, 30054 Hannover

A. W. Hertel
Grandpré's Schlossermeister (1865)
*oder theoretisch-praktisches Handbuch
der Schlosserkunst*
Ausführliches, reich illustriertes Lehrbuch, das das gesamte Wissen des handwerklich arbeitenden Schlossers sammelt. Das Werk zeigt detailliert die Bearbeitung der Materialien, die Einrichtung der Werkstätten, eine Vielzahl von einfachen und komplizierten Schlössern und Schließmechanismen sowie sonstige Arbeiten des Schlossers, vom Riegel bis hin zum Metallschrank. Eine Fundgrube, ein technik- und handwerksgeschichtliches Kleinod, unentbehrlich bei Restaurierungen.
Begleittext von Dr. Christine H. Bauer, Fulda
*208 Seiten, 21×28 cm, 22 doppelseitige Bildtafeln
mehrfarbig bedruckter, fester Einband mit Prägungen*
Best.-Nr. 2222 · ISBN 3-88746-372-2

Otto Königer
Die Konstruktionen in Eisen (1902)
Das Werk legt umfassend das Wissen der Zeit um schmiedeeiserne Hochbaukonstruktionen dar. „Die Konstruktionen in Eisen" präsentiert im Abbildungsteil Meisterwerke der Ingenieurkunst, etwa die Kuppel des Reichstagsgebäudes in Berlin oder die Bahnsteighalle Dresden-Altstadt. Der Textteil informiert u. a. über Eisen als Baumaterial, statische Berechnungen, Eisenverbindungen, Stützen, Träger, Decken usw.
*552 Seiten, 17,5×24 cm, 96 Tafeln mit ca. 700 Abb., zusätzlich 590 Abbildungen im Text
mehrfarbig bedruckter, fester Einband, Goldprägung*
Best.-Nr. 2011 · ISBN 3-88746-316-1

Max Metzger
Die Kunstschlosserei (1927)
Metzgers Lehr-, Hand- und Nachschlagebuch behandelt ausführlich und aus unterschiedlichen Perspektiven alle im Lauf der Zeit entstandenen Techniken der Kunstschlosserei. An Beispielen werden durch Wort und Bild die technischen Verfahren erläutert und voneinander abgegrenzt. Das Werk ist eine umfassende und durch 731 Abbildungen sehr anschauliche Darstellung des Kunstschlosserhandwerks in Theorie und Praxis.
Begleittext von Ernst Krämer, Berlin
*552 Seiten, 17×24,5 cm, 731 Abbildungen
mehrfarbig bedruckter, fester Einband mit Prägungen*
Best.-Nr. 2214 · ISBN 3-88746-135-5

Joseph Ferchel
Praktische Sonnenuhren-Kunst für Jedermann (1811)

Dieses Buch führt in das Prinzip der Zeitmessung nach dem Stand der Sonne ein. Das Buch zeigt, wie man eine vertikale Sonnenuhr zur Anbringung an Gebäuden konstruiert, die Zeiger in der Wand befestigt, Zifferblätter entwickelt, und wie man die notwendigen Berechnungen anstellt, um ein genaues Anzeigen der Zeit sicherzustellen. Das Buch verzeichnet verschiedene Möglichkeiten, Sonnenuhren zu bauen, einfache aber auch raffinierte Lösungen.

64 Seiten, 16,2 × 25 cm, 9 Tafeln mit 26 Abbildungen, mehrfarbig bedruckter, fester Einband mit Farbprägungen
Best.-Nr. 2217 · ISBN 3-88746-323-4

J. C. Groß
Lehr- und Handbuch der Hufbeschlagskunst (1861)

Dieses einzigartige Werk mit 157 Abb. im Text und 16 ganzseitigen Bildtafeln bietet das komplette Wissen des Hufschmieds, umfassend und dabei gerafft dargestellt. Es verzeichnet eine Fülle von Formen und Materialien für den Beschlag und schildert die einschlägigen Techniken. Ein besonderes Kapitel beschreibt die Hufkrankheiten und ihre Behandlung. Ein unentbehrliches Kompendium für Hufschmiede, Pferdeliebhaber, Reiter und Veterinärmediziner.

368 Seiten, 10,5 × 17 cm, 157 Textabbildungen, 14 Tafeln mehrfarbig bedruckter, fester Einband m. Goldpräg.
Best.-Nr. 2220 · ISBN 3-88746-359-5

F. Höhne / C. W. Rösling
Das Kupferschmied-Handwerk (1839)

Einer der raren „Klassiker" der Metallurgie! Enthält alles über Kupfer und seine Bearbeitung, ganz auf den damaligen Praktiker in den Schmiedewerkstätten ausgerichtet. Dank der über 300 Einzeldarstellungen von Werkzeugen, Werkstatteinrichtungen und Produkten ist dieses Werk heute ein technikgeschichtliches Kleinod! Beschrieben ist das Schmieden von Kupfer und anderen Metallen in Hammerwerken und Werkstätten, das Fertigen von Metalldächern und Gebrauchsgegenständen. Begleittext von Dr. Joachim Baumhauer, Hannover

496 Seiten, 10,5 × 17 cm, 36 ganzseitige Tafeln mehrfarbig bedruckter fester Einband mit Goldpräg.
Best.-Nr. 2219 · ISBN 3-88746-361-7

Fordern Sie bitte unser kostenloses Gesamtverzeichnis an! Es lohnt sich!

im Verlag Th. Schäfer

Postfach 54 69
30054 Hannover
Tel. (05 11) 8 75 75 - 075
Fax (05 11) 8 75 75 - 079